Antje Rittermann
Susann Rittermann

BÄNKE
aus Holz

Haupt
GESTALTEN

Antje Rittermann
Susann Rittermann

BÄNKE
aus Holz

60 Bauanleitungen und Geschichten

Haupt Verlag

Inhaltsverzeichnis

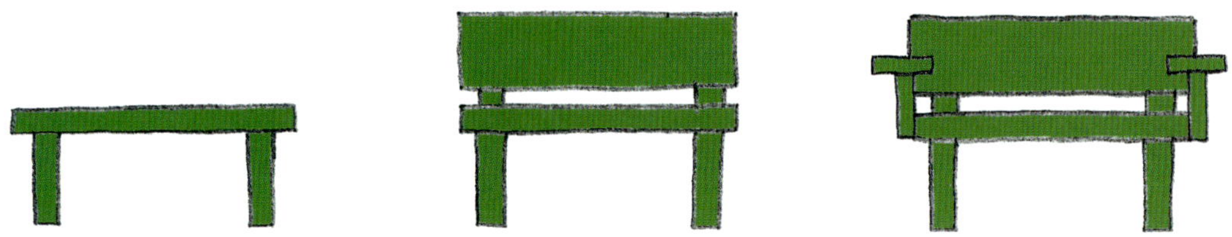

Einleitung

Losgezogen sind wir auf der Suche nach Eigenbaukonstruktionen aus Holz im öffentlichen Raum: Bänke. Wir sägen und schrauben selbst und waren neugierig: Wer baut wo, wie und warum eine Bank? Dann sind die Bänke zu uns gekommen. Plötzlich haben wir sie überall entdeckt. Oft sind wir zu Fundorten zurückgekehrt.

Im Laufe der Suche schärfte sich der Blick und zog Kreise. Wir fragten nach und erfuhren von historisch gewachsenen Konstruktionen, regionalen Besonderheiten, persönlichen Dramen, politischen Ränken, epischen Geschichten und dem kleinen Glück. Das pralle Leben steckt in diesen Holzkonstruktionen. Es ist nie nur eine Bank.

Unendlich viel Material füllte unsere Notizbücher. Wir versuchten es anhand von Fragebögen zu ordnen und zu strukturieren. Die vielen Verabredungen an unterschiedlichen Orten zu organisieren, war aufwendig, aber berauschend. Wir trafen aufgeschlossene, freundliche Menschen – von unserer Sammlung angetan und erfreut darüber, Gleichgesinnte an anderen Orten zu wissen.

Der Ort macht die Bank und manchmal macht die Bank den Ort. Ein Wald besitzender Schreiner, seit Generationen ortsansäßig, baut anders als ein Großstadtbewohner, der eine Palette aufhebt und vor einem Mietshaus stapelt.

Solide gezimmert oder spontane Aktion – Die Voraussetzungen, Möglichkeiten, das Können und die Ansprüche unterschieden sich. Manchmal auch das Ziel. Zum Hinsetzen einladen oder sich selbst dem öffentlichen Geschehen anschließen – oder dieses begrenzen? Aber: Eine Bank ist immer ein Angebot, einen Moment gemeinsam zu genießen. Eine Bank, manchmal nur ein Brett, hat eine Botschaft: teilen. Eine Bank ist kein Stuhl, sie hat wenigstens Platz für zwei.

Dieses Buch entstand, weil die Erbauer der Bänke ihr Wissen und Können mit uns geteilt haben.

Liebe Bankbauer, das ist euer Buch!

Fundorte

Amsterdam, NL

So bunt und vielfältig wie die Stadt sind ihre zahlreichen Bänke. Von der Stadtverwaltung wird das Bankbauen geduldet und manchmal im Sinne der Allgemeinheit wohlwollend gefördert. Selbstgebaute Bänke findet man in Amsterdam vor allem dort, wo es breite Bürgersteige gibt, der Autoverkehr moderat ist und überwiegend Wohnbebauung herrscht, abseits von den Touristenpfaden, etwa in den Stadtvierteln Oud-West, Pijp, Oost, Watergraafsmeer und IJburg. Wenn dann noch die Aussicht auf eine Wasserfläche hinzukommt, vervielfacht sich ihre Anzahl, wie zum Beispiel in Weesperzijde und Entrepotdok.

Überall in der Stadt finden sich Bänke vor Cafés und Läden, als Aushängeschild und um Kunden anzuziehen. Oder um mit Hilfe einer Bank eine nicht vorhandene Terrassengenehmigung zu umgehen. Wie die Fahrräder werden die Bänke mit dicken Ketten gesichert, festgeschraubt, eingegraben oder so schwer gebaut, dass man mehr als zwei Leute bräuchte, um sie zu bewegen. Manchmal soll eine Bank Fremde davon abhalten, ihre Nase an der Fensterscheibe platt zu drücken, das Fahrrad gegen die Scheibe krachen zu lassen oder den Lichtschacht zu blockieren. Bei Holzwahl und Konstruktion gibt es Klassiker und Trends. Klassisch ist der Gebrauch von Abfallholz. Man zieht es aus dem Bauabfallcontainer oder findet es vor der Haustür im wöchentlichen Sperrmüll. Der Trend geht von der Gerüstbohle über Palette und Baumarktholz zur Echtholzscheibe mit Herkunftszertifikat. Es gibt clevere und haarsträubende Konstruktionen. Man ist kreativ, holt sich Inspiration beim Nachbarn oder beauftragt einen Tischler. Aber allen Bänken gemein ist, dass die Amsterdamer gerne auf der Straße sitzen. Um die Sonne zu genießen, die Nachbarn zu treffen und Passanten zu beobachten.

Athen, GR

Auf einem einmaligen Kurztrip lässt sich keine Millionenstadt erkunden. Wir grenzen die Suche nach selbstgebauten Bänken ein und hoffen, in den alternativeren Vierteln Monastiraki in der Altstadt und im autonomen Exarchia fündig zu werden. Wir vertrauen auf den Zufall. Trotzdem ist die Ausbeute mager. Wenn man auf der Straße sitzt, dann meistens im Café, und dann auf Stühlen. Einfach sitzen, warten oder sich ausruhen? So etwas scheint in Athen, wenn überhaupt, auf dem Stadtmobiliar oder Simsen, Treppenstufen und Mauervorsprüngen stattzufinden. Das hektische Treiben der Metropole, der massive Autoverkehr mit seinem Lärm und Staub, ohne ansprechende Aussicht, laden vermutlich nicht zum Verweilen und zum Aufstellen einer Bank ein. Außerdem bieten die schmalen Bürgersteige kaum Platz. Und abends, wenn die Läden schließen, gehen die Rollgitter herunter, sodass für eine Fensterbank kein Raum bleibt. Es scheint eine strikte Trennung zwischen öffentlichem und privatem Bereich zu geben. Man claimt hier nicht mit einer selbstgebauten Bank den öffentlichen Raum für sich.

Halle/Saale, D

Halle wird oft unterschätzt. Durch die Kunsthochschule gibt es viele kreative Leute in der Stadt. Die Bänke in Halle sind auffällig im Design und gerne bunt. Meist gehören sie zu einem Laden, einem Restaurant oder einer Bar und setzen das Einrichtungskonzept der Innenräume auf der Straße fort. Man will auffallen, sich unterscheiden, guten Geschmack beweisen und Kunden anlocken.

Stuttgart, D

Anders als in Berlin sind in der Autostadt Stuttgart die Straßen breit und die Gehwege schmal. Die schlechte Luft verlockt nicht gerade dazu, sich auf eine Bank an der Straße zu setzen. Es scheint auch nicht schwäbische Mentalität zu sein, dem Nachbarn zu signalisieren, dass man Muße hat und zu einem Schwatz aufgelegt ist. So finden sich selbstgebaute Bänke vor allem vor Bars und Cafés. Sie sind aus Kostengründen selbstgebaut und sollen durch Originalität zum Verweilen einladen. Das klassische Baumaterial in der Großstadt, die Palette, kommt auch hier zum Einsatz.

Berlin, D

Die vielen Baumscheibenbänke in Berlin sind wohl ein Großstadtphänomen. Das Stückchen nackte Erde rund um einen Baum ist heiß begehrt. Hundebesitzer führen hier ihre Hunde Gassi, Fahrradfahrer lehnen ihr Rad gegen den Baum und Autofahrer versuchen, die Fläche ihrer Parklücke zuzuschlagen. Wer hier auf eigene Faust eine Bank aufstellt, möchte damit die Nutzung einer öffentlichen Fläche reglementieren, um so den Baum zu schützen. Allerdings sind solche Eigeninitiativen von den Behörden nicht gern gesehen. Je nach politischer Großwetterlage droht den Bänken ihre Beseitigung. Deswegen baut man gerne mit billigem Material, Holz von der Straße oder aus den vielen Baustellencontainern. Das gibt es umsonst. Und der Verlust ist kein materieller. Am Vorhandensein von selbstgebauten Bänken auf der Straße lässt sich gut der Gentrifizierungsgrad ablesen. Sind die Mietwohnungen in Eigentumswohnungen umgewandelt, verschwinden auch die selbstgebauten Bänke von den breiten Gehwegen vor den Gründerzeithäusern. Dort, wo es sie noch gibt, befinden sich letzte Widerstandsnester von wehrhaften Mietern, die sich ihr Recht auf Stadt nicht nehmen lassen wollen und mit ihrer Bank auf dem Gehweg einen Nachbarschaftstreff haben.

Rügen, D

Hier an der Ostseeküste wird mit dem gebaut, was das Meer anspült oder der Wald hergibt. Holz ist Mangelware und der nächste Baumarkt weit. Aber die Bedingungen sind günstig. Die Beine können einfach in den Boden eingegraben werden und schon ist die Bank stabil. Die meisten Camper kommen jedes Jahr. Am Strand sitzt man in der Strandburg. Von einer Bank aus hat man den besseren Blick über die „Burgzinnen" und sichereren Stand für die Kaffeetasse. Wenn die Saison vorbei ist, bleibt die Bank am Strand zurück. Manchmal weht der Wind die Beine frei oder die Bank verschwindet fast unter dem angewehten Sand. Im nächsten Frühjahr kommen die Camper zurück. Suchen ihre Bank und bauen ihre Strandburg am gleich Platz wieder auf.

Bondo, CH

Ein Bergdorf im Bergell in der Schweiz. Wenn sich die Einwohner auf ihre Bank setzen, ist das wie ein Signalcode: Ich habe Zeit für einen Plausch. Einfach weiterlaufen geht nicht. Auf ein paar Worte, übers Wetter oder den Garten, muss man dann mindestens bleiben, auch als Fremder. Niemand würde hier auf die Idee kommen, eine Bank mit einer dicken Kette zu sichern. Fahrräder und Haustüren stehen offen. Jeder kennt jeden und die dazugehörige Bank vorm Haus. Die heimischen Granitplatten werden in den Boden eingegraben, darauf kommt ein Brett, gerne aus Lärche. Die Bänke sind extrem stabil und halten Jahrzehnte. Wie ein erweiterter Hausflur dienen sie zum Schuhe anziehen oder Einkäufe und Werkzeuge ablegen. Manchmal haben sie noch eine alte Vertiefung im Stein. Dort wurde das Dengeleisen eingesetzt, eine Art kleiner Amboss, auf dem dann mit einem Hammer die Sense nachgeformt wurde. (Mehr Informationen siehe S. 223.)

Sent, CH

Die Bauernhäuser dieses Engadiner Bergdorfes sind meist reich verziert und wirken alles andere als dörflich. Der Ort strahlt eine ruhige Gewissheit aus. Es scheint, als hätten die Leute hier alles, was das Leben lebenswert macht. Wenn die Bank nicht sowieso am Haus festgewachsen ist, steht sie neben dem Hauseingang oder an einem sonnigeren Plätzchen um die Ecke. Unbehandeltes Lärchenholz ist das bevorzugte Material. Als es noch keinen Strom gab, saß man hier vor dem Haus, um Sonnenlicht und Wärme zu tanken. Auf der großen Bank am Dorfplatz ist auf Rätoromanisch ein Spruch in die Lehne geritzt, der sinngemäß etwa lautet: „Genießet in Ruhe (Frieden) die klare Sonne und alles wird von sich aus wieder gut!"

Guarda, CH

Das Schweizer Bergdörfchen Guarda ist wie aus der Zeit gefallen. Stolze Engadinerhäuser sind mit prächtigen Sgraffitimalereien verziert. Hier scheint alles schon uralt zu sein, ewig und gediegen. Solides Handwerk, sauber gearbeitet, Jahrhunderte lang bewährt. Tradition. Viele Bänke sind, typisch für die Engadinerhäuser, Teil der Architektur. Unbehandeltes Lärchenholz, das in der Sonne vergraut. Mehrere Häuser bilden eine Brunnengemeinschaft. Von den Bänken vor dem Haus konnte man den Brunnen im Blick haben. Und so beobachten, wann der Nachbar seine Tiere getränkt hatte und man selber an der Reihe war. Nach der Arbeit ruhte man auf der Bank aus und unterhielt sich mit den Nachbarn. Es gibt sogar ein Volkslied, „Sül banket", das das Sitzen auf der Bank besingt.

Das Fremdenverkehrsamt hat an den Bänken entlang von Wanderwegen, Schaufeln oder kleine Besen anbringen lassen. So kann im Winter jeder, der sich hinsetzen möchte, die Bank vom Schnee befreien. Sorge wegen Diebstahl oder Vandalismus hat hier niemand.

Besondere Bänke

Bank vom Baumaktionstag, Berlin
Die Erbauer von Baumscheibenbänken sind am schwierigsten zu ermitteln. Welcher Hauseingang könnte passen? Links oder rechts? Erdgeschoss, Vorderhaus? Oder auch im Hinterhaus Briefe einwerfen? Vor den Haustüren warten, Passanten ansprechen? Es schien schon aussichtslos. Und dann ein letzter Versuch, im Café fragen wir die Bedienung am Tresen. Ein Gast hört mit und gibt sich zu erkennen. Heiner Funken, viele der Bänke hat er gebaut. Und ja, hier in ihrer Straße gibt es einige Leute, die sich um die Bäume kümmern. Als die Stadt grundlos die Bäume gefällt hat, haben sie protestiert. Gegengutachten in Auftrag gegeben und eine Baumwurzel ausgegraben, um sie dem Bürgermeister als Beweismittel auf den Tisch zu legen. Sie haben Spenden gesammelt, eigenmächtig neue Bäume gekauft und nachgepflanzt. Bei einer dieser Baumpflanzaktionen ist die einfach aus Latten zusammengenagelte Bank gleich mit entstanden. Sie schützt den Baum und die Baumscheibe.

Fahrrad trifft Küchenbank, Berlin
Ich treffe mich mit M. im Fahrradladen. Er ist groß, blond, tätowiert und hat die Ausstrahlung eines Wikingers. Er lädt mich in das Café auf der anderen Straßenseite ein und erzählt. Die Bank war ursprünglich ein Geschenk von seinen Nachbarn, die ihren Keller ausgeräumt hatten und ihm die Bank anboten. Und weil seine Nachbarn sehr liebe und nette Menschen sind, echte Ostberliner Ureinwohner, konnte er einfach nicht ablehnen und hat sie genommen, obwohl er sie nicht besonders schön fand, diese alte DDR-Küchenbank. Mit abgelegten Teilen aus seinem Fahrradladen hat er dann begonnen, die Bank umzugestalten: Sitzfläche und Rückenlehne sind jetzt mit geflochtenen Fahrradschläuchen versehen, mit Kettenblättern und Fahrradketten ist die Rückenlehne verziert. Ritzel sind als Möbelfüße angebracht. Ein Vorderrad auf jeder Seite dient als Armlehne. Die Bank hat einen völlig anderen Charakter bekommen. Nach dem für mein Empfinden etwas martialischen Aussehen der Bank gefragt, erzählt M., dass er bei den *Bärliner Pedälbättle* mitmacht. Eine Art Ritterturnier zu Rad. Waffen, Streitwagen und Rüstungen sind aus alten Fahrradteilen selbstgebaut. (Mehr Informationen siehe S. 223.)

Landmarkierung, Athen
Beim Ausmessen einer Bank werden wir beobachtet. Ob wir Hilfe brauchen? Hierfür nicht. Aber wir suchen selbstgebaute Bänke. Wir haben den Richtigen getroffen. Er verabschiedet sich von Frau und Sohn, die mit ihm näher gekommen sind. Er hat zu tun. Wir sind jetzt seine neue Aufgabe. Dann führt Paul Snow aus Marokko uns durch das Viertel, wird überall gegrüßt und grüßt zurück. Er zeigt uns Bänke, Lagerplätze für Holz und Werkzeug und eine Abrissbrache, die begrünt werden soll, markiert von roten Palettenbänken. Die wollen wir. Schön, Palettenmöbel mal wieder in ihrer natürlichen Umgebung zu sehen. Wir dürfen alles fotografieren. Ein „Ja" gilt im ganzen Viertel. Urheberrecht ist Kapitalismus. Das haben sie hier nicht, im autonomen Exarchia. Später trinken wir auf der Straße Kaffee. Es fühlt sich an wie eine erfolgreiche Jagdbeute, die präsentiert wird. Auf beiden Seiten.

Jan Steen, Amsterdam
In der Jan Steenstraat Nr. 55 hat Rob seine Bank aufgestapelt. Das passt gut. Jan Steen ist ein holländischer Maler aus dem goldenen Zeitalter, berühmt für seinen humorvollen, ironischen Blick auf den Alltag. Rob kommt aus der Tür, Joint zwischen den Lippen, nicht angezündet, zerbrochener Blumentopf in der Hand, offenes Hemd. Mick Jagger mit Brille in Blond. Um die Ecke war vor Jahren ein Abrisshaus, alles Material lag im Müll. Kein Leim, keine Schraube. Die Balken sind tatsächlich nur gestapelt, mit alten Bohrkernen unterfüttert und unterm Fenstersims verkeilt. Besucher haben sie signiert. Wahrscheinlich eine der am schnellsten gebauten Bänke, die wir entdeckt haben.

Die Bank des Mathelehrers, Amsterdam
Ehre, wem Ehre gebührt. Eine Möglichkeit sehen und ergreifen. Dann wird aus einer Bank ein soziales Sofa, wie Anton es nennt. Im Dorf, in dem er lebt, ist es üblich, seine Nachbarn dort zu treffen. Gerade vom Königshaus mit einem Orden für sein Ehrenamt ausgezeichnet, wollte alle Welt ihn sprechen. So ist keine Zeit für ein persönliches Treffen. Es folgten E-Mails und Telefonate mit der ganzen Familie. Als Sohn Max nach Amsterdam zog, hat Anton, damit sein Sohn schnell in Kontakt zu den neuen Nachbarn kommt, die Bank gebaut. Die ausrangierte Schulsportbank, die er als pensionierter Mathelehrer von seiner alten Schule mitnahm, lädt nun Passanten und Nachbarn in Amsterdam Oud-West zum Verweilen ein. Auf mehr als drei Metern bietet sie allen Platz. Dabei ist sie schmal und lässt den Fußgängern genügend Raum.

Standort, Holzart und Konstruktion

Egal, wo Sie Ihre Bank aufstellen, im Freien wird ihre Lebensdauer im Wesentlichen durch drei Faktoren bestimmt:
1. den Standort
2. die Holzart
3. die Konstruktion

Standort

Der ideale Standort für eine Bank ist gut belüftet und sonnenbeschienen. Sie sollte auf einem Untergrund stehen, der nach Niederschlägen schnell wieder trocknet, ohne dass dabei Staunässe entsteht oder Feuchtigkeit aufsteigt. Auch die generellen klimatischen Verhältnisse spielen eine Rolle. Bänke in niederschlagsarmen Gegenden oder Orten mit geringer Luftfeuchtigkeit verwittern langsamer. Darüber hinaus können holzzersetzende Mikroorganismen und holzfressende Insekten einer Bank sehr zusetzen. Mit anderen Worten, es macht für die Lebensdauer Ihrer Bank einen Unterschied, ob diese auf einer feuchten Wiese im Schatten oder gut belüftet auf Pflastersteinen in der Sonne steht. Wenn Sie mit dem Standort Ihrer Bank keine wirkliche Wahl haben, weil sie genau neben der Haustür stehen oder in eine Fensternische passen soll, dann können Sie immer noch durch eine robuste Holzart und eine gute Konstruktion die Haltbarkeit Ihrer Bank verlängern und so auch für ungünstige Plätze gute Lösungen finden. Wer eine Bank im öffentlichen Raum aufstellt, sollte auch mit Vandalismus und den öffentlichen Behörden rechnen.

Holzart

Das mit Abstand dauerhafteste und robusteste Holz in Mitteleuropa ist Robinie. Dazu erweist es sich als besonders widerstandsfähig gegen Holzfäule und Insektenfraß. Robinie ist das Lieblingsholz der Spielplatzbauer, die strenge Sicherheitsnormen erfüllen müssen, denn das Holz verträgt auch Erdkontakt ausgezeichnet und kommt überall dort zum Einsatz, wo Pfosten oder Pfähle unbehandelt in die Erde gestellt werden sollen. Wenn Sie die Beine Ihrer Bank in die Erde eingraben möchten, dann wäre Robinienholz die perfekte Wahl. Vor allem, wenn Sie darauf achten, möglichst nur das haltbarere Kernholz zu verwenden.
Lärche und Eiche sind einheimische und ebenfalls witterungsbeständige Hölzer, die häufig im Außenbereich zum Einsatz kommen. Die Douglasie, eine ursprünglich aus Nordamerika kommende Art, ist ähnlich beständig wie die Lärche.

Absolute Angaben zur effektiven Haltbarkeit eines verbauten Holzstückes zu machen, ist kaum möglich, da die Haltbarkeit einer Holzart von sehr vielen Faktoren abhängt. Die Europäische Norm 350 teilt die wichtigsten Bauhölzer in Dauerhaftigkeitsklassen* ein. Generell gilt, je höher die Dauerhaftigkeitsklasse, desto wahrscheinlicher ist eine lange Lebensdauer des Holzes. Dass diese Klassifizierung mitunter dennoch wenig aussagekräftig ist, beweisen beispielsweise „unsere" Lärchenholzbänke aus dem Engadin: Lärche wird laut EU-Norm der Dauerhaftigkeitsklasse 3–4 zugeordnet, und damit ist sie als „wenig bis mäßig dauerhaft" eingestuft. Allerdings waren die Engadiner Bänke zwischen 50 und 70 Jahre alt, und dabei unentwegt der Witterung ausgesetzt …
Viele Bänke in diesem Buch sind aus Kiefernholz oder recyceltem Holz gemacht. Trotzdem können sie eine beachtliche Haltbarkeit vorweisen. Denn die Holzsorte ist nicht allein entscheidend für die Lebensdauer Ihrer Bank. Mindestens genauso wichtig ist die gewählte Konstruktion.

Konstruktion

Die Konstruktion Ihrer Bank bestimmt im Wesentlichen, wie gut diese den Witterungseinflüssen trotzen kann. Fehler in der Materialauswahl und der Konstruktion können Sie nicht durch eine Oberflächenbehandlung oder chemischen Holzschutz ausgleichen. Ziel des konstruktiven Verwitterungschutzes ist es, dafür zu sorgen, dass Niederschlagswasser möglichst rasch abfließen kann und eine gute Belüftung und Sonneneinstrahlung das nasse Holz schnell wieder trocknen lassen. Auch Insektenfraß und Pilzbefall des Holzes können so vermieden werden. Die Beachtung der Hinweise auf der nächsten Seite helfen Ihnen dabei:

1. Kein Stirnholz ins Wetter

Die Stirnholzflächen* saugen besonders stark Feuchtigkeit auf. Bei ihnen ist die Wasseraufnahme um ein Vielfaches höher als über die Längsflächen. Das bedeutet nicht, dass Ihre Konstruktion keine nach oben zeigenden Stirnholzstellen aufweisen darf. Nur sollten diese Stellen dann unbedingt zum Beispiel durch eine Leiste oder ein Brett abgedeckt werden. Ist ein Abdecken der Stirnholzflächen nicht möglich, könnten Sie diese anschrägen, damit das Wasser ablaufen kann.

2. Kein stehendes Wasser

Sorgen Sie dafür, dass das Wasser auf waagerechten Flächen, wie Sitzfläche oder Armlehne, nicht stehen bleibt, sondern rasch ablaufen kann, damit das nasse Holz schnell wieder durchtrocknet. Dazu können Sie Sitzfläche und Armlehnen neigen. Am besten geeignet für einen guten Wasserablauf ist eine Neigung in Faserrichtung des Holzes. Eine solche Neigung der Sitzfläche ist aber nicht für alle Bankkonstruktionen praktikabel. Üblicher ist es, Sitzfläche und Armlehnen Richtung Rückenlehne zu neigen. Sie können auch mit dem Querschnitt der Sitzfläche arbeiten. Ein dickes Brett trocknet langsamer als ein dünnes. Einzelne Bretter oder Leisten mit Zwischenabstand verbaut, werden besser belüftet und trocknen ebenfalls schneller als ein dickes Brett. Vermeiden Sie Sacklöcher, wie sie zum Beispiel beim Versenken von Schrauben entstehen können, oder andere Vertiefungen, in denen sich das Wasser sammelt und lange stehen bleibt.

3. Keine scharfen Kanten

Auch an scharfen Kanten bleibt das Wasser durch seine Oberflächenspannung stehen. Schrägen oder runden Sie diese leicht, damit das Wasser gut ablaufen kann.

4. Keine Rinde

Entrinden Sie Stammholz- oder Schwartenbretter* vor dem Verbau sorgfältig, um holzbrütenden Käferarten oder Holzpilzen keinen Lebensraum zu bieten.

5. Keine rauen Oberflächen

Verwenden Sie nach Möglichkeit gehobelte Bretter. Denn diese führen Niederschläge schneller ab als sägeraue.

6. Feuchtenester verhindern

Beugen Sie der Entstehung von Feuchtenestern vor, indem Sie eventuellen Schmutz, Sand, Erde oder Laub aus den Fugen und rund um die Beine Ihrer Bank regelmäßig entfernen.

Einfache Bänke

Die Bänke in diesem Kapitel bestehen einzig aus einer Sitzfläche und Beinen, die diese tragen.

Kapitel 1

Einfache Strandbank

Ein Bewohner des direkt am Strand gelegenen Zeltplatzes hat diese Bank gebaut. Sie ist Zeuge eines für viele Camper wichtigen Rituals: Morgens zuerst an den Strand und ins Meer springen, egal wie kalt das Wasser ist und wie sehr der Wind pfeift. Die Bank bietet Komfort, hier kann man sein Handtuch ablegen und später den ersten Schluck Kaffee trinken. Am Abend dann, beim zweiten wichtigen Ritual, kann man auf ihr sitzen und zuschauen, wie die Sonne im Meer versinkt.

Einschätzung: Wunderbar einfach.

Konstruktion: Zwei tief in den Boden eingegrabene Beine tragen die Sitzfläche, ein dickes Brett.

Stärke der Konstruktion: Einfach, aber überraschend stabil durch die tief in den Boden eingegrabenen Beine. Die Eichenbeine im Sandboden werden an ihrem Standort gut belüftet.

44 cm	Sitzhöhe
34–40 cm	Sitztiefe
150 cm	Sitzbreite
Baujahr	2017
Erbauer	anonym
Ort	Rügen, D
Datum	14.4.2017 AR

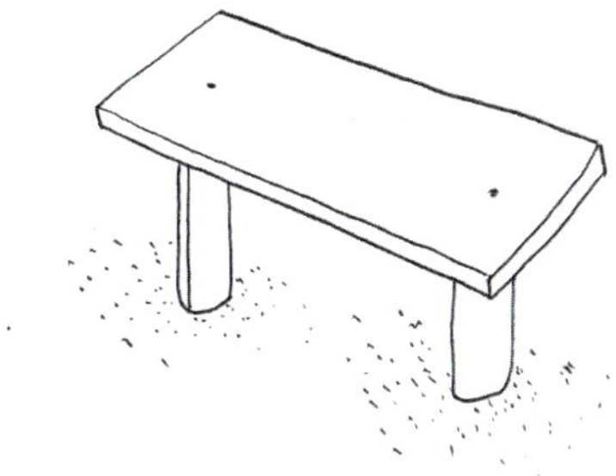

Werkzeug

Spaten
Zollstock
Axt
Vorschlaghammer

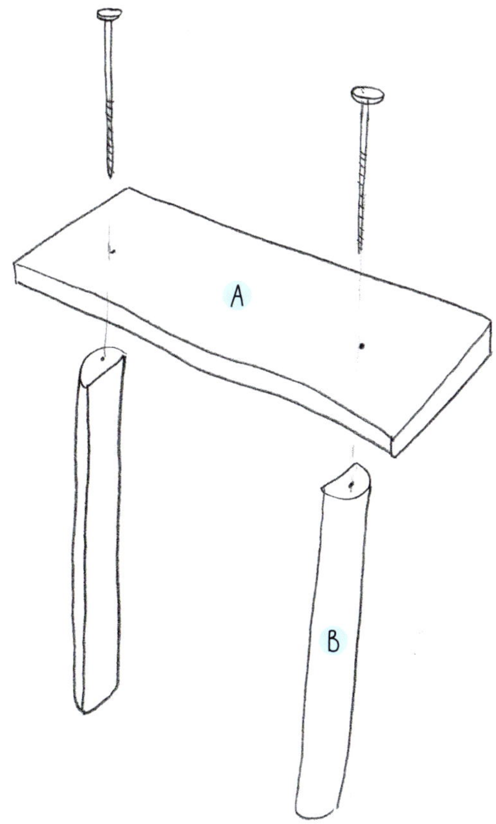

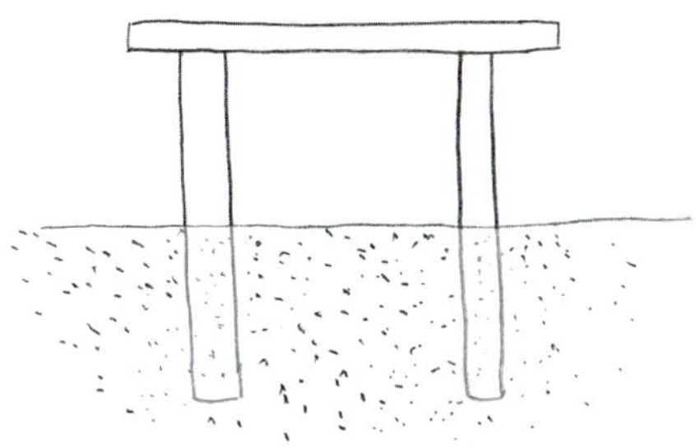

Bauen

- Löcher graben, mit Zollstock Tiefe messen (die Beine sollten so weit herausschauen, dass eine Sitzhöhe von 43 cm gewährleistet ist)
- Beine in die Löcher stellen und so ausrichten, dass die Stirnflächen der Beine plan und parallel zur Sitzfläche sind
- Sitzfläche auflegen
- Erstes Bein von oben durch die Sitzfläche vorbohren. Die Bohrung sollte ins Kernholz gehen, denn Splintholz* verwittert mit der Zeit
- Bein mittels Vorschlaghammer mit einem Sparrennagel heften
- Zweites Bein einsetzen, ausrichten, vorbohren und mit Sparrennagel heften
- Löcher zuschütten und Sand feststampfen
- Beine nachjustieren und Neigung der Sitzfläche prüfen

Material und Maße

A Sitzfläche: Kiefernbohle, 5 cm dick, 40 cm breit, 150 cm lang

B Beine: Eiche, ø etwa 18 cm, 110 cm lang (mit der Axt gespalten)

2 Sparrennägel*, 6 × 210 mm

Auf zum Strand

Diese Bank steht auf einem Zeltplatz im Wald, direkt an einem Strandabgang zum Meer. Oft sitzen hier Menschen, um ihre Schuhe auszuziehen und barfuß zum Strand zu laufen. Gebaut hat die Bank ein Camper, der von allen nur Fuchs genannt wird. Er schätzt die Lebensdauer seiner Bank auf mindestens 20 Jahre. Gefahr droht ihr wahrscheinlich vor allem von holzfressenden Insekten wie Ameisen oder Splintkäfern.

Einschätzung: Robuste, stabile Bank, die ohne großen Aufwand zu bauen ist.

Konstruktion: Die Sitzfläche, ein Kiefernhalbstamm, wird von zwei in den Sandboden eingegrabenen Eichenscheiten getragen. Zwei Aussparungen auf der Unterseite der Sitzfläche sorgen für ihre gute Passung. Jeweils zwei Sparrennägel sind von oben durch die Sitzfläche in die Beine getrieben.

Stärken der Konstruktion: Der sandige Boden lässt das Wasser gut ablaufen. Die Eichenbeine sind robust und witterungsbeständig, der Standort ist sonnig und gut belüftet.

51 cm	Sitzhöhe
37 cm	Sitztiefe
129 cm	Sitzbreite
Baujahr	2010
Erbauer	Fuchs
Ort	Rügen, D
Datum	14.4.2017 AR

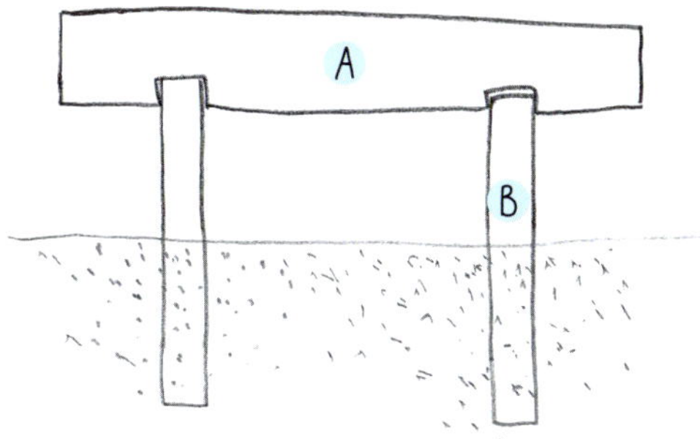

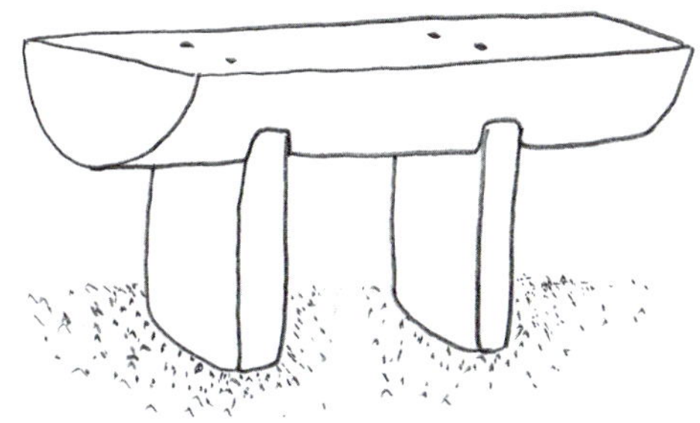

Werkzeug

Spaten
Zollstock
Wasserwaage
Motorkettensäge
elektrischer Handhobel
Beil
Gummihammer
Akkubohrschrauber mit
Holzbohrer (60 mm)
Vorschlaghammer
Schleifmaschine mit Fächerscheibe
(40er-Körnung)
scharfes Messer

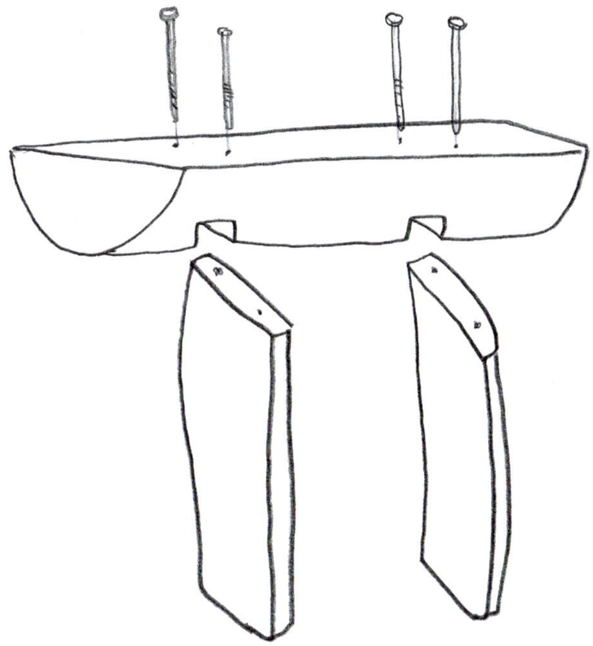

Bauen

- Auf der Unterseite der Sitzfläche Aussparung für die Beine herausarbeiten, dazu diese mit der Motorsäge schlitzen, mit dem Beil aushauen und mit der Motorsäge glätten
- Löcher für die Beine graben
- Abstand der Löcher und deren Tiefe für die Sitzhöhe mit einem Zollstock prüfen
- Beine einsetzen und ausrichten
- Sitzfläche auflegen und Passung prüfen
- Von oben durch die Sitzfläche in das erste Bein vorbohren und mit Sparrennagel heften
- Zweites Bein ausrichten (Loch vorher etwas größer machen, damit das Bein gerückt werden kann), vorbohren und mit Sparrennagel heften
- Neigung der Sitzfläche mit Wasserwaage prüfen, sie sollte in Faserrichtung etwas geneigt sein (siehe S. 206)
- Löcher füllen und Sand feststampfen
- Geheftete Nägel fest einschlagen, zusätzlich jedes Bein mit zweitem Nagel versehen
- Sitzfläche schleifen und Kanten fasen*

Material und Maße

A Sitzfläche: Halbstamm Kiefer (entrindet), ø etwa 40 cm, 129 cm lang
B Beine: Eichenscheite (entrindet), etwa 100 cm lang
4 Sparrennägel, 6 × 250 mm

Vom Container auf die Straße

Die Wucht der unbehandelten Holzbalken ist ein echter Blickfang im Grau der Straße. Das Holz stammt vom Abriss eines Dachstuhls und lag schon im Container, als Martin es entdeckte. Die freundlichen polnischen Bauarbeiter haben es für ihn wieder aus dem Container herausgeholt und sogar bis in den Hof gebracht. Dort lag es etwa zwei bis drei Wochen, ehe Martin gemeinsam mit einem Freund begann, die Bank zu bauen. Nun steht die Bank vor dem Laden seiner Frau. Sie hat, in Berlin nicht unwichtig, sogar eine angeschraubte Ringösenplatte*, damit man dort seinen Hund anbinden kann.*

Einschätzung: Schnell, unkompliziert und ohne großen Aufwand zu bauen. Allerdings erfordert das Gewicht der Balken Muskelkraft oder einen Helfer.

Konstruktion: Die Beine, zwei parallel auf dem Boden liegende Balkenstücke, tragen die quer darüber gelegte Sitzfläche, zwei mit Gewindestangen verschraubte Balken.

Stärken der Konstruktion: Die Bank wird durch die schiere Masse der Balken stabil und diebstahlsicher.

44,5 cm	Sitzhöhe
47 cm	Sitztiefe
160 cm	Sitzbreite
Baujahr	2017
Erbauer	Martin Rauchut
Ort	Berlin, Prenzlauer Berg, D
Datum	14.2.2018 AR

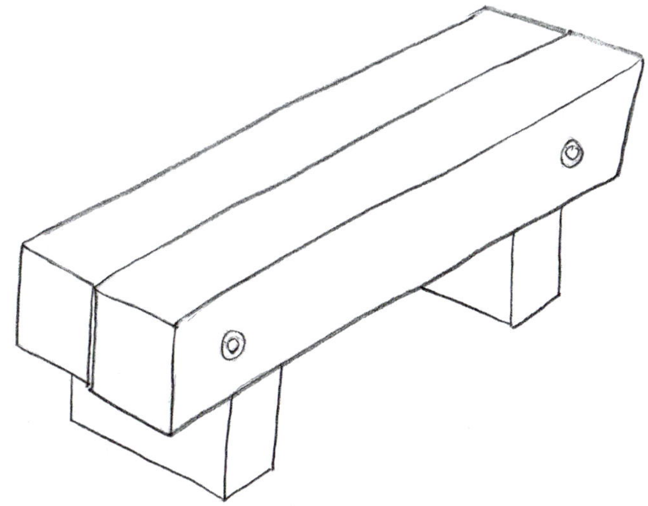

Werkzeug

Kettensäge
Bohrmaschine
Langlochbohrer
Hammer zum Einschlagen
der Gewindestangen
Maulschlüssel
Akkubohrschrauber
Eisensäge

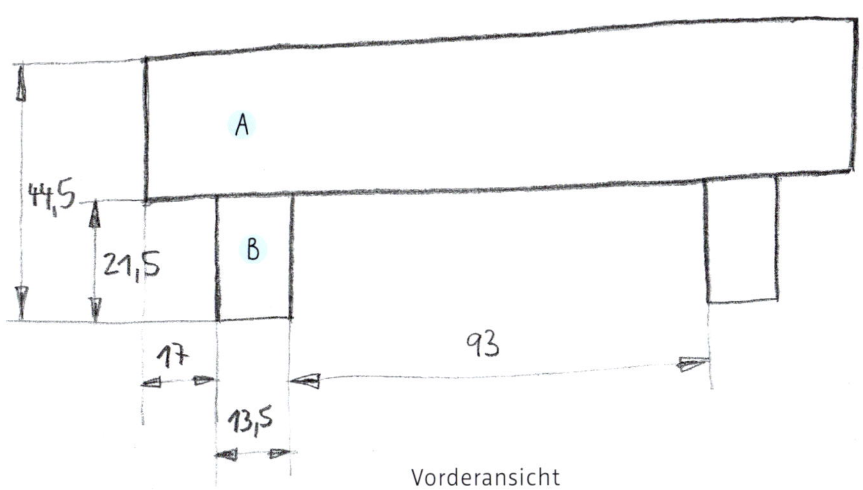

Vorderansicht

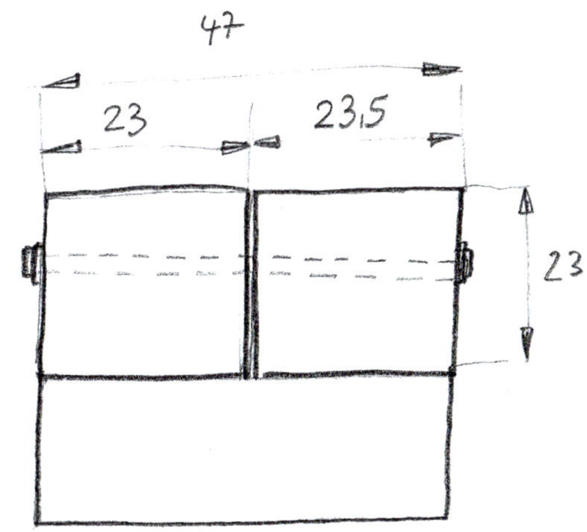

Seitenansicht

Bauen

- Zusägen der Balken für Sitzfläche und Beine mit der Kettensäge
- Beine aufstellen und ausrichten
- Beide Sitzflächenbalken auflegen und ausrichten
- Mit Langlochbohrer Löcher für die Gewindestangen bohren, Gewindestangen einfädeln
- Auf jeder Seite mit einer Unterlegscheibe und zwei Muttern die Sitzflächenbalken miteinander verbinden
- Winkel unter die Sitzfläche schrauben und mit den Beinen verbinden
- Ringösenplatte anschrauben

Material und Maße

Dachbalken (vermutlich Kiefer)
A Sitzfläche: 2 Balkenstücke, 160 × 23 × 23 cm und 160 × 23,5 × 23 cm
B Beine: 2 Balkenstücke, 47 × 21,5 × 13,5 cm
2 Gewindestangen, ø 8 mm, 47 cm lang, dazu je 4 Muttern und 2 Unterlegscheiben
4 Winkel und Schrauben
Ringösenplatte und Schrauben

Kleine Bank

Im Amstelpark, Eingang Burcht auf dem Gelände der städtischen Baumversorgung, hat der Verein Stadtshout sein Sägewerk und Holzlager. In der Pausenecke der Werkstatt haben wir diese kleine Bank entdeckt. Die alte Zapfentechnik wird gern von Stadtshout verwendet, um Äste und Schwartenbretter sinnvoll zu nutzen. (Mehr Informationen siehe S. 223.)

Einschätzung: Einfach zu bauen, das Prinzip ist schon seit dem Mittelalter bekannt.

Konstruktion: Die Beine sind in die Sitzfläche gezapft und mit einem Keil gesichert.

Stärke der Konstruktion: Die Bank lässt sich gut aus Grünholz im Freien ohne elektrische Werkzeuge herstellen und einfach reparieren.

40 cm	Sitzhöhe
26 cm	Sitztiefe
80 cm	Sitzbreite
Baujahr	ca. 2015
Erbauer	Stadshout
Ort	Amsterdam, NL
Datum	9.3.2018 SR

Werkzeug

Japansäge
Stangenschlangenbohrer* (40 mm)
Schnitzmesser
eventuell Axt
Schleifpapier

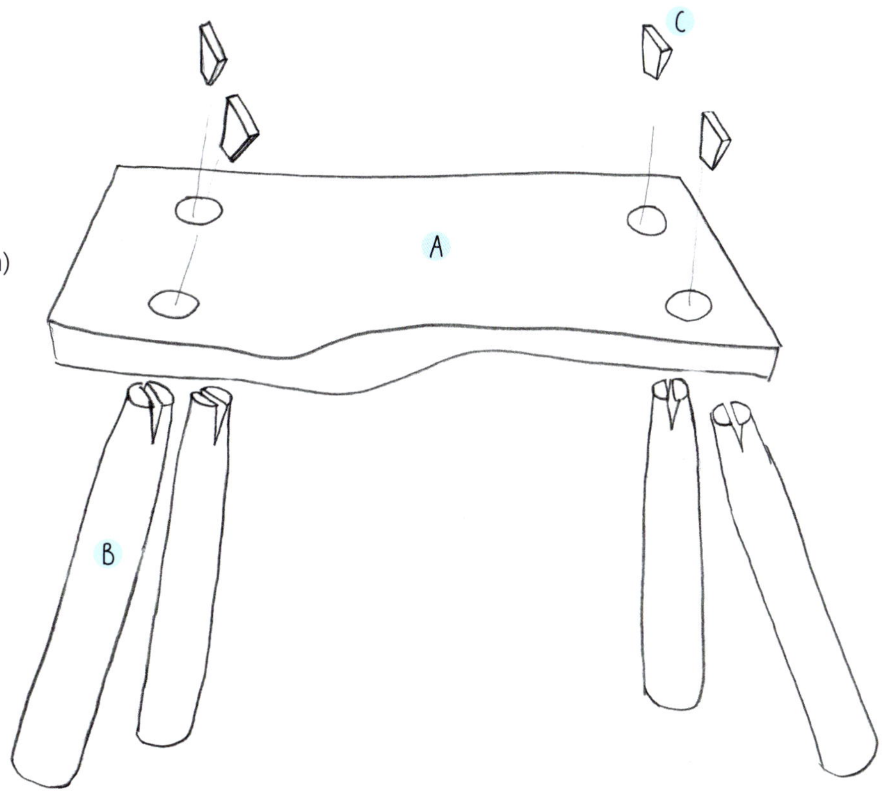

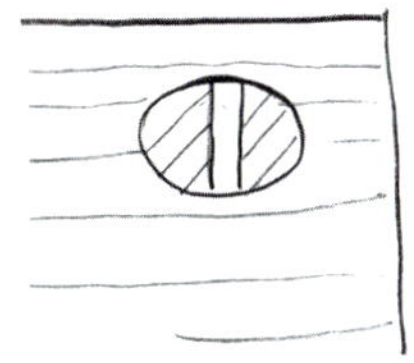

Keil richtig ①

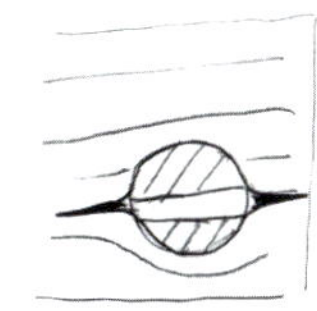

Keil falsch

Bauen

- Zapfenlöcher für die Beine in das Sitzflächenbrett bohren, dabei darauf achten, dass die Beine leicht schräg nach außen stehen, dies erhöht die Standsicherheit der Bank
- Beine passend in die Bohrung schnitzen
- Stirnflächen der Beine für die Keile einsägen, Keile schnitzen
- Beine in die Zapfenlöcher stecken und so drehen, dass der Schlitz für den Keil im rechten Winkel zur Faserrichtung der Sitzfläche steht ①
- Keile einschlagen
- Beine und Keile bündig mit der Sitzfläche absägen
- Sitzfläche schleifen, Kanten fasen
- Beine auf die gewünschte Länge absägen

Material und Maße

A Sitzfläche: 1 Schwartenbrett, ca. 4 × 26 × 80 cm
B Beine: 4 Aststücke, ø etwas mehr als 4 cm, etwa 45 cm lang (ruhig etwas länger wählen und erst nach dem Einzapfen kürzen)
C 4 Keile, ca. 4 × 3–4 cm

Tipp: Mit Robinienästen als Beine könnte die Bank auch eingegraben werden.

Lärchenholzbank

Zwischenstopp in Sent. Die schlichte Lärchenholzbank vor einer Natursteinmauer hat es mir besonders angetan. Ein schöner Platz zum Sonnetanken, mit Blick auf die Berge. Die Bank scheint schon ewig hier zu stehen. Doch wie in der Eile etwas über die Erbauer und Geschichte der Bank erfahren? Das Fremdenverkehrsamt verweist uns auf Herrn Cla Sarott. Er ist Architekt und kennt sich mit der Senter Geschichte aus. Befragt nach der Zeit, aus der die Bank stammen könnte, erzählt er: „Es gibt zwei andere Bänke, neben der Kirche. Da saßen ab 11 Uhr immer zwei Frauen. Die eine hat Kartoffeln geschält für ihr Mittagessen, die andere hat gestrickt. Und dabei haben sie sich über die Straße weg unterhalten. Die Bank vor dem Haus war wichtig für den sozialen Austausch. Es gab kein Licht im Haus, man konnte nicht lesen oder fernsehen. Da hat man bis zum Dunkelwerden draußen gesessen und mit den Nachbarn geschwatzt."

Und ja, er weiß, an wen ich schreiben kann. Dann kommt ein Brief von der Nachbarin der Bankbesitzer. Sie verspricht Unterstützung und leitet unsere Anfrage weiter. So erfahren wir, dass die schlichte Lärchenholzbank vom Großvater gebaut wurde. Anfang 1940. Es ist die älteste Bank in unserem Buch.

Einschätzung: Schlichte und schöne Bank, die wunderbar einfach zu bauen ist.

Konstruktion: Die Sitzfläche, ein Brett, wird von zwei senkrecht auf ihren Stirnflächen stehenden Brettern getragen. Auf den Innenseiten sind die beiden Beine durch dreieckige Holzstücke ausgesteift. Die Verbindungen sind genagelt.

47 cm	Sitzhöhe
22 cm	Sitztiefe
160 cm	Sitzbreite
Baujahr	etwa 1940
Erbauer	Großvater von CR
Ort	Sent, CH
Datum	28.11.2017 AR

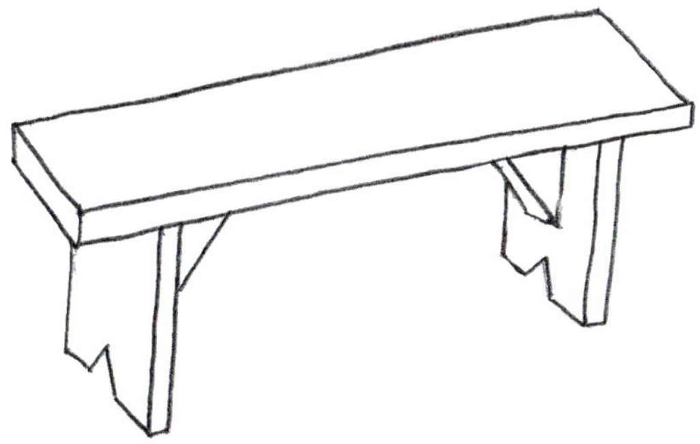

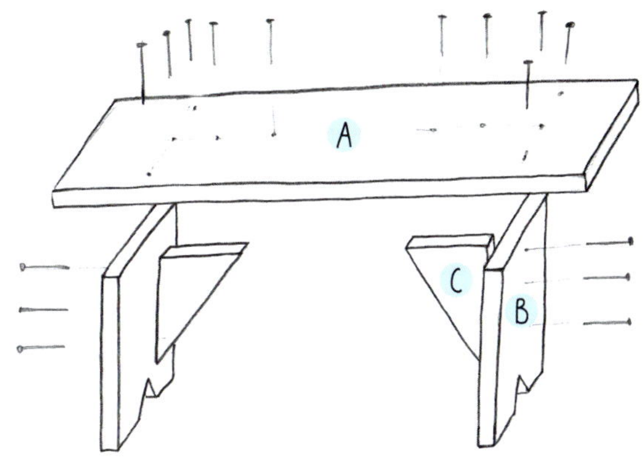

Werkzeug

Säge
Hammer

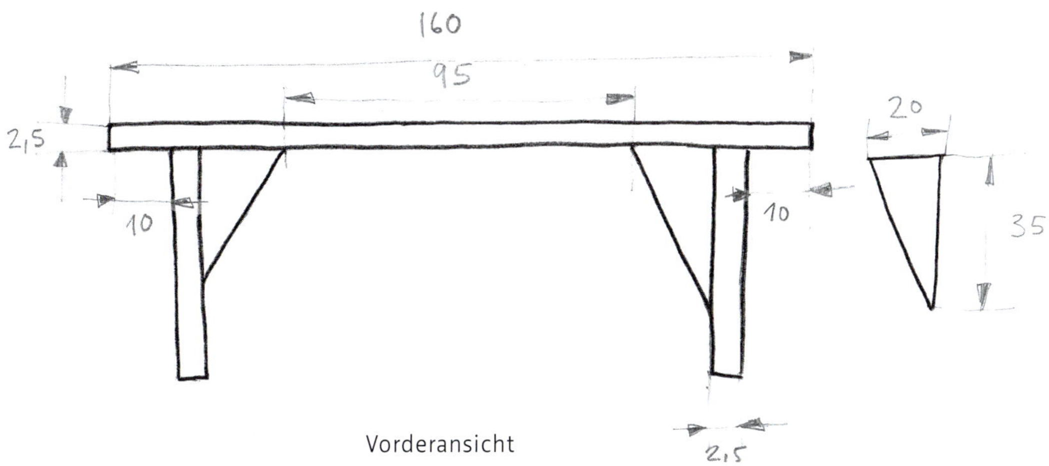

Vorderansicht

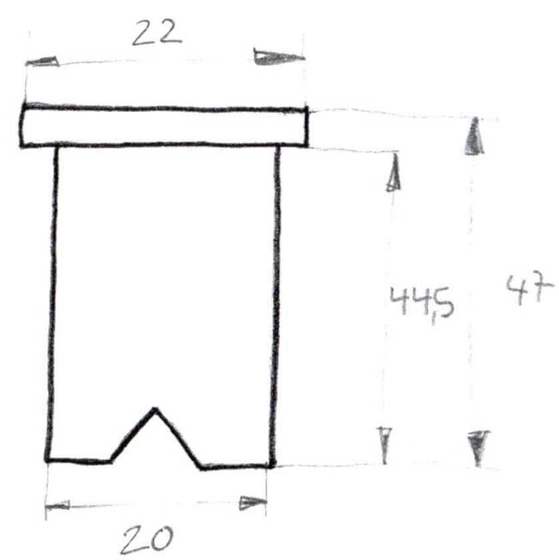

Seitenansicht

Stärke der Konstruktion: Das unbehandelte Lärchenholz ist im Bergklima mit seiner geringen Luftfeuchtigkeit lange haltbar. Der Standort ist sonnig und gut belüftet. Die Länge der eingesetzten Dreiecke sorgt für eine optimale Aussteifung der Beine.

Bauen

- Bretter für Sitzfläche, Beine und Aussteifung der Beine ablängen*
- Brett für die Aussteifung der Beine diagonal teilen, sodass zwei Dreiecke entstehen
- Die dreieckigen Aussparungen in der Standfläche der Beine aussägen
- Alles zusammennageln

Material und Maße

Lärchenholz

A Sitzfläche: 1 Brett, 2,5 × 22 × 160 cm
B Beine: 2 Bretter, 2,5 × 20 × 44,5 cm
C Aussteifung Beine: 1 Brett, 2,5 × 20 × 35 cm, diagonal halbiert

Nägel

Tipp: Sie können diese Bank auch aus einem einzigen etwa 290 cm langen Brett bauen.

Alte Senter Bank

Auch diese Bank haben wir in Sent entdeckt. An einer sonnenbeschienenen Hauswand, mit Blick auf die Berge und das Dorf. Nur die Zuordnung zu einem Besitzer scheint schwierig.
Das vergraute Holz und die Schweifung der Beine lassen vermuten, dass sie schon älter ist. Wieder zu Hause, telefoniere ich mit dem Fremdenverkehrsamt und schreibe Briefe. Nach einer Weile kommt ein Antwortbrief zurück. Mit vielen Fotos, die von Heimatliebe sprechen, und Susanne Gysi schreibt: „Ich denke, es steht nichts im Wege, die Fotos der alten Senterbank in Ihr Buch aufzunehmen. Die Bank gehört ins Quartier Sala, wir haben sie mit einer Leiste verstärkt, sonst wäre sie längstens zusammengebrochen, Alter unbestimmt; vor unserem Haus dient sie zu einem abendlichen Schwatz und ändert ihren Platz je nach Sonnenstrahlen."*

Einschätzung: Das Ausarbeiten der Quernuten für die Beine erfordert etwas Geschick beim Umgang mit Stemmeisen und Knüpfel* oder eine Oberfräse.

Konstruktion: Die Beine, zwei geschweift ausgesägte Bretter, stecken jeweils in Quernuten auf der Unterseite des Sitzflächenbrettes. Sie sind durch zwei Längszargen miteinander verbunden. An der Außenseite werden sie jeweils von einem Dreieck abgestützt. Später wurden die Längszargen durch eine zusätzliche Leiste von hinten verstärkt.

Stärke der Konstruktion: Das Lärchenholz ist an dem sonnigen und gut belüfteten Standort im Bergklima lange haltbar.

48 cm Sitzhöhe
22 cm Sitztiefe
200 cm Sitzbreite
Baujahr unbekannt, geschätzt mindestens 30 Jahre
Erbauer unbekannt
Ort Sent, CH
Datum 28.11.2017 AR

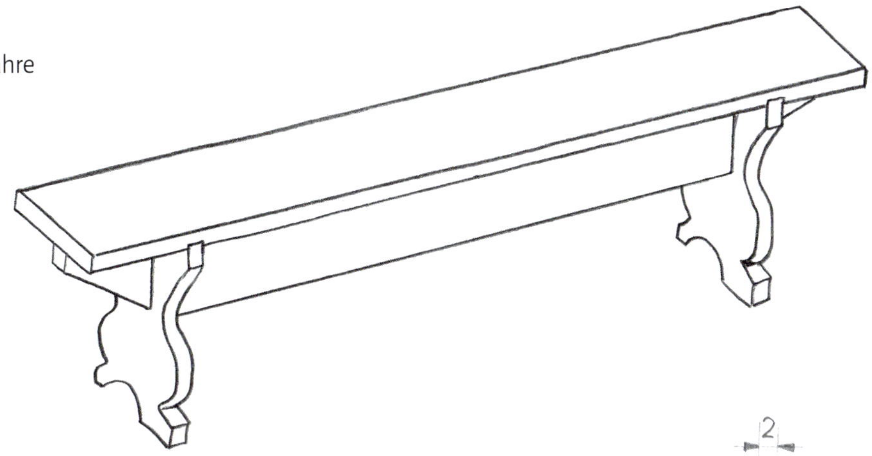

Werkzeug

Zollstock, Winkel
Japansäge
Stichsäge
Stemmeisen und Knüpfel
Schraubzwingen
Akkubohrschrauber
Holzbohrer, Schleifpapier

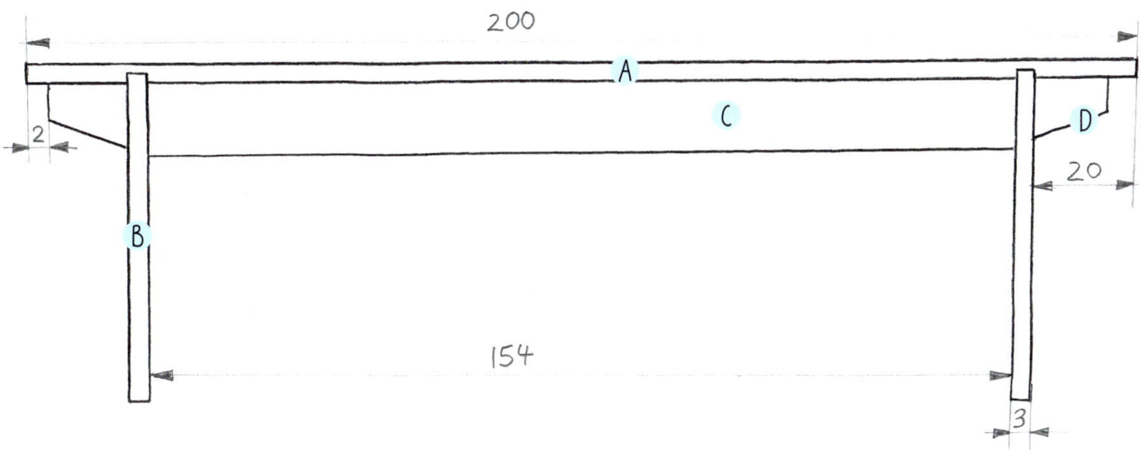

Vorderansicht

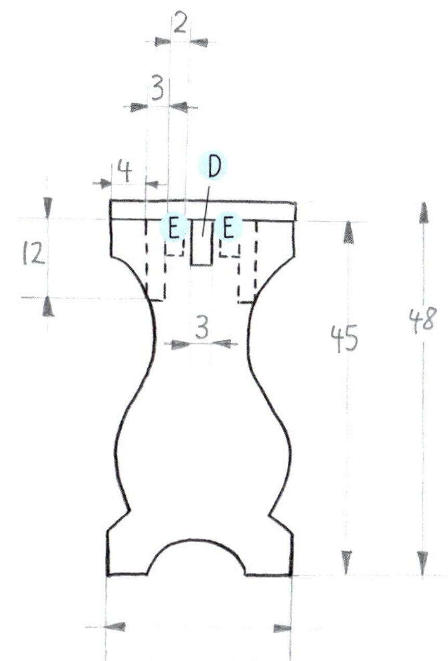

Seitenansicht

Bauen (Vorschlag)

- Ablängen der Bretter für Sitzfläche und Beine
- Schweifung der Beine anzeichnen und mit Stichsäge aussägen
- Quernut auf Unterseite der Sitzfläche anreißen und ausarbeiten (mit Oberfräse oder Stemmeisen und Knüpfel)
- Ablängen der Bretter für die Längszargen und der Latten für die Versteifung der Längszargen
- Beine in die Quernut leimen
- Längszargen zwischen die Beine setzen und mit den Leisten von unten mit der Sitzfläche verschrauben
- Äußere Aussteifung der Beine zusägen und von unten gegen die Sitzfläche schrauben
- Sitzfläche schleifen und Kanten fasen

Material und Maße

Lärchenholz

A Sitzfläche: 1 Brett, 3 × 22 × 200 cm
B Beine: 2 Bretter, 3 × 22 × 45 cm
C vordere und hintere Längszarge: 2 Bretter, 3 × 12 × 154 cm
D äußere Aussteifung Beine: vermutlich Sägereste, schräger Zuschnitt, 2 Brettstücke, 3 × 8 × 18 cm
E bei späterer Reparatur eingesetzte Aussteifung der Zarge: 2 Latten, 2 × 4 × 154 cm

D4-Holzleim*, Holzschrauben

Die Bank im Navarinou-Park

Auf dem weißen Kies ist die Bank eine Insel. Vor grüner Wiese Fassadenbild. Eine andere Welt. Ein Hobbithaus original aus Lehm mit Grasdach, eine Rutsche. Angrenzend eine Bauruine. Das Bild einer Cello spielenden Katze neutralisiert optisch die drohende Einsturzgefahr. Die Taktik einen Brief zu hinterlassen, funktioniert hier nicht. Und am Abend sind nur Schattengestalten im Park unterwegs. Aber das Schild (von 2008) »Jeden Sonntag Aktionstag um 13 Uhr«, ist vielleicht unsere Chance. Wir sind sicherheitshalber eine halbe Stunde zu früh. Sowie mindestens 20 bis 40 Leute, schon längst vertieft in Gartenarbeit. Heitere Stimmung. Familiär, wie ein Wochenende in Omas Garten. Es braucht eine Weile, bis sie verstehen, was ich will. Mein Anliegen kommt aus einer anderen Welt. Ja, ich darf die Bank fotografieren und in einem Buch veröffentlichen. Keine Namen, keine Porträtfotos. Das ist der Deal. Sie werden freundlicher und erzählen stolz die Geschichte, wie der Asphalt aufgehackt wurde und sie kurzerhand einen Parkplatz in einen Park verwandelt haben. Sie verweisen auf die grandiosen Fassadenbilder – aus den Köpfen der Menschen wachsen Bäume mit Pusteblumenkronen, die den Asphalt sprengen … Hier im Navarinou-Park ist Bänke bauen und Bäume pflanzen Klassenkampf und Eigenverantwortung Bürgerpflicht. „Schreib einfach: ‚Die Bank vom Park N.' Wir alle haben sie gebaut und sie gehört allen." (Mehr Informationen siehe S. 223.)

Einschätzung: Robuste, einfache Bank, die schnell und kostengünstig zu bauen ist.

Konstruktion: Die beiden Hälften einer in Längsrichtung halbierten Palette liegen längs hintereinander auf vier Querbalken auf. Auf den Palettenhälften liegen zwei weitere Palettenhälften auf. Diese tragen

56 cm Sitzhöhe
51 cm Sitztiefe
250 cm Sitzbreite
Baujahr um 2008
Erbauer Komitee Parko Navarinou
Ort Exarchia, Athen, GR
Datum 4.3.2018 SR und MR

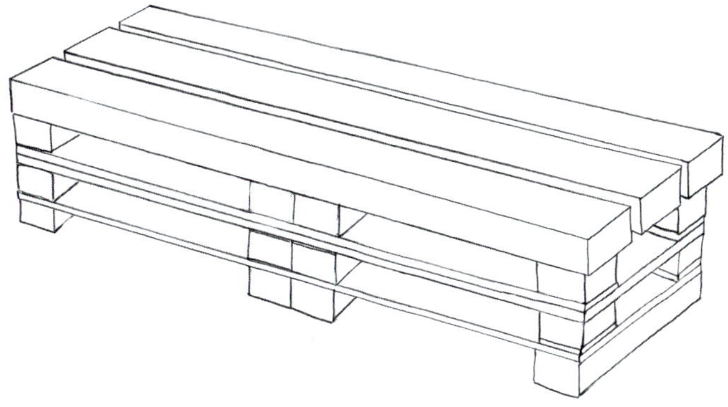

Werkzeug

Zollstock
Säge
Akkubohrschrauber

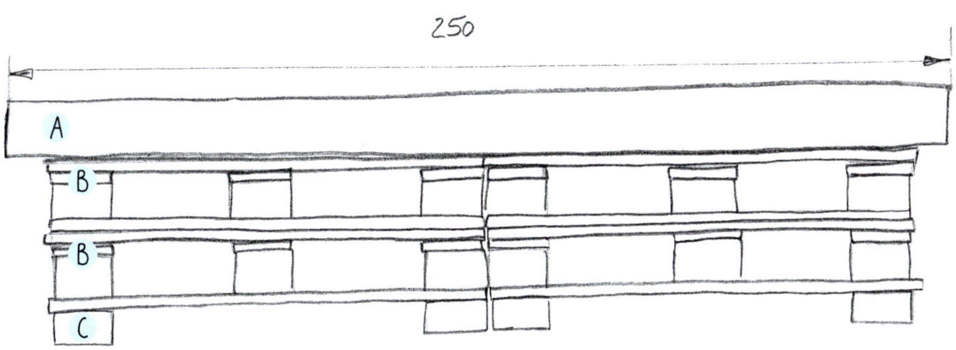

Vorderansicht

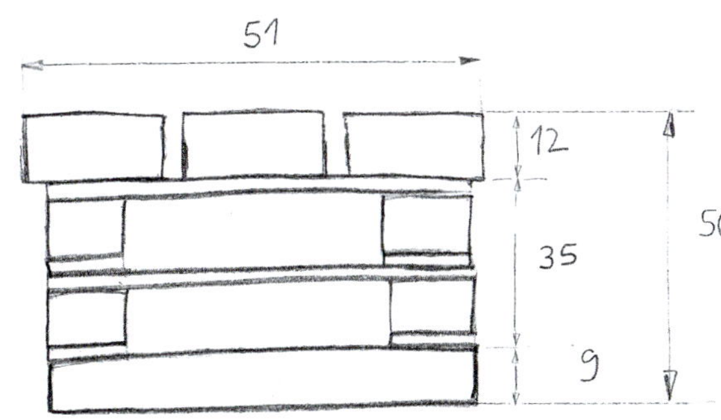

Seitenansicht

die Sitzfläche, die aus drei auf ihrer schmalen Längsseite stehenden Leimbindern* besteht.

Stärke der Konstruktion: Die Konstruktion nutzt die Stabilität der Paletten. Sie wird durch ihre schiere Masse stabil. Die untergelegten Querbalken sorgen für eine gute Durchlüftung. Auf dem Kiesboden kann das Wasser ideal ablaufen.

Material und Maße

A Sitzfläche: 3 Leimbinder, 8 × 16 × 250 cm
B Beine: 2 Paletten, 14,4 × 80 × 120 cm und zusätzlich 6 passende Palettenklötze oder 6 Balkenstücke
C als Unterlage: 4 Balkenstücke, 9 × 9 × 40 cm
Holzschrauben

Bauen

- Beide Paletten in Längsrichtung halbieren, dazu vorab zumindest die mittleren Klötze entfernen
- Fehlende Klötze bei den Palettenteilstücken ergänzen oder durch Holzreste ausgleichen
- Als Unterlage vier Balkenstücke auslegen und ausrichten
- Die erste Palettenschicht auf die Balkenstücke auflegen und verschrauben
- Zweite Palettenschicht auflegen und verschrauben
- Leimbinder auflegen, ausrichten und verschrauben

Von der Straße für die Straße

Die Idee eine Bank zu bauen, hatte Marcus schon länger. Als dann direkt vor seiner Nase, in seiner Straße, Holzbalken in einem Baustellencontainer lagen, erkannte er in den Balken Sitzpotential. Eine alte Schreibtischplatte vom Sperrmüll wurde zu den Seitenteilen. Und so ist aus Holz von der Straße eine Bank für die Straße geworden. Gebaut hat sie Marcus gemeinsam mit zwei Freunden.

Einschätzung: Unkompliziert zu bauen. Wegen der Länge der Balken und dem Gewicht der Sitzfläche ist es aber empfehlenswert, Helfer beim Aufbau der Bank zu haben.

Konstruktion: Die Beine, zwei aufrecht stehende Bretter mit Ausklinkungen an ihren Oberkanten, tragen die Sitzfläche, zwei miteinander verschraubte Balken*. Die Beine werden durch einen verschraubten Steg stabilisiert. Zusätzlich sind Beine und Sitzfläche mit vier Winkeln verschraubt.

Stärken der Konstruktion: Ihre Länge und ihr Gewicht machen die Bank relativ diebstahlsicher.

49 cm	Sitzhöhe
32 cm	Sitztiefe
250 cm	Sitzbreite
Baujahr	Sommer 2016
Erbauer	Marcus B., Matthias M. und Freunde
Ort	Berlin, Prenzlauer Berg, D
Datum	31.12.2017 AR

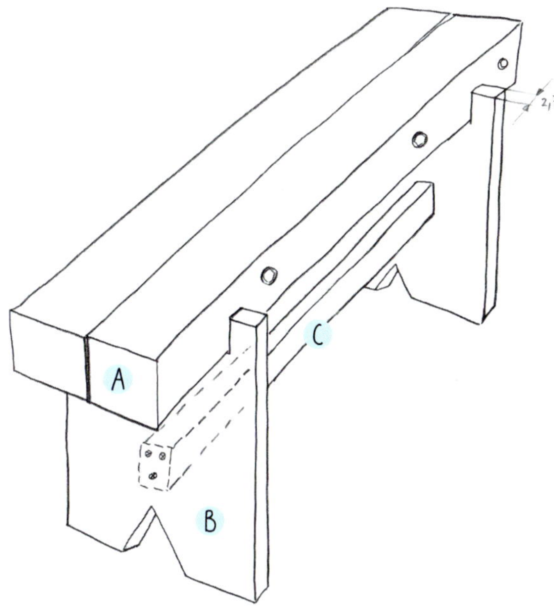

Werkzeug

Zollstock
Säge
Schleifmaschine
Bohrmaschine
Stemmeisen und Knüpfel
Kappsäge
Maulschlüssel
Pinsel oder Farbroller

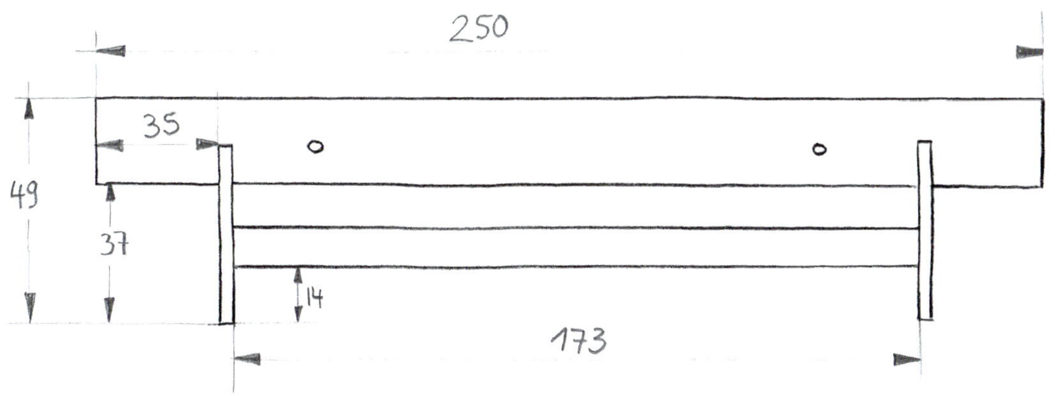

Vorderansicht

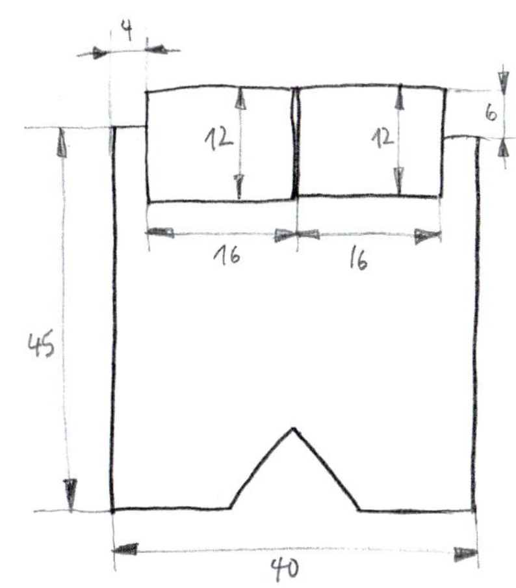

Seitenansicht

Bauen

- Balken für Sitzfläche mit Gewindestangen verschrauben
- Beine und Steg zusägen
- Mit Stemmeisen und Knüpfel jeweils an den Oberkanten der Beine Ausklinkungen für die Auflage der Sitzfläche ausarbeiten, dabei die Sitzhöhe beachten!
- Beine mit dem Steg verschrauben
- Sitzfläche auflegen
- Schleifen und mit Holzlasur streichen

Material und Maße

A Sitzfläche: 2 Balken, 12 × 16 × 250 cm
B Beine: 2 Bretter oder Plattenmaterial*, 40 × 45 × 2,7 cm
C Steg: Balken, 7 × 12 × 173 cm
3 Gewindestangen, ø 8 mm, 34 cm lang, mit jeweils 2 Muttern und Unterlegscheiben
Holzschrauben, 4 Winkel, Holzlasur

Amsterdamer Linde

Alt bewährte Zapfenverbindung. Keine Schraube, von Hand gesägt. Einen Tag Zeit. Und wie im Mittelalter gibt es keinen Strom. Stromausfall im ganzen Viertel. Alle Läden zu. Aber bei Stadshout *verstehen sie die Notwendigkeit, jetzt sofort eine Bank bauen zu müssen, weil morgen Gäste kommen, und öffnen die Tür. Kein Licht, keine Kasse. Roh zersägte Stämme im Halbdunkel. Jetzt brauchen wir Planken, die wir sofort auf dem Fahrrad mitnehmen können. Antje sortiert, kritzelt Konstruktionen und sortiert wieder um. Zu schwer, zu groß, falsches Holz. Es wird die Linde, obwohl nicht für draußen geeignet. Zwei Schwartenbretter und Sägereste. Die passen aufs Rad. In der Küche schält sie das Schwartenbrett. Knietief steht sie in den Spänen, sägt, raspelt, bohrt bis in die Nacht und wird rechtzeitig fertig. (Mehr Informationen siehe S. 223.)*

Einschätzung: Da beide Beine und der Steg unregelmäßige Abmessungen haben, besteht die größte Herausforderung im Ausmessen und Anreißen der Zapfenlöcher und Zapfen.

Konstruktion: Die Beine, zwei aufrecht auf ihren Stirnflächen stehende Bretter, tragen die Sitzfläche. Sitzfläche und Beine sind durch Holzdübel miteinander verbunden. Ein in beide Beine eingezapfter Steg wird durch Keilschlösser gesichert und und verleiht den Beinen Stabilität.

Stärke der Konstruktion: Die Bank wird ohne Winkel und Schrauben stabil und beweist, dass sich auch Sägereste verwenden lassen.

links 45,8 cm rechts 49 cm	Sitzhöhe
18–32 cm	Sitztiefe
170 cm	Sitzbreite
Baujahr	2018
Erbauerin	Antje Rittermann
Ort	Amsterdam, NL
Datum	29.3.2018

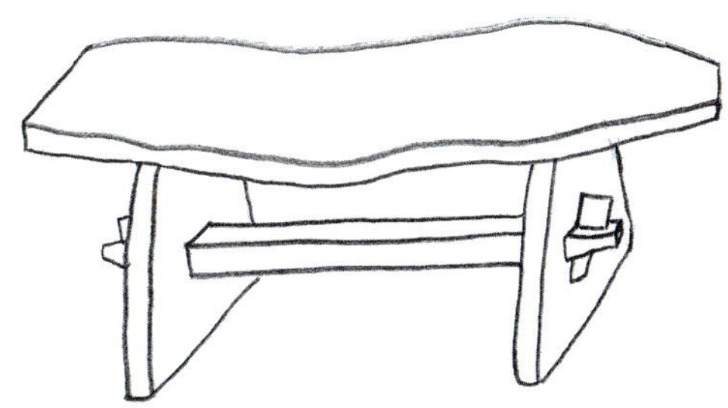

Werkzeug

Winkel
Maßband
Japansäge Ryoba*
Stemmeisen
Knüpfel
Akkubohrschrauber
Raspel
Schleifpapier
Schraubzwingen

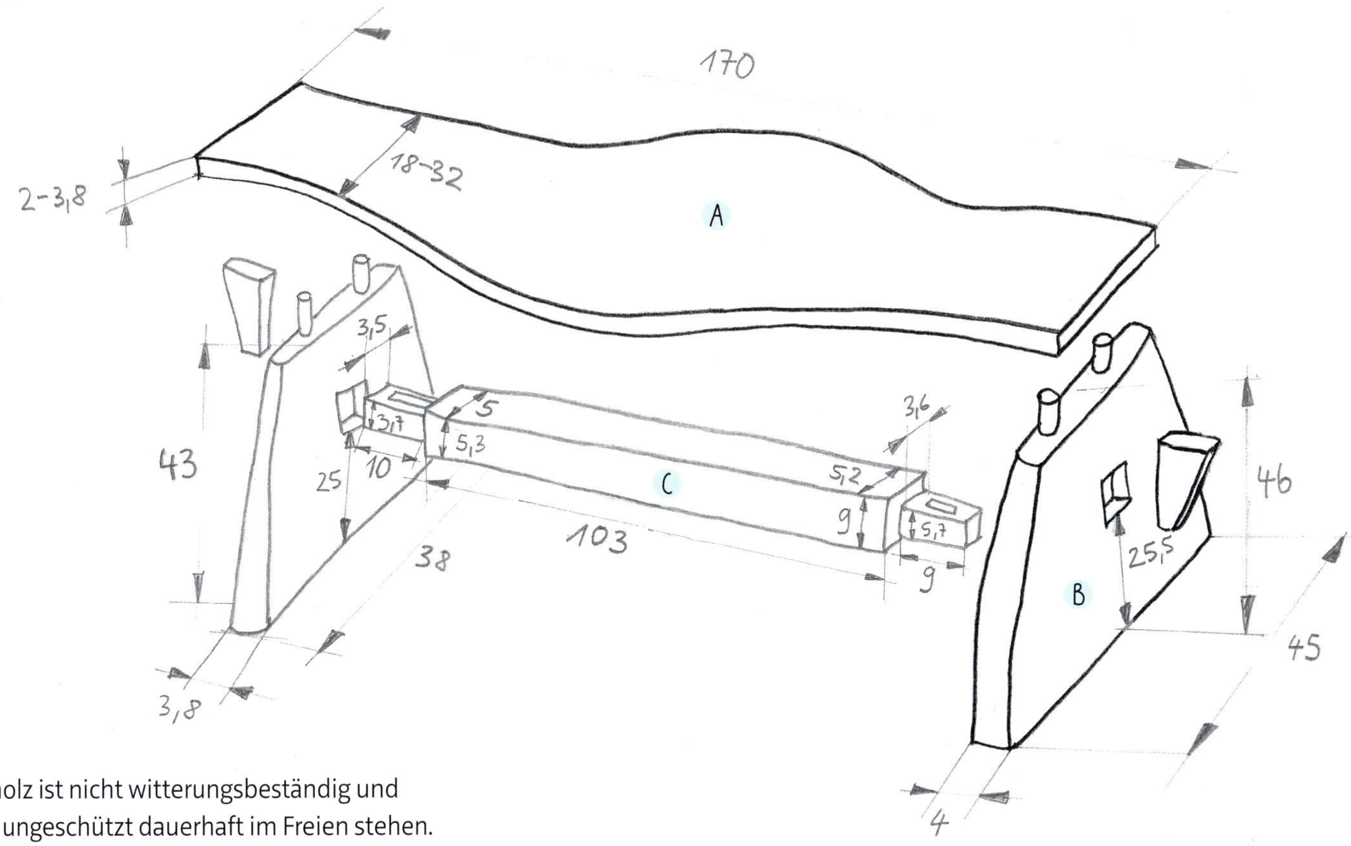

Hinweis: Lindenholz ist nicht witterungsbeständig und sollte daher nicht ungeschützt dauerhaft im Freien stehen.

Bauen

- Schwartenbretter entrinden
- Zusägen der Beine, bei der Länge für spätere Korrekturen ruhig etwas zugeben, Sitzfläche auflegen und Passung prüfen
- Bei unsauberer Passung die Unterseite der Sitzfläche mit der Raspel begradigen
- Beide Beine mittels Holzdübeln mit der Sitzfläche verbinden
- Löcher für den Steg anreißen, Beine und Sitzfläche trennen und die Löcher für den Steg ausarbeiten
- Zapfen an beiden Stegenden ausarbeiten. Passung des Steges prüfen, Löcher für die Keilschlösser anreißen und ausarbeiten
- Aus dem Sägerest der Stegzapfen Keile für die Keilschlösser sägen, Steg in die Zapflöcher einfädeln und mit Keilschlössern sichern
- Beine mit der Sitzfläche verbinden, die Dübel dafür einleimen
- Bank auf die Beine stellen, Stand prüfen, eventuell nacharbeiten oder Beine auf gewünschte Sitzhöhe einkürzen

Material und Maße

A Sitzfläche: Schwartenbrett* (Linde), 2 bis 3,8 × 18 bis 32 × 170 cm
B Beine: 2 unbesäumte Bretter (Linde), 3,8 × 38 × 43 cm und 4 × 45 × 46 cm
C Steg: Sägerest Lederhülsenbaum, 3 bis 5 × 6 × 138 cm
Keile aus Sägerest vom Zapfenzuschnitt
Dübel, D4-Holzleim

Achmeds Bank

Seit Stunden unterwegs, Regen, und weit und breit keine Bank in Monastiraki, dabei schien das alte Athener Viertel vielversprechend. Kleine Läden und Restaurants. Und dann ein Café im Hof, sehr verlockend. Bei der Bank bin ich unsicher. Auf dem Tisch steht ein Schriftzug in Arabisch. Natalia, die Besitzerin, sagt, die Bank sei ein Geschenk, und macht erst einen Kaffee aufs Haus, bevor sie fortfährt. Sie hat mit einer Freundin in Skaramagkas geholfen, im Flüchtlingslager am Hafen. Dort hat sie Achmed, einen Tischler aus Syrien, und seine Frau kennengelernt. Bevor er weiterzog, wollte er aus Dankbarkeit etwas in Natalias Café hinterlassen. Also haben sie alle zusammen im Baumarkt Holz geholt. Daraus hat Achmed Möbel gebaut. Daher die Signatur. Glücklich, wer eine Bank schenken kann, und glücklich, wer eine geschenkt bekommt. So geschehen 2016 im Café Formaika. (Mehr Informationen siehe S. 223.)

Einschätzung: Clevere Konstruktion, die einfach zu bauen ist und trotzdem wunderbar stabil wird.

Konstruktion: Vier Beine werden bündig mit ihrer oberen Stirnfläche durch vier umlaufende Bretter miteinander verbunden. Auf den Stirnflächen der Beine und den schmalen Längsseiten der umlaufenden Bretter liegt die Sitzfläche auf. Zwei Querleisten verbinden jeweils ein vorderes und ein hinteres Bein. Auf den Querleisten liegt ein Steg auf, der mit diesem verschraubt ist.

Stärke der Konstruktion: Der auf den Querleisten aufliegende Steg verrät den Holzfachmann. Denn hier ist eine Lösung gefunden worden, ohne in die Stirnholzflächen zu schrauben.

47 cm	Sitzhöhe
29 cm	Sitztiefe
155 cm	Sitzbreite
Baujahr	2016
Erbauer	Achmed
Ort	Athen, GR
Datum	4.3.2018 SR und MR

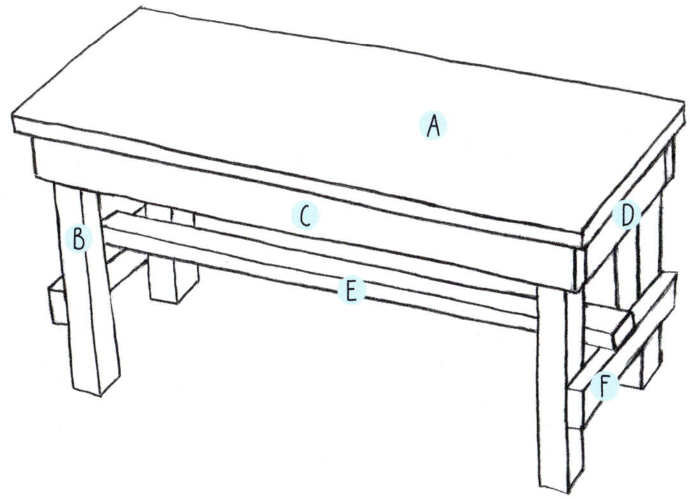

Werkzeug

Winkel
Zollstock
Säge
Akkubohrschrauber
Pinsel

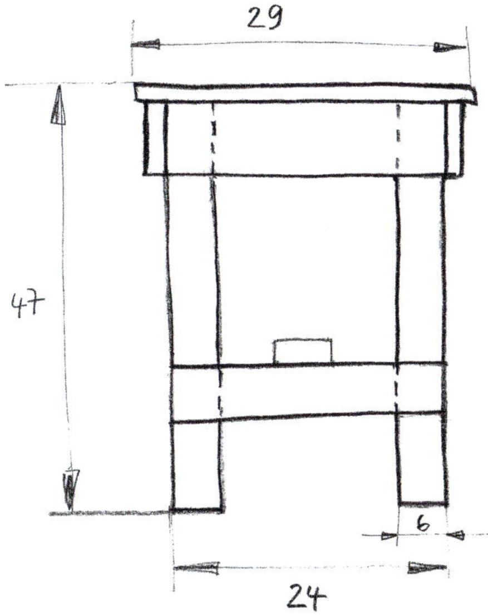

Seitenansicht

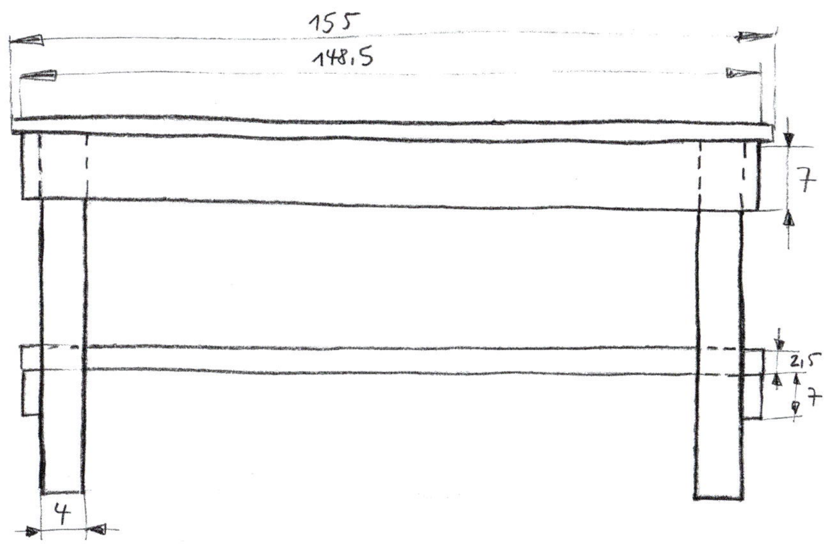

Vorderansicht

Bauen

- Messen, anreißen und zusägen der Teile
- Jeweils zwei Beine an ihrer Ober- und Außenkante bündig mit einer Querzarge verschrauben
- Beide Beinpaare mit den Längszargen verbinden
- Querleisten als Auflagen für den Steg und Steg verschrauben
- Sitzfläche verschrauben und schleifen
- Bank streichen

Material und Maße

Kiefernholz

A Sitzfläche: 1 Brett, 1,5 × 29 × 155 cm
B Beine: 4 Bretter, 6 × 4 × 45,5 cm
C Längszargen: 2 Bretter, 2,5 × 7 × 148,5 cm
D Querzargen: 2 Bretter, 2,5 × 7 × 24 cm
E Steg: 1 Brett, 2,5 × 7 × 148,5 cm
F Auflage Steg: 2 Leisten, 2,5 × 7 × 24 cm

Holzschrauben, Acrylfarbe

Die Wollbank

Angefangen hat alles mit Manfreds strickender Oma. Für und mit der Oma hat Manfred, der eigentlich Architekt ist, einen Wollladen eröffnet. Er baute Möbel für die Präsentation der Wolle und recycelte dafür Palettenholz. Als ein Bankinstitut einen Bankbauwettbewerb ausschrieb, nutzte er seine Fähigkeiten, am Computer zu entwerfen, zerlegte virtuell eine Europalette und setzte sie neu zu einer Bank zusammen. Die Bank war dann an einem halben Tag gebaut. Sie ist zu einem Prototyp geworden, den Manfred in verschiedenen Varianten weiterentwickelt hat. Den Wollladen gibt es inzwischen nicht mehr und so ist die Bank auf die andere Straßenseite zu einem afrikanischen Restaurant gewandert. (Mehr Informationen siehe S. 223.)

Einschätzung: Die Herausforderung besteht darin, die Europalette komplett zerstörungsfrei zu zerlegen. Das Längs-Aufsägen der Bretter gelingt besser maschinell.

Konstruktion: Wechselseitig werden die Längsbretter für die Sitzfläche mit den aufrecht stehenden Brettern der Beine und Teilen der Klötze verleimt.

Stärke der Konstruktion: Die Europalette reicht bequem für eine Bank.

40 cm	Sitzhöhe
40,5 cm	Sitztiefe
120 cm	Sitzbreite
Baujahr	2017
Erbauer	Manfred Schmidt
Ort	Stuttgart, D
Datum	25.1.2018 AR

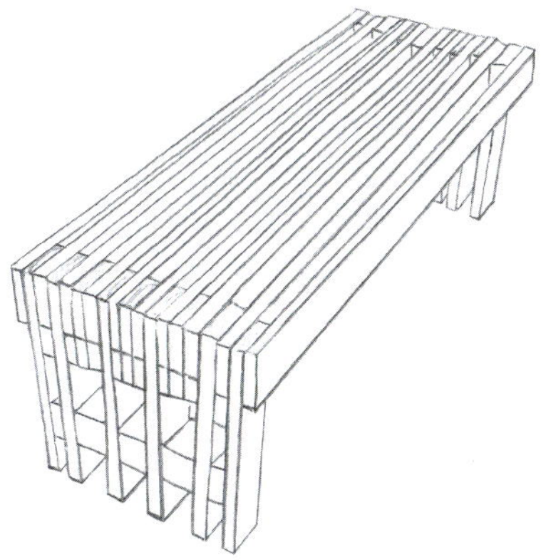

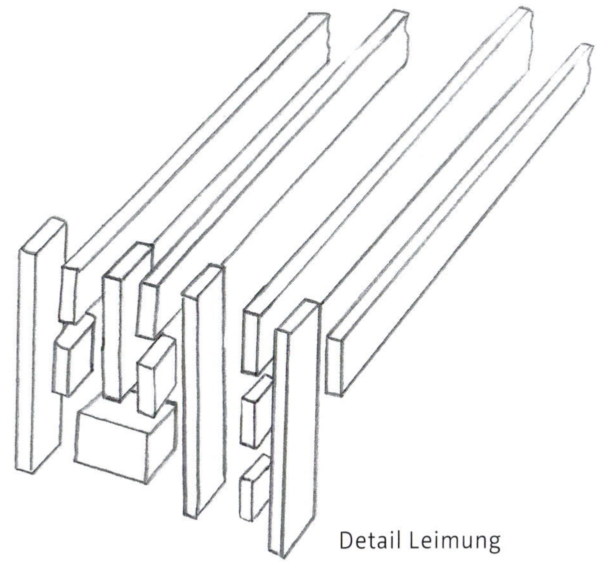

Detail Leimung

Werkzeug

Zollstock
Kuhfuß
Hammer
Handkreissäge
Säbelsäge
Schleifmaschine
Schleifpapier
Schraubzwingen
Pinsel

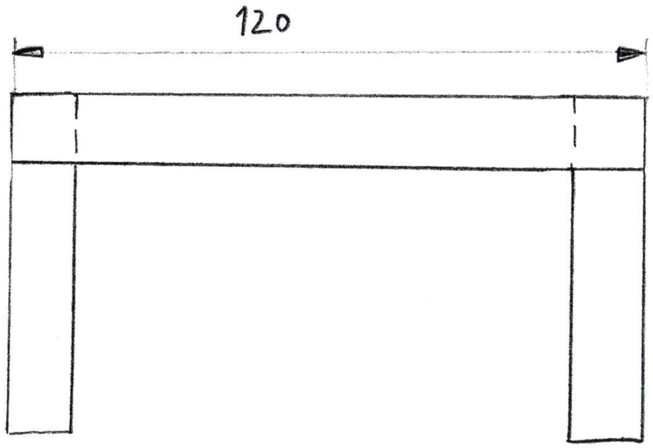

Vorderansicht

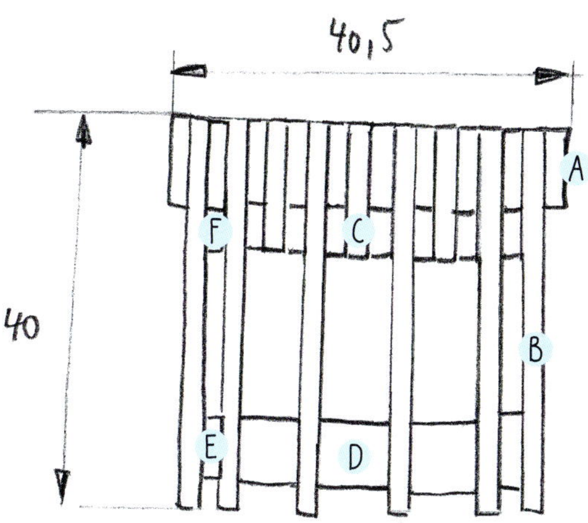

Seitenansicht

Bauen

- Palette mit Kuhfuß und Hammer komplett auseinandernehmen und alle Nägel entfernen
- Bretter auslegen und die Sägeschnitte anzeichen
- Längsschnitte der Bretter sägen, Klötze zersägen
- Einzelteile auf dem Fußboden oder am Tisch zusammenlegen
- Einzelteile mit D4-Holzleim leimen
- Alle Außenseiten, vor allem die Sitzfläche, gründlich schleifen
- Oberfläche ölen

Material und Maße

Europalette, 14,4 × 80 × 120 cm
A Sitzfläche: 10 Bretter, 2 × 9,5 × 120 cm
B Beine je Seite: 6 Bretter, 2 × 6,5 × 40 cm
C 3 Bretter, 2 × 6,5 × 10 cm
D 3 Klötze, 6 × 6 × 6,5 cm
E 2 Klötze, 2 × 6 × 6,5 cm
F 8 Holzstücke, 2 × 3,5–4 × 6,5 cm
D4-Holzleim, Außenöl

44,5 cm	Sitzhöhe
31 cm	Sitztiefe
120 cm	Sitzbreite
Baujahr	2017
Erbauer	Manfred Schmidt
Ort	Stuttgart, D
Datum	5.5.2018 AR

Werkzeug
Kuhfuß
Hammer
Zollstock
Handkreissäge
Akkubohrschrauber
Schleifmaschine
Schraubzwingen

Epalita

„Epalita" hat Manfred diese Bank genannt. Weil sie aus einer Europalette entstanden ist. Trotzdem wirkt sie leicht und elegant. Wie ihr Name. Manfred ist auf der Suche nach der perfekten Bank. Sie soll aus einer Europalette mit möglichst wenig Verschnitt zu bauen sein, ohne dabei allzu sehr ihre Herkunft zu verraten. Inzwischen gibt es von Epalita verschiedene Varianten und Manfred ist noch lange nicht am Ende seiner Tüftelei. Hier ist das Grundmodell zu sehen.

Hinweis: Die Maße der einzelnen Längsbretter der Europaletten schwanken je nach Hersteller zwischen 13,5–14,5 cm. Auch in der Dicke können die Bretter zwischen 2,1–2,3 cm schwanken.

Einschätzung: Clevere Konstruktion. Die Europalette muss nur an der richtigen Stelle teilweise auseinandergenommen und neu zusammengesetzt werden.

Konstruktion: Die halbierten äußeren Querbretter einer Europalette bilden die vier Füße der Bank. Sie sind unverändert mit den äußeren Längsbrettern verbunden. Diese werden durch Querstreben zusammengehalten, auf denen die Sitzfläche aufgeschraubt ist.

Stärke der Konstruktion: Die Konstruktion nutzt die Stabilität der Palette und wirkt trotzdem leicht und elegant.

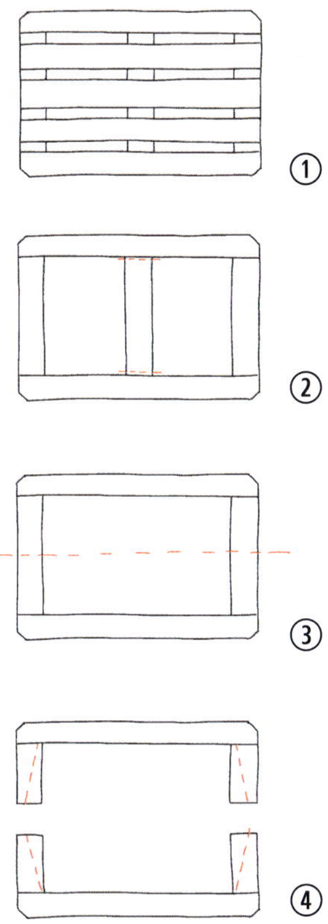

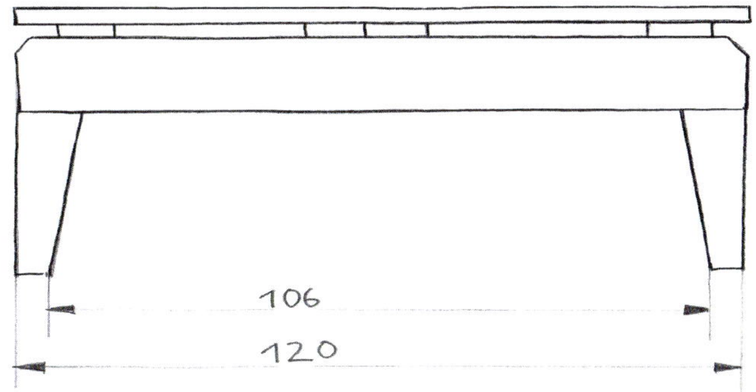

Vorderansicht

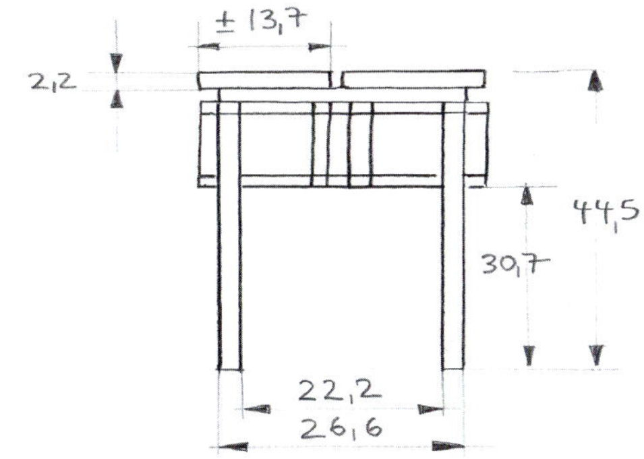

Seitenansicht

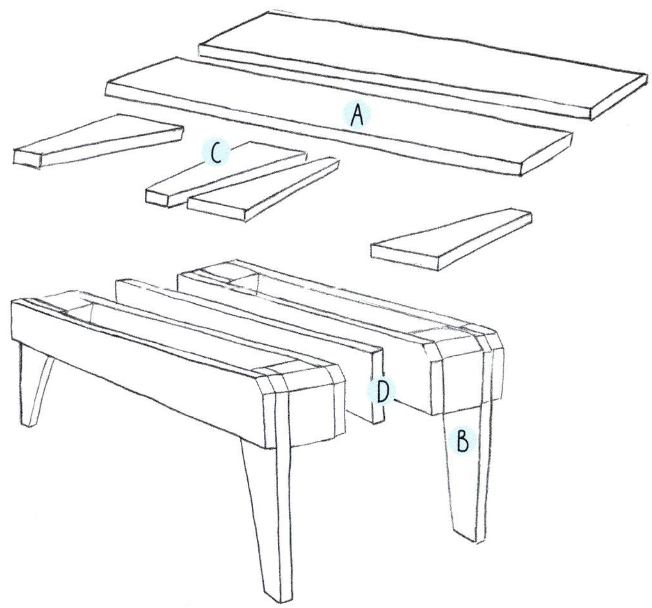

Bauen

- Die drei mittleren oberen Längsbretter der Palette entfernen ①
- Mittleres Querbrett absägen, mittleren Klotz entfernen. Nur noch die äußeren Längsbretter und die äußeren Querbretter sind übrig und miteinander verbunden ②
- Palette längs halbieren (d. h. die Querbretter halbieren) ③
- Halbierte Querbretter (die späteren Beine der Bank) schräg absägen, Sägereste aufheben, sie werden die Querstreben ④
- Palettenhälften auf die Beine stellen, sodass obere Längsbretter nach außen zeigen
- Auf die Innenseite der Längsbretter ein Brett dazwischensetzen, verleimen und verschrauben
- Beide Palettenhälften an den Längsbrettern verleimen und verschrauben
- Palettenhälften von oben mit den vier Sägeresten von den Beinen quer verleimen und verschrauben
- Sitzflächenbretter aufschrauben
- Alles schleifen und eventuell Oberfläche behandeln

Material und Maße

1 Europalette, 14,4 × 80 × 120 cm

A Sitzfläche: 2 Palettenbretter, 2 × 13,7 × 120 cm

B Beine: pro Bein jeweils die Hälfte des äußeren Querbrettes, ca. 40 cm

C Querstreben Sitzfläche: 4 Sägereste vom schrägen Absägen der Beine

D Längsstreben Sitzfläche: 1 Palettenbrett, 2 × 9,5 × 120 cm

D4-Holzleim, Holzschrauben, Außenöl

Epalita

Bank für alle

Die schöne Schwalbenschwanzverbindung fällt uns zuerst auf. Profimäßig. Allerdings kein Briefkasten. Ich winke ab. Außerdem ist es ein Bank-Tisch-Stuhl-Objekt. Doch meine Schwester besteht darauf. Also Anklopfen, Brief unter der Tür durch. Beim Weitergehen öffnet sich überraschend die Tür. Aber in keiner Sprache werden wir verstanden. Hoffnungslos. Wochen später meldet sich die Besitzerin Hanneke zurück. Sie möchte unseren Brief an ihren Neffen in Belgien weiterreichen, er ist der Erbauer. Vielleicht wird er antworten. Und tatsächlich meldet sich Diederik. Er ist vom Fach und gesteht, er hätte gern weniger geschraubt und mehr mit Holzverbindungen gearbeitet. Die Bank hat er für einen Onkel gebaut, der Rollstuhlfahrer ist. Sie funktioniert wunderbar. Mühelos können Rollstuhlfahrer in die Tischrunde integriert werden. (Mehr Informationen siehe S. 223.)

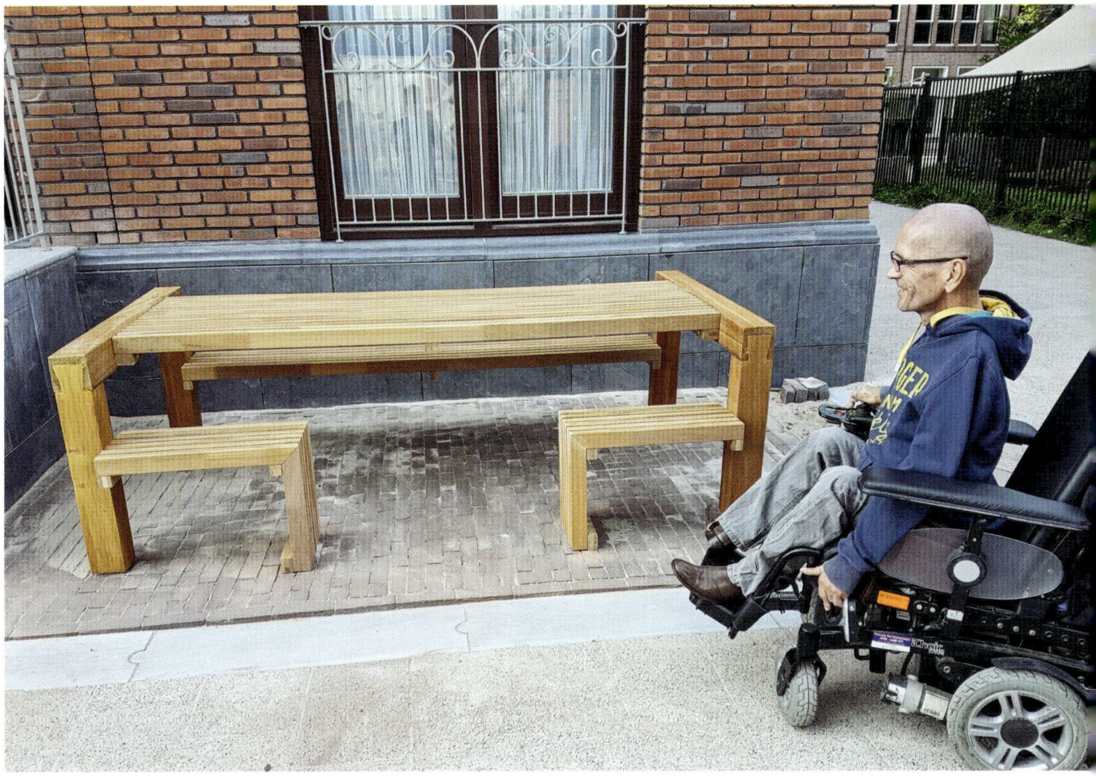

Einschätzung: Das Design und die Ausführung verraten den Profi.

Konstruktion: Die Beine werden von vier Kanthölzern gebildet. Jeweils zwei Beine sind an ihren oberen Stirnseiten mit einem auf diesen quer aufliegenden Kantholz verzapft. Bündig mit diesem Kantholz abschließend ist die Tischplatte zwischen die Beinpaare gespannt. Zwischen den beiden hinteren Beinen ist die Sitzfläche der Bank verschraubt. An jedem Vorderbein ist ein Einzelhocker verschraubt.

Stärke der Konstruktion: Rollstuhl- und kinderwagenfreundlich, das verwendete Tropenholz, Okan und Bankirai, lässt eine sehr lange Lebensdauer der Bank erwarten.

	Bank	Tisch	Hocker
	46 cm Bankhöhe	46 cm Tischhöhe	78 cm Sitzhöhe
	35 cm Banktiefe	35 cm Tischtiefe	77, 5 cm Sitztiefe
	65 cm Bankbreite	226 cm Tischbreite	250 cm Sitzbreite
Baujahr	2016		
Erbauer	Diederik Van Bochaute		
Ort	Amsterdam, NL		
Datum	12.10.2017 SR und AR		

Werkzeug

Zollstock
Winkel
Kappsäge
Stichsäge
Kreissäge
Akkubohrschrauber
Stemmeisen und Knüpfel
Schleifmaschine
Schleifpapier
Schraubzwingen
Hobel
Hammer
Spitzhacke
Spaten
Wasserwaage

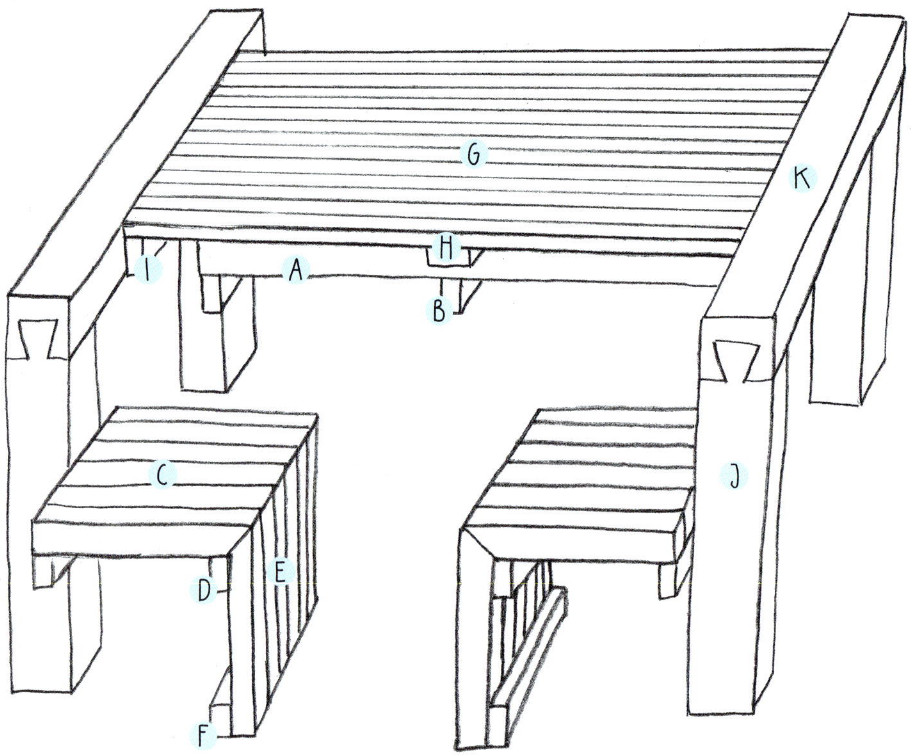

Material und Maße

Okan und Bankirai FSC zertifiziert

Bank:
- A lange Sitzfläche: 6 Latten, 4 × 6 × 226 cm
- B Querstreben: 3 Latten, 4 × 4 × 35 cm

2 Hocker, je Hocker:
- C Sitzfläche: 6 Latten, 4 × 6 × 65 cm (eine Seite auf Gehrung gesägt)
- D Querstreben oben: 2 Latten, 4 × 4 × 35 cm
- E Beine: 6 Latten, 4 × 6 × 46 cm (eine Seite auf Gehrung gesägt)
- F Querstrebe unten: 1 Latte, 4 × 6 × 35 cm

4 Pfostenträger feuerverzinkt, Holzschrauben

Tisch:
- G Tischplatte: 12 Latten, 4 × 6 × 226 cm
- Querstreben: H 1 Latte, 4 × 6 × 77,5 cm
- I 2 Latten, 4 × 4 × 77,5 cm
- J Beine: 4 Kanthölzer, 12 × 12 × 66 cm
- K obere Querstrebe Beine: 2 Kanthölzer, 12 × 12 × 130 cm

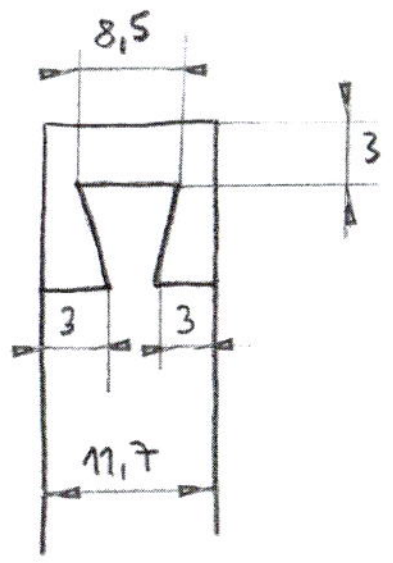

Detail Schwalbenschwanz

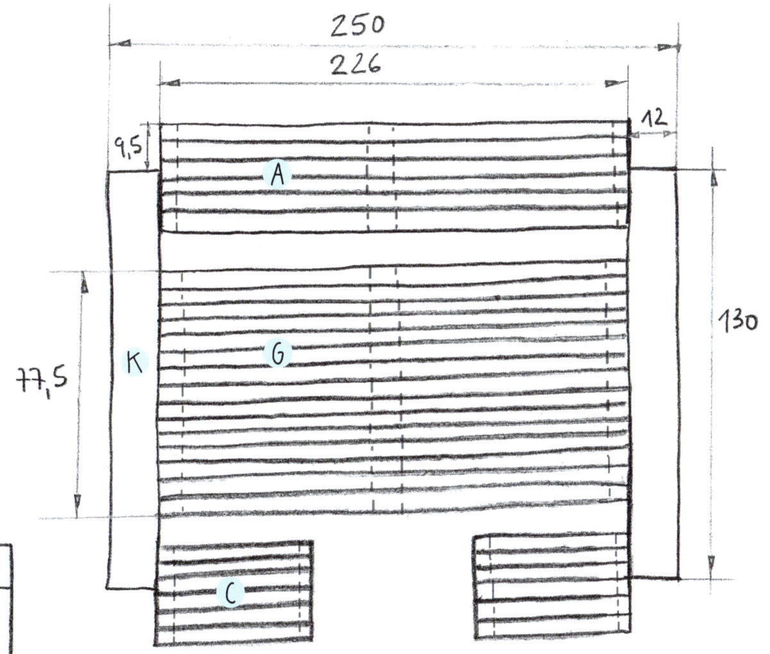

Draufsicht

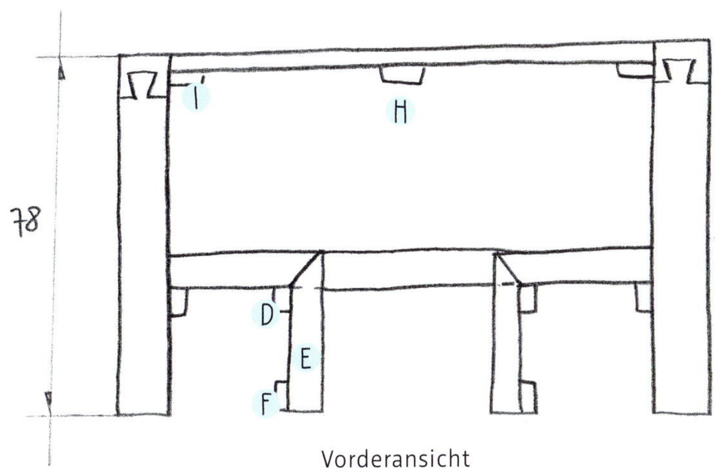

Vorderansicht

Bauen

- Ablängen der Kanthölzer für die Beine
- Anreißen und Ausarbeiten der Schwalbenschwanzverbindung, Verbindung fügen
- Anreißen und Zusägen aller Latten für Tisch und Sitzflächen
- Alle Teile schleifen
- Pfostenträger auf die Unterseite der Beine schrauben
- Für die Standflächen der Beine Pflastersteine entfernen (oder je nach Untergrund Löcher graben)
- Beinpaare aufstellen und mit Wasserwaage und Zollstock ausrichten
- Tischplatte mit Querleisten zwischen den Beinpaaren verschrauben
- Sitzbank und einzelne Sitze mittels Querleisten mit den Beinen verschrauben
- Pflastersteine wieder einsetzen und die Fugen verfüllen (oder den Boden wieder verfüllen und verdichten)

ΔΗΜΟΣ ΑΘΗΝΑΙΩΝ
2017

Bänke mit Lehne

Bei diesem Banktyp geht es konstruktiv vor allem um die Frage: Wie wird die Rückenlehne stabil? Und wie steht sie zur Sitzfläche? Die meisten Menschen empfinden eine Neigung der Rückenlehne von 10° bis 15° als angenehm.

Kapitel 2

Stadt-Holz-Bank

Der Brandstempel auf der Rückenlehne verrät es: Hier wurde ein Amsterdamer Stadtbaum zur Bank. Stadshout, *auf Deutsch „Stadtholz", heißt der Verein, der sich dafür einsetzt, dass in Amsterdam gefällte Bäume nicht mehr im Häcksler landen, sondern ihr Holz gemeinnützig verarbeitet wird. Die Bank entstand während einer Vorführung des Vereins. Mitten auf dem Markt wurde mit einem mobilen Sägewerk ein Pappelstamm in Bretter geschnitten und daraus unter anderem diese Bank gebaut. Mit ihren beiden hohen, aufrechten Lehnen wirkt sie wie zwei miteinander verwachsene Thronstühle.* *(Mehr Informationen siehe S. 223.)*

Einschätzung: Einfache und originelle Konstruktion, die ohne großen Aufwand zu bauen ist. Die gesägten Winkel erfordern Genauigkeit und etwas Sägeerfahrung.

Konstruktion: Zwei aufrecht auf ihren Stirnseiten stehende, unbesäumte Bretter bilden die Beine. Auf ihnen liegt das Sitzflächenbrett auf. Es ist von oben durch die Sitzfläche mit den Beinbrettern verschraubt. Die hintere Seite der Beinbretter ist in einem 100° Winkel abgesägt. An jedes Beinbrett ist jeweils ein aufrecht auf dem Boden aufstehendes Schwartenbrett als Rückenlehne festgeschraubt. Die hintere 100°-Schräge der Beine gibt so die Neigung der Rückenlehne vor. Gleichzeitig stabilisiert die Rückenlehne die Beine.

Stärken der Konstruktion: Mit wenig Materialaufwand stabilisieren Beine und Rückenlehne sich gegenseitig

48 cm Sitzhöhe
34 cm Sitztiefe
114 cm Sitzbreite
Baujahr ca. 2002
Erbauer Stadshout Amsterdam
Ort Amsterdam, NL
Datum 12.10.2017 AR

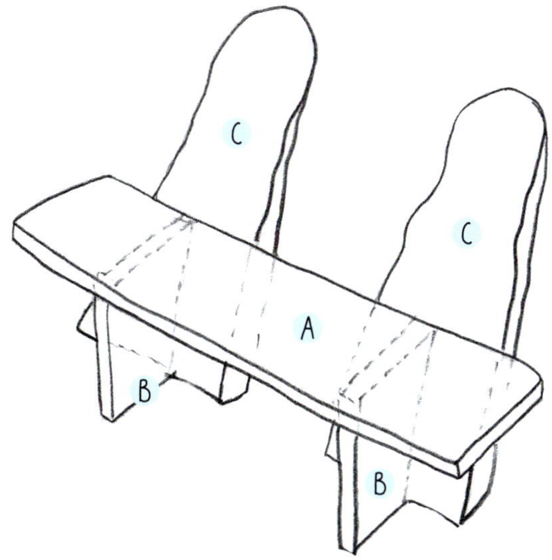

Werkzeug

Woodmizer* LT 40
Kettensäge
Stangenschlangenbohrer
Hammer
Rohrsteckschlüssel
Schleifpapier
elektrische Hobelmaschine
elektrische Schleifmaschine

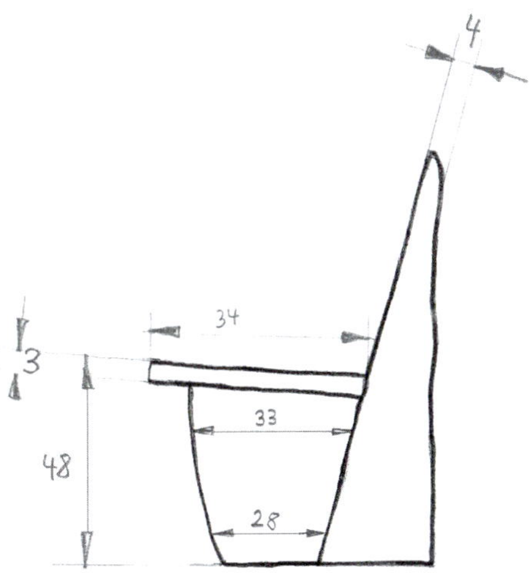

Seitenansicht

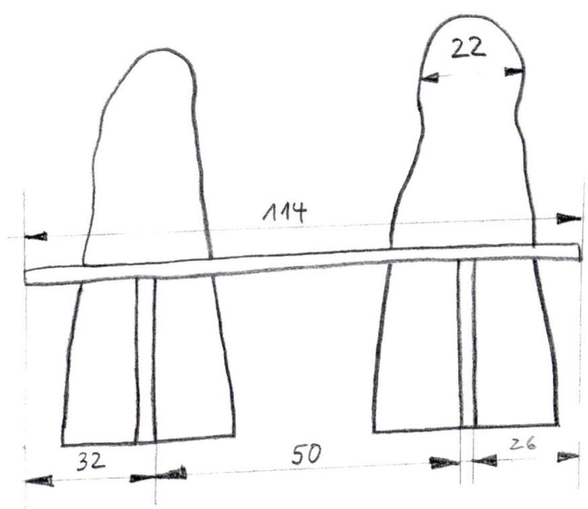

Vorderansicht

Bauen

- Baumstamm im mobilen Sägewerk aufschneiden
- Zwei Schwartenbretter für die Rückenlehne an den dicken Stirnseiten so absägen, dass sie mit einem Neigungswinkel von etwa 100° stehen
- Beine ablängen und jeweils eine der unbesäumten Außenkanten in einem 100°-Winkel absägen
- Jeweils ein Bein mit einer Rückenlehne verschrauben, dazu vorher vorbohren, Senkloch bohren und Schraube versenken
- Beine und Rückenlehnen ausrichten, dann die Sitzfläche auflegen
- Einzelteile von oben durch die Sitzfläche mit jeweils einer Schraube in ein Bein verschrauben
- Kanten fasen und Sitzfläche schleifen

Material und Maße

Pappelholz
A Sitzfläche: 1 unbesäumtes Brett, 3 × 34 × 114 cm
B Beine: 2 unbesäumte Brettstücke, 4 × 33 × 45 cm
C Rückenlehne: 2 Schwartenbretter, an der dünnsten Stelle ca. 4 cm stark, ca. 29 cm breit, ca. 86 cm lang
4 Sechskant-Holzschrauben verzinkt, 8 × 120 mm, und passende Unterlegscheiben

Hinweis: Die Bretter sollten entrindet werden, um Insektenfraß zu verhindern. Die Bohrungen in der Sitzfläche verschließen, da sich dort sonst das Wasser sammelt.

Aus Kinderbett wird Bank

Timo S. in Amsterdam gehört zu den Menschen, die einfach kein Stück Holz wegwerfen können. Erst recht nicht, wenn damit Familiengeschichte verbunden ist. Diese Bank war früher einmal ein Kinderbett, das Timo aus frischem Holz gebaut hatte. Als die Kinder groß und das Bett zu klein wurde, konnte sich Timo nicht davon trennen und beschloss, aus dem Bett eine Bank für seine Frau zu bauen. Weil Aneke so gerne draußen auf der Straße in der Sonne sitzen wollte. Der Lattenrost des Kinderbettchens reichte noch für einen kleinen Beistelltisch, der, wenn er nicht benötigt wird, unter die Bank geschoben werden kann.

Einschätzung: Wer zum Bauen der Bank konsequent nur das Holz eines Kinderbettes recycelt, muss sich in den Ausmaßen der Bank bescheiden.

Konstruktion: Die Seitenteile, zwei aufrecht stehende Bretter, tragen die Sitzfläche. Eine unter die Sitzfläche geschraubte Leiste liegt auf der Stirnholzfläche einer an die Vorderkante der Seitenteile geschraubten Leiste auf. Bündig an die inneren Oberkanten der Seitenteile geschraubte Leisten verstärken die Auflage der Sitzfläche und die Eckverbindung von Sitzfläche und Seitenteilen. Die Rückenlehne ist an die hintere Kante der Sitzfläche geschraubt. Jeweils eine schräge Leiste verbindet die Stirnfläche der Rückenlehne mit einem Seitenteil. Mit einer an die Rückseite der Rückenlehne geschraubten Leiste lehnt diese am Fensterbrett an.

48 cm	Sitzhöhe
30 cm	Sitztiefe
123 cm	Sitzbreite
Baujahr	2010
Erbauer	Timo S.
Ort	Amsterdam, NL
Datum	19.1.2018 SR

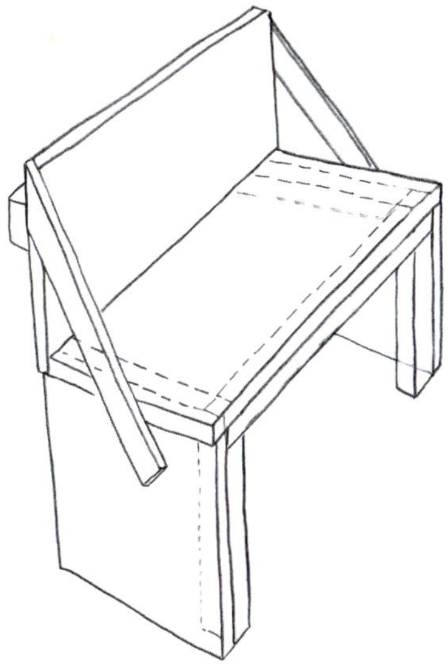

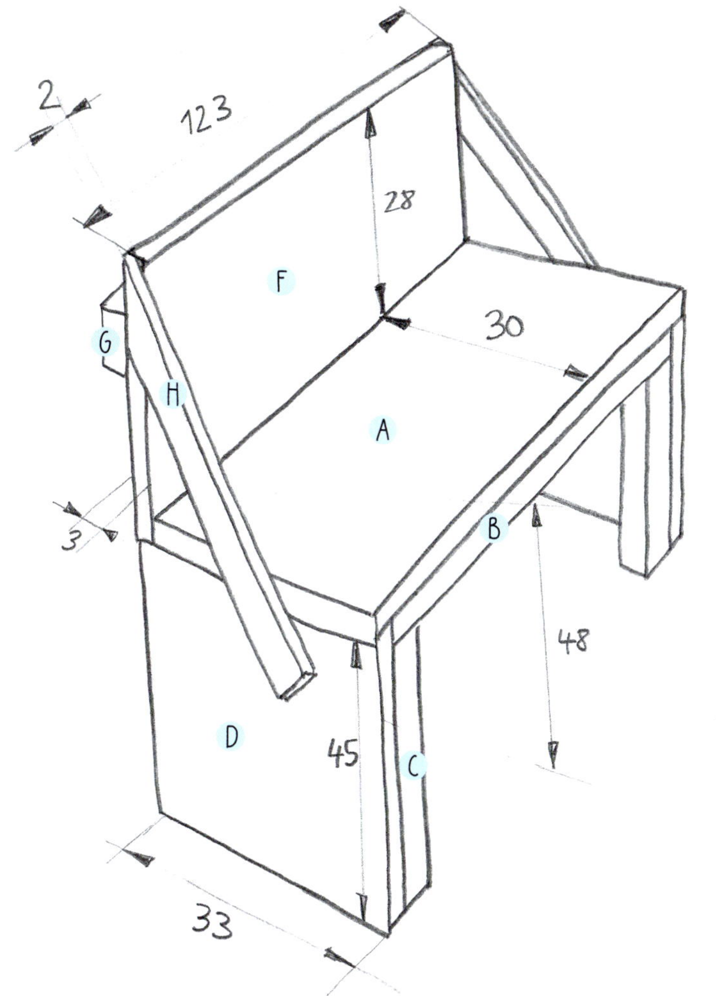

Werkzeug

Zollstock
Stichsäge
Akkubohrschrauber
Pinsel

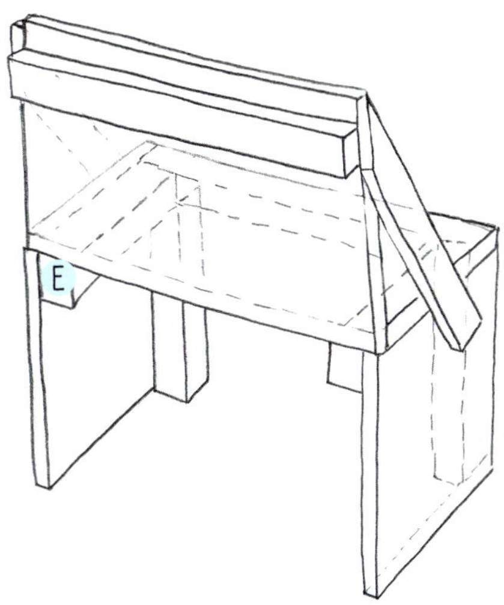

Bauen

- Messen und zusägen der Seitenteile, Sitzfläche und Rückenlehne
- Zusägen der Leisten
- Leisten an die obere Kante und die Vorderkante der Seitenteile schrauben
- Dafür vorgesehene Leiste an die Vorderkante der Sitzfläche schrauben
- Seitenteile aufstellen, ausrichten, Sitzfläche auflegen und mit Seitenteilen verschrauben
- Leiste an Rückseite der Rückenlehne schrauben, Rückenlehne mit der Sitzfläche verschrauben
- Stützleisten schräg auf die Seitenteile schrauben und mit der Rückenlehne verbinden
- Alles schleifen und streichen

Material und Maße

Kiefernholz

A Sitzfläche: 6 Bretter, 3 × 5 × 123 cm
B Längszarge: 1 Leiste, 3 × 3 × 117 cm
C Beine: 2 Leisten, 3 × 3 × 42 cm
D Seitenteile: 2 Bretter, 3 × 33 × 45 cm
E Querzargen: 2 Leisten, 3 × 5 × 27 cm
F Rückenlehne:1 Brett, 3 × 28 × 123 cm
G Rückseite Lehne: 1 Leiste, 4 × 4 × 123 cm
H Stützen Rückenlehne: 2 Bretter, 2 × 5 × 52 cm

Holzschrauben, Acryllack

Schwere Schönheit

Unverrückbar steht die Bank. Das kommt durch ihr Gewicht, Afzelia-Holz ist schwer. Peter hat die Bank nach dem Verkauf seines Hauses, er wohnt jetzt um die Ecke, dem Käufer überlassen. Der freut sich, und sitzt dort gerne in der Sonne. Vor Jahren hat Peter fünf Kubikmeter Afzelia-Holz aus der Konkursmasse einer Parkettfabrik ersteigert. Dann hat er aus Spaß angefangen, den Stapel Holz zu verarbeiten. Er studierte die Bauweise anderer Bänke in der Nachbarschaft und hat daraus seine eigene Konstruktion entwickelt. Zehn verschiedene Bänke sind inzwischen entstanden. Beim Bau der Bank hat er mehrere Metallbohrer abgenutzt, denn Afzelia-Holz ist härter als Eiche oder Teakholz. Die Bank steht seit acht Jahren an ihrem Platz und Peter ist sich sicher, dass sie ihn überdauern wird.

Einschätzung: Die Konstruktion ist gut durchdacht und die Bank lässt sich, abgesehen von der Härte des Holzes, ohne Aufwand bauen. Wer kein Tropenholz verbauen möchte, sollte gemäß der Regel „kein Stirnholz ins Wetter" (siehe S. 23) die oberen Stirnflächen der hinteren Beine abschrägen oder durch ein Brett abdecken.

Konstruktion: Drei Beinpaare tragen Sitzfläche und Rückenlehne. Dabei besteht ein Beinpaar aus einem vorderen Bein, einem aufrecht auf seiner Stirnfläche stehenden Brett, und einem hinteren Bein, ebenfalls einem aufrecht auf seiner Stirnfläche stehenden Brett, welches über die Sitzfläche hinausragt und mit einer Schräge zur Sitzfläche hin die Neigung der Rückenlehne vorgibt. Beide Beine sind durch eine Querzarge miteinander verschraubt. Die Querzarge schließt bündig mit der Stirnfläche des vorderen Beines ab. Auf die Querzargen sind die Bretter der Sitzfläche geschraubt. Die Bretter der Rückenlehne sind auf die schrägen Längsseiten der hinteren Beinpaare geschraubt. Ein Brett in der Länge der Sitzfläche bildet die Längszarge und ist an der Vorderseite mit allen drei Vorderbeinen verschraubt.

Stärken der Konstruktion: Das schiere Gewicht der Bank macht sie bestimmt diebstahlsicher und das verwendete Tropenholz garantiert Langlebigkeit.

49,5 cm	Sitzhöhe
48 cm	Sitztiefe
244,5 cm	Sitzbreite
Baujahr	um 2010
Erbauer	Peter Mens
Ort	Amsterdam, NL
Datum	17.4.2018 SR

Werkzeug

Zollstock
Winkel
Stichsäge
Kappsäge
Bohrmaschine
Metallbohrer
Schraubzwingen
Schleifpapier
Pinsel

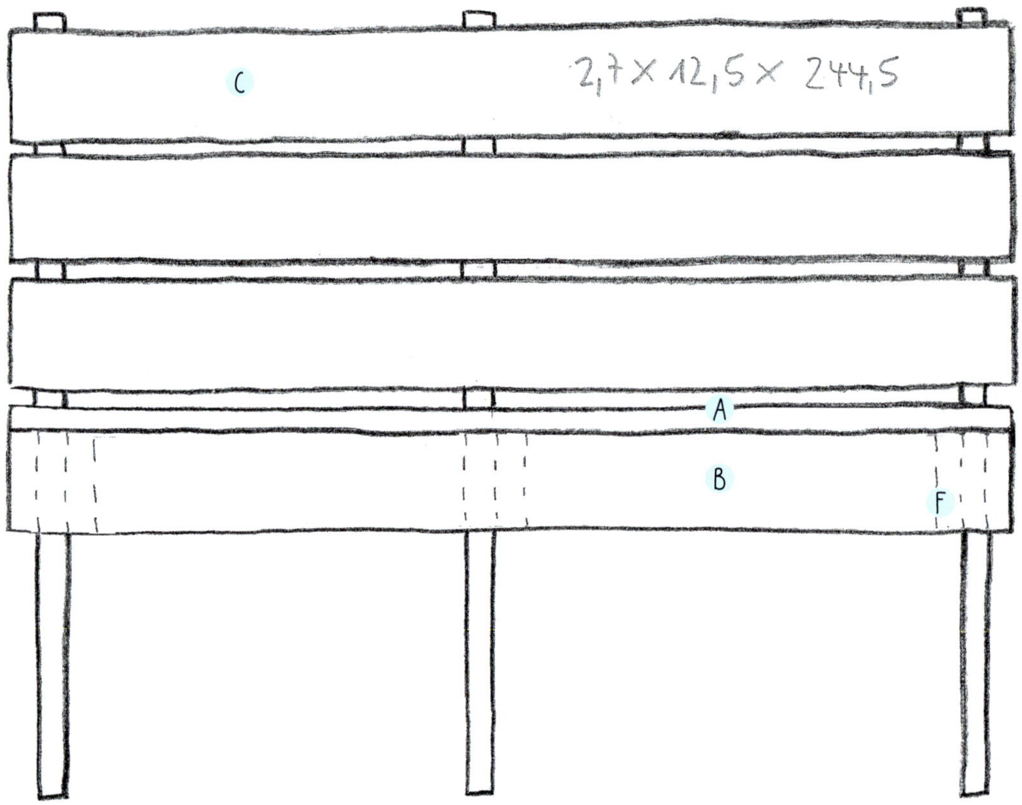

Vorderansicht

Material und Maße

Afzelia-Holz

A Sitzfläche: 4 Bretter, 2,7 × 12,5 × 244,5 cm
B Längszarge: 1 Brett, 2,7 × 12,5 × 244,5 cm
C Rückenlehne: 3 Bretter, 2,7 × 12,5 × 244,5 cm
D 3 vordere Beine: 3 Brettstücke, 2,7 × 12,5 × 47 cm
E 3 hintere Beine: 3 Brettstücke, 2,7 × 17,5 × 93 cm
F 3 Querzargen: 3 Brettstücke, 2,7 × 12,5 × 65 cm
12 Schlossschrauben mit Unterlegscheiben und Muttern
Holzschrauben

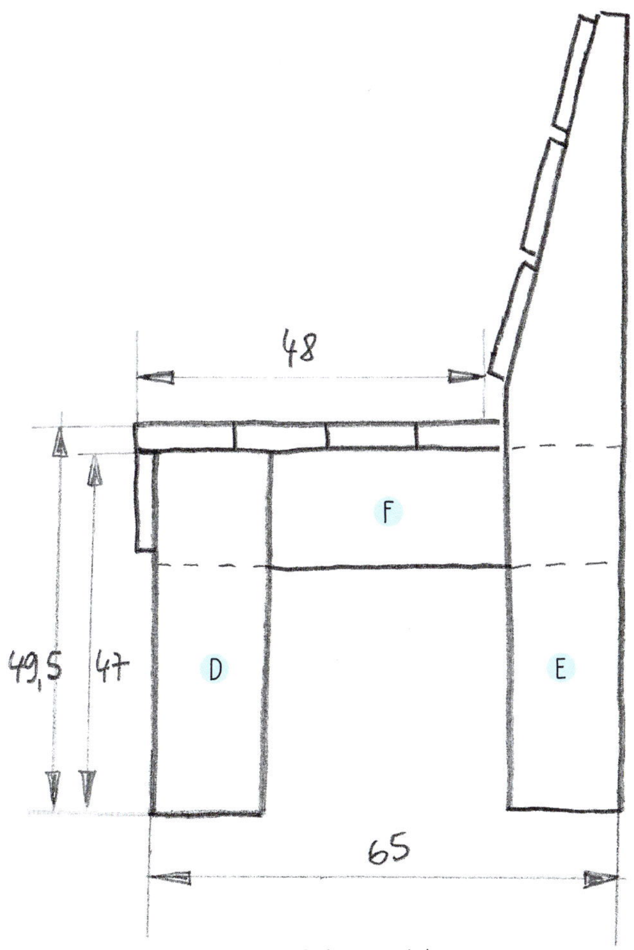

Seitenansicht

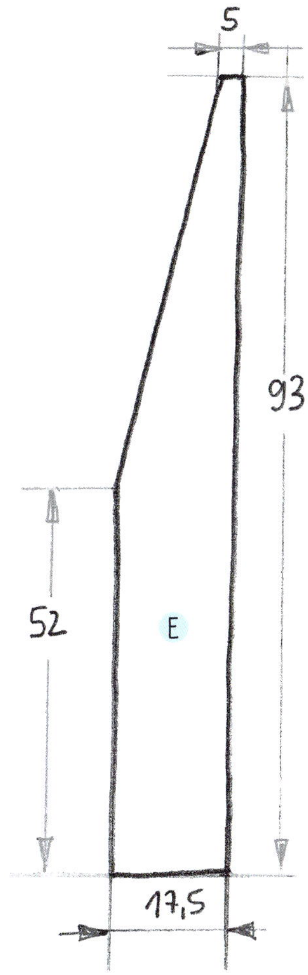

Detail Bein

Bauen

- Zusägen der Beine und Zargen, sowie der Bretter für Sitzfläche und Rückenlehne
- Je ein vorderes und ein hinteres Bein mit Querzarge verschrauben, dazu die Teile passend zusammenlegen, mit einer Schraubzwinge fixieren, bohren und anschließend mit Schlossschrauben verbinden
- Die drei Beinpaare aufstellen, ausrichten, die Konstruktion mit ein oder zwei Sitzflächenbrettern und Schraubzwingen fixieren
- Bretter für Rückenlehne und Sitzfläche vorbohren und festschrauben

Die kleine Feine

Hijlke hat diese kleine, feine Bank für seine Schwägerinnen Tineke und Linda gebaut, ausgerichtet nach der Sonne, die genau hier vor die Haustür scheint. Die Bank ist kurz und muss sich den schmalen Platz mit den Fahrrädern teilen, aber sie ist der Star und macht diesen kleinen Platz zu einem Ort, wo man in der Sonne die Zeitung lesen, die Aussicht auf die Weesperzijde und allerei Passanten genießen und Nachbarn und Freunde treffen kann.

Einschätzung: Klassische Bank, die unproblematisch zu bauen ist.

Konstruktion: Vorder- und Hinterbein sind mit zwei Querzargen verbunden. Auf der unteren Querzarge liegt der Steg auf. Die Sitzfläche ist mit der oberen Querzarge verschraubt, die Rückenlehne ist auf die abgeschrägten Hinterbeine geschraubt.

Stärken der Konstruktion: Die Bank kommt ohne Schrauben oder Nageln ins Stirnholz aus. Perfekt gelöst: Der Steg ist auf die untere Querzarge gesetzt.

44 cm	Sitzhöhe
41 cm	Sitztiefe
120 cm	Sitzbreite
Baujahr	2012
Erbauer	Hijlke Bruinsma
Ort	Amsterdam, NL
Datum	9.4.2018 SR

Werkzeug

Zollstock
Winkel
Säge
Schraubzwingen
Schleifpapier
Akkubohrschrauber
eventuell Pinsel
oder Farbroller

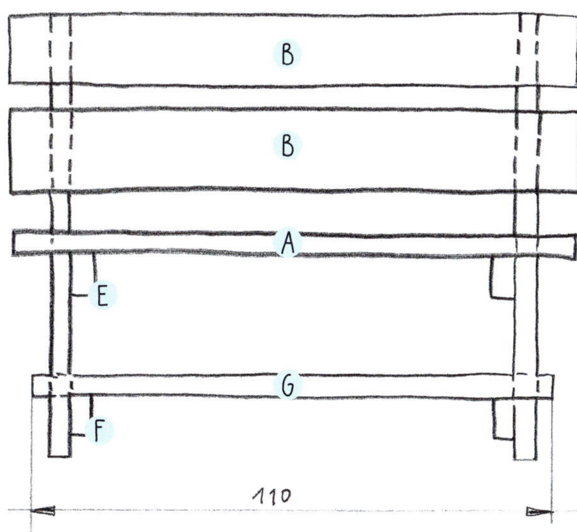

Vorderansicht

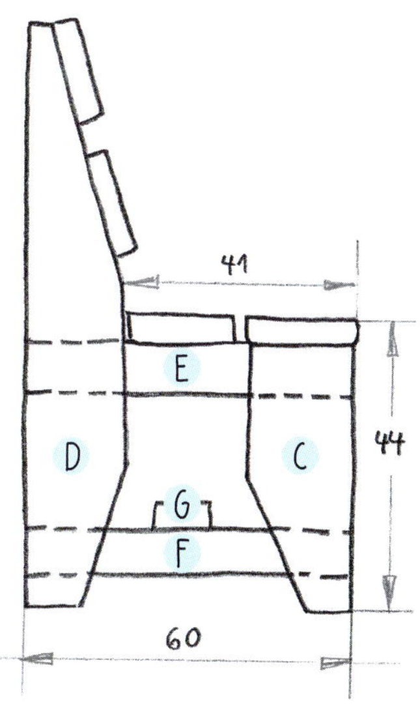

Seitenansicht

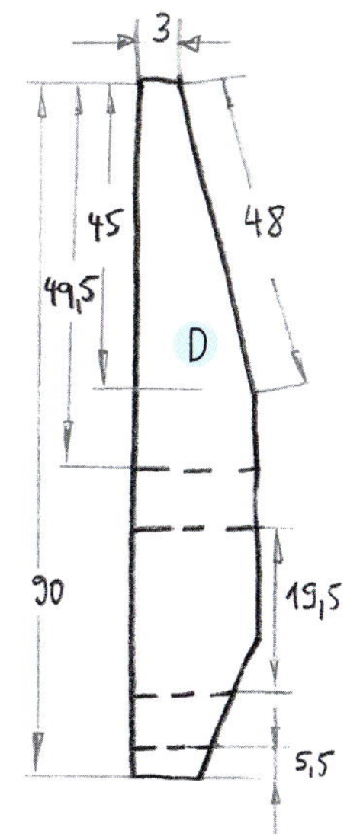

Bauen

- Bretter für Sitzfläche und Rückenlehne sowie für die Beine ablängen, Schrägschnitte der Beine sägen
- Zargen und Steg zusägen
- Bei den Brettern für Sitzfläche, Rückenlehne, Zargen und Steg die Kanten fasen
- Nach der Montage nicht mehr erreichbare Stellen streichen
- Je ein Vorder- und Hinterbein mit oberer und unterer Zarge verschrauben
- Beide Beinpaare aufstellen und ausrichten
- Ein hinteres Sitzflächenbrett aufschrauben, damit die Konstruktion steht
- Steg, zweites Sitzflächenbrett und Rückenlehnenbretter verschrauben
- Eventuell Sitzfläche und Rückenlehne noch einmal schleifen
- Eventuell gewünschte Oberflächenbehandlung auftragen

Material und Maße

A Sitzfläche: 2 Gerüstdielen, 3 × 19,5 × 120 cm
B Rückenlehne: 2 Gerüstdielen, 3 × 19,5 × 120 cm
C vorderes Beinpaar: 2 Gerüstdielenstücke, 3 × 19,5 × 41 cm
D hinteres Beinpaar: 2 Gerüstdielenstücke, 3 × 19,5 × 90 cm
E obere Zargen: 2 Leisten oben, 3 × 8 × 41 cm
F untere Zargen: 2 Leisten unten, 3 × 8 × 41 cm
G Steg: 1 Leiste, 3 × 8 × 120 cm
Holzschrauben
eventuell Oberflächenanstrich

Tipp: Die oberen Stirnflächen der hinteren Beine kann man abrunden oder abschrägen, damit das Niederschlagswasser gut ablaufen kann.

Bank aus Kantholz

Mark kommt in Arbeitskleidung und nimmt sich Zeit. Eigentlich stammt er aus einem kleinen Dorf, aber er wollte in die große Stadt, nach Amsterdam. Sein Onkel wohnt hier. Die winzige Dachkammer einer Nachbarin war frei. Die Bank, die früher vor dem Haus stand, gehörte Nachbar Dirk. Sie wurde für Mark Gartenersatz und Wohnzimmer. Aber eines Abends wurde zu viel gefeiert und die Bank gab nach. Ein Restposten Kanthölzer von Marks Arbeitsstelle und ein paar Schrauben sorgten für schnellen Ersatz. Onkel und Nachbar sind zufrieden sowie die alte Dame, die auf ihrer Runde mit dem Hund hier immer eine Pause macht.

Einschätzung: Sind die schrägen Winkel für die Beine, Querzargen und Querstreben exakt gesägt, ist die Bank recht schnell zusammengeschraubt.

Konstruktion: Alle Teile der Bank sind einheitlich mit einem Kantholz von 4, 5 cm Höhe und 7 cm Breite gebaut. Vorderbeine und Hinterbeine sind durch eine Querzarge und einen Quersteg verbunden. Durch deren schrägen Zuschnitt entsteht die Neigung der Rückenlehne und der Sitzfläche.

Stärke der Konstruktion: Durch das einheitliche Material geht das Anreißen und Zusägen schnell voran.

46 cm	Sitzhöhe
45 cm	Sitztiefe
150 cm	Sitzbreite
Baujahr	2015
Erbauer	Mark Dekker
Ort	Amsterdam, NL
Datum	19.4.2018 SR

Werkzeug

Zollstock
Winkel
Kappsäge
Schleifpapier
Akkubohrschrauber
Schraubzwingen
Pinsel

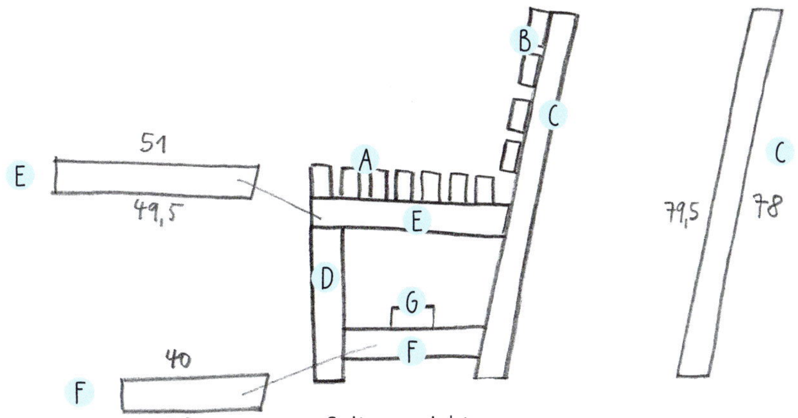

Seitenansicht

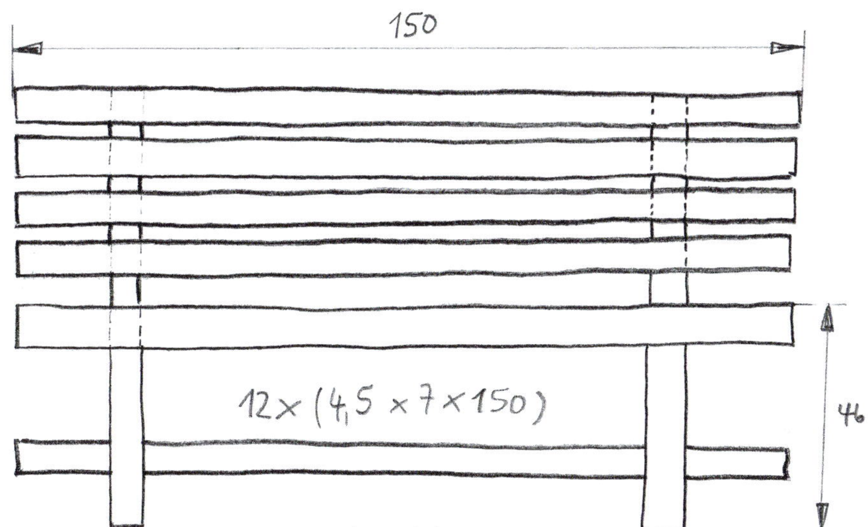

Vorderansicht

Bauen

- Anreißen und zusägen aller Teile
- Alle Teile schleifen und von allen Seiten streichen
- Jeweils ein vorderes und ein hinteres Bein mittels Querzarge und Querstrebe verschrauben
- Beinpaare aufstellen, Kantholzstücke für die Sitzfläche auflegen, ausrichten, mit Schraubzwinge fixieren und verschrauben
- Rückenlehne und Steg verschrauben
- Ganze Bank, inklusive Standflächen, ein zweites Mal streichen

Tipp vom Erbauer: Mark hatte wenig Zeit zum Bauen der Bank. Hätte er mehr zur Verfügung gehabt, hätte er die Beine mit einer Zapfenverbindung und nicht durch Schrauben ins Stirnholz verbunden.

Material und Maße

Kantholz aus Fichte

A Sitzfläche: 7 Kanthölzer, 4,5 × 7 × 150 cm
B Rückenlehne: 4 Kanthölzer, 4,5 × 7 × 150 cm
C hinteres Beinpaar: 2 Kanthölzer, 4,5 × 7 × 79,5 cm (schräger Zuschnitt)
D vorderes Beinpaar: 2 Kanthölzer, 4,5 × 7 × 32 cm
E Querzargen: 2 Kanthölzer, 4,5 × 7 × 51 cm (schräger Zuschnitt)
F untere Querstreben: 2 Kanthölzer, 4,5 × 7 × 51 cm (schräger Zuschnitt)
G Steg: 1 Kantholz, 4,5 × 7 × 150 cm

Schaftschrauben galvanisiert, 5 × 70 mm, Anstrich

Sitzfläche to go

Der Hogeweg in Amsterdam-Oost hat breite Gehwege und fast vor jeder Tür eine Bank. Dazu gesellen sich gern noch Blumenkübel und manchmal auch ein Tischchen, eine Sandkiste oder ein Planschbecken. Sobald die Sonne scheint, erwacht ein munteres Straßenleben.
Ich mache es mir auf einer Bank aus Gerüstbohlen bequem. Angelockt von ihrer schönen Konstruktion und der friedlichen Atmosphäre, die der Ort ausstrahlt. Steef kommt mit dem Rennrad und seiner erwachsenen Tochter von einer Tour zurück. Wenn ich warten will, kocht er uns einen Tee. Eine zufällige Begegnung, die einzige ohne Interviewtermin. Zwei Stunden vergehen im Flug. Interaktion mit Nachbarn und Passanten. Steef, auf der Bank sitzend, scheint wie ein Magnet zu sein, man trifft sich, hier an seiner Bank. Im Fenster hinter der Bank eine Auslage: Bücher und ein episches Stilleben von kleinen Figuren und Objekten. Steef hat es für die vorbeikommenden Kinder arrangiert. Er mag es, wenn sie sich an der Scheibe die Nase platt drücken. Vor der Bank bewundern wir einzelne Platten mit bunten Mosaiken – ein Nachbarschaftsprojekt. Die Bank hat ein Freund, Jasper S., gebaut. Fachmännisch. Ihre Bauweise scheint populär zu sein, ein Nachbar ein paar Häuser weiter hat sie kopiert, fast 1:1, nur dass seine Bank wirklich fest an der Wand verschraubt ist. Er traut der Idylle wohl nicht.

Einschätzung: Die Ausklinkungen an den Querbrettern erfordern etwas handwerkliches Geschick, ansonsten ist diese Bank ohne großen Aufwand gut zu bauen.

Konstruktion: Die Rückenlehne der Bank ist fest an die Hauswand geschraubt, während Sitzfläche und Beine eine eigene Konstruktion bilden. So können Sitzfläche und Beine bei Bedarf schnell ihren Standort wechseln. Die Rückenlehne wird von zwei Stützen getragen, die mit Winkeln an die Hauswand geschraubt sind. Vorder- und Hinterbeine sind mit einer oberen Querzarge verbunden. In eine Ausklinkung der Querzarge ist der Steg zwischen Vorder- und Hinterbeine geklemmt. Eine ebenfalls ausgeklinkte mittlere Querstrebe sitzt auf dem Steg auf. Die Sitzfläche liegt auf den Querzargen und der mittleren Querstrebe auf.

Stärke der Konstruktion: Fest an die Hauswand geschraubt, ist die Rückenlehne sehr stabil.

47 cm	Sitzhöhe
40 cm	Sitztiefe
247 cm	Sitzbreite
Baujahr	ca. 2014
Erbauer	Jasper Spiering, ein Freund von Steef
Ort	Amsterdam, NL
Datum	7.4.2018 SR

Werkzeug

Zollstock
Säge
Akkubohrschrauber oder Bohrmaschine
Stemmeisen und Knüpfel oder Stichsäge
Raspel
Schleifpapier

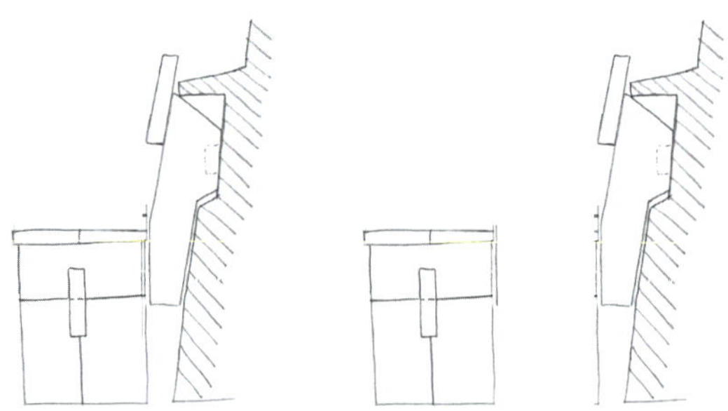

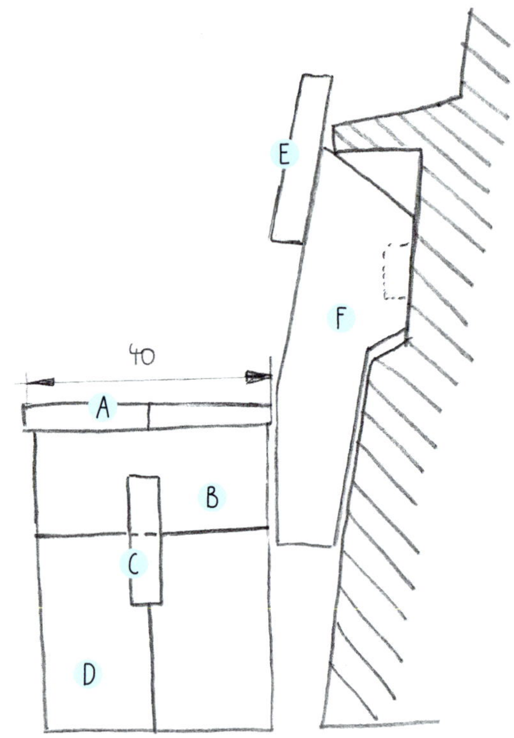

Seitenansicht

Material und Maße

A Sitzfläche: 2 Gerüstbohlen, 3 × 19,5 × 247 cm
B Querzargen: 3 Bohlenstücke, 3 × 19,5 × 40 cm
C Steg: 1 Gerüstbohle, 3 × 19,5 × 240 cm
D Beine: 4 Gerüstbohlenstücke, 3 × 19, 5 × 40 cm
E Rückenlehne: 1 Gerüstbohle, 3 × 19,5 × 247 cm
F Rückenlehnenstützen: 2 Gerüstbohlenstücke, ca. 3 × 19,5 × 50 cm
dazu 2 Winkel, 8 Schrauben und 4 Dübel

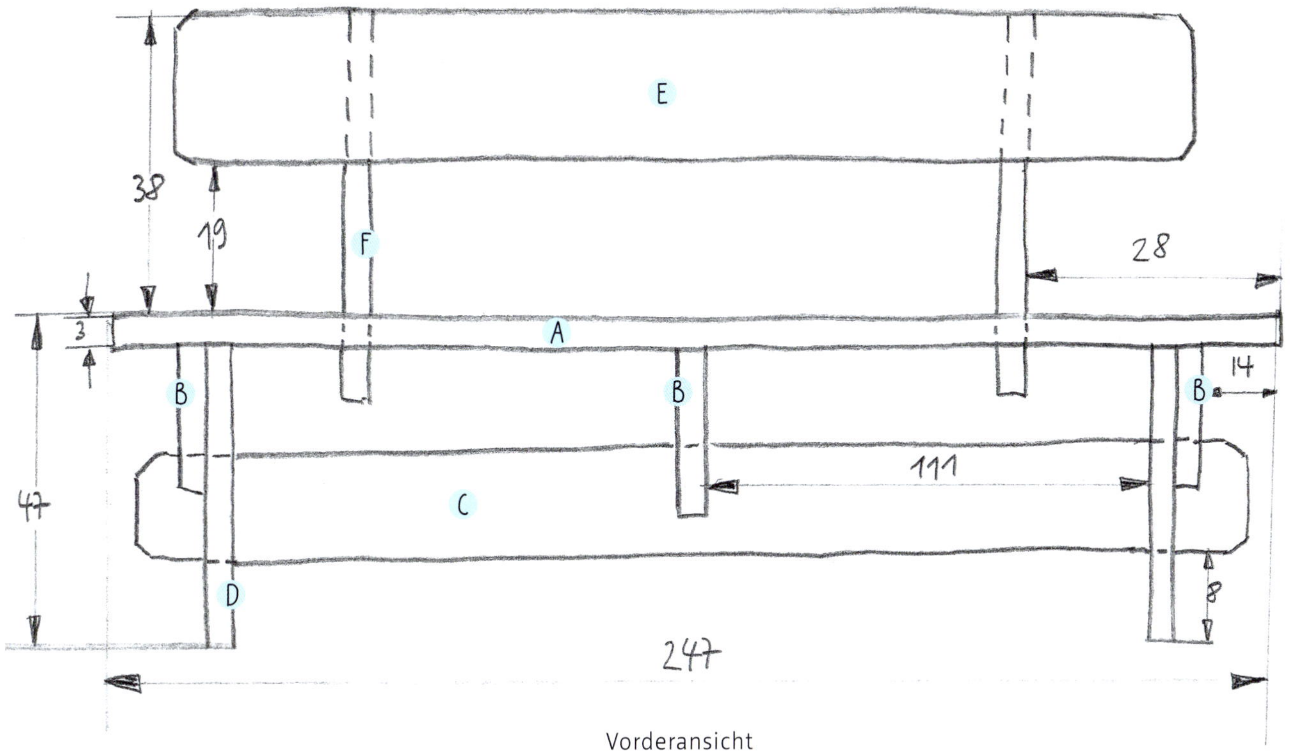

Vorderansicht

Bauen

- Anreißen und zusägen der Rückenlehnenstützen
- Diese mit Winkeln an die Hauswand schrauben und Rückenlehne auf die Stützen schrauben
- Sitzflächenbretter und Steg ablängen, Beine und Querzargen zusägen
- Die Ausklinkungen der Querzargen anreißen und mit Stemmeisen und Knüpfel oder Stichsäge ausarbeiten
- Querzargen, Beine und Steg zusammenstecken und verschrauben
- Sitzflächenbretter auflegen und von oben durch die Sitzfläche mit Querzargen verschrauben. Bei Bedarf Sitzfläche und Rückenlehne schleifen

Die lange Bank

Die Bank fällt auf. Sie erstreckt sich über die gesamte Länge des Restaurants „Pastis". Sie erweckt Aufmerksamkeit, zieht Kunden an und markiert den kleinen Platz. In Ruhe kann man von hier die Stadt vorbeirauschen sehen. Der Besitzer wollte eine neue Sitzgelegenheit für seine Gäste. Sven sollte eine funktionale und schöne Bank bauen. Er hat sich von alten Stadtparkbänken inspirieren lassen: geschwungene Formen durch Leisten auf gebogenen Ständern. Die Bank bietet vielen Gästen Platz und braucht, eng an die Fassade gerückt, selbst wenig.

Einschätzung: Die Herausforderung besteht darin, elf identische Querstreben auszusägen. Der Rest ist einfach: Leisten aufschrauben. Die Montage der langen Bank gelingt besser mit einem Aufbauhelfer.

Konstruktion: Elf identische Querstreben, die jeweils mit einer dazwischen gesetzten Längsleiste verbunden sind, bilden die Unterkonstruktion, auf die die Leisten für Rückenlehne und Sitzfläche aufgeschraubt werden.

Stärke der Konstruktion: Die Konstruktion lässt sich für jede Banklänge konfektionieren.

47 cm	Sitzhöhe
37 cm	Sitztiefe
8,10 m	Sitzbreite
Baujahr	2016
Erbauer:	Sven Lacroix
Ort	Amsterdam, NL
Datum:	19.4.2018 SR

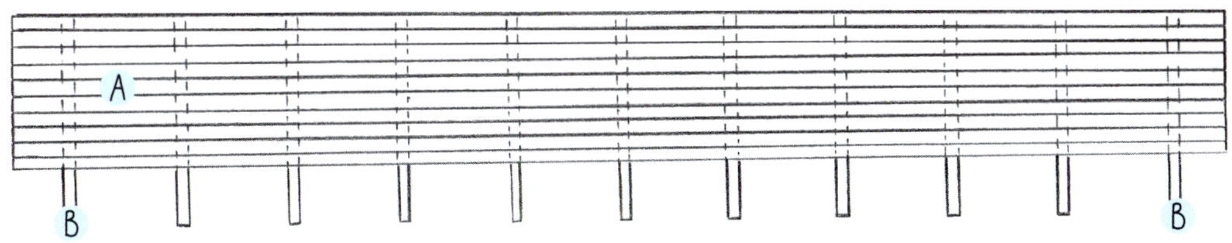

Vorderansicht

Werkzeug

Zollstock
Winkel
Schleifpapier
Akkubohrschrauber
Hobel
Schraubzwinge
Japansäge
Stichsäge
Kreissäge
Pinsel

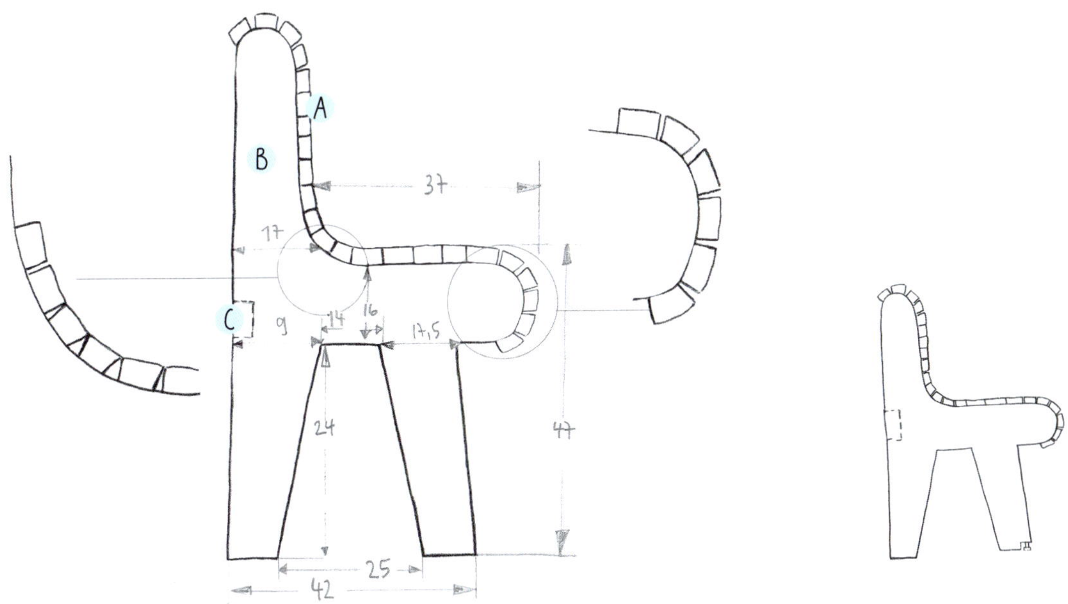

Seitenansicht

Bauen

- Aussägen der elf Querstreben aus dem Plattenmaterial
- Querstreben streichen, besonders die Stirnflächen, eventuell vorher schleifen
- Bank vor Ort montieren: Zwei Querstreben aufstellen, ausrichten und mit der Verbindungsleiste und zwei Winkeln verschrauben, dann die nächste Verbindungsleiste mit einem Winkel befestigen und mit der nächsten Querstrebe verbinden und so weiter.
- Sobald die Unterkonstruktion zu wackelig wird, beginnen, die Latten für die Rückenlehne und Sitzfläche aufzuschrauben, dabei von oben mit der Rückenlehne beginnen.
- Für bessere Passung in den Rundungen, die Seiten der Leisten mit dem Hobel etwas anschrägen, sodass diese eher einen trapezförmigen als rechteckigen Querschnitt haben
- Bei Bedarf Sitzfläche und Rückenlehne schleifen, Oberfläche beizen und Möbelfüße in die Querstreben schrauben

Material und Maße

A Sitzfläche und Rückenlehne: 23 Leisten aus Meranti-Tropenholz, 1 × 4,5 cm je 8 laufende Meter
B 11 Querstreben aus Plattenmaterial: 4 × 56 × 87 cm
C 8 Leisten aus Meranti-Tropenholz, zum Verbinden der Querstreben: 2 à 1 × 4,5 × 94 cm, 6 à 1 × 4,5 × 96 cm
dazu 16 Winkel und passende Holzschrauben
11 Möbelfüße für die Vorderbeine der Querstreben
Beize

Clever gesteckt

Die Idee für die Konstruktion ist Lisa und Paul beim Hantieren mit den Paletten gekommen. Die Bank steht vor ihrer Erdgeschosswohnung und macht, das Fenster als Tür benutzend, den Gehweg zur Terrasse. So können die WG-Bewohner die Sonne genießen und müssen dafür nicht mehr auf dem Bordstein sitzen. Aber auch die Lehrer und Schüler der benachbarten Schule und Spaziergänger machen gerne hier Pause.

Einschätzung: Die Kontruktion nutzt clever die Stabilität der Paletten. Die größte Schwierigkeit besteht wahrscheinlich darin, die zweite Palette an der richtigen Stelle durchzusägen und einzelne Palettenbretter unbeschädigt von der Palette zu lösen. Da die Sägeschnitte nicht zwingend passgenau sein müssen und die Verbindungen geschraubt sind, ist diese Konstruktion auch für Ungeübte gut zu bewältigen.

Konstruktion: Die Sitzbank entsteht aus zwei gleich großen Einwegpaletten. Eine Palette wird mit der Längsseite zum Boden aufgestellt zu Rückenlehne und hinterem Beinpaar. Die zweite Palette wird in der Länge durchgesägt. Ein Teil wird, in die Rückenlehne gesteckt, zur Sitzfläche. Aus dem anderen Teil entsteht, unter die Sitzfläche geklemmt, das vordere Beinpaar. Die von der Rückseite von Vorderbeinen und Sitzfläche entfernten Bretter werden zum Auffüllen der Rückenlehne und Sitzfläche verwendet. Die Neigung der Rückenlehne entsteht durch die unter die Vorderbeine geschraubten Metallfüße.

Stärken der Konstruktion: Diese pfiffige Konstruktion kommt ohne das leidliche Übereinanderstapeln der Paletten und den damit verbundenen enormen Materialaufwand aus. Der Standort unter einem Balkon schützt vor Regenwasser und vorzeitiger Verwitterung.

66 cm	Sitzhöhe
56 cm	Sitztiefe
200 cm	Sitzbreite
Baujahr	2017
Erbauer	Paul Yoshua Friedrich, Lisa S. und Freunde
Ort	Berlin, D
Datum	25.1.2018 AR

Werkzeug

Schraubenzieher und Hammer zum Abnehmen einzelner Palettenbretter
Fuchsschwanz
Bohrmaschine
Schleifpapier

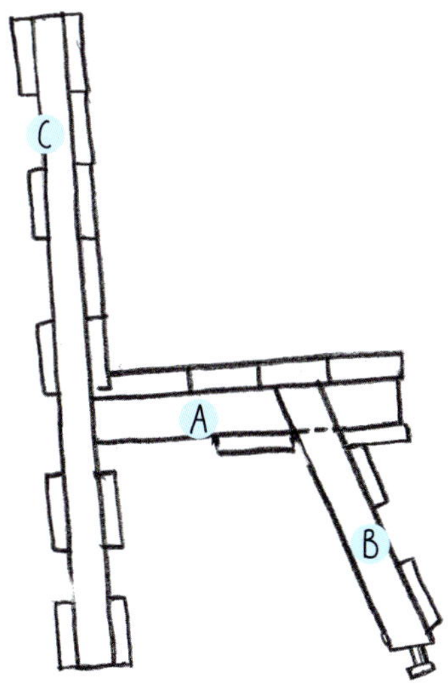

Seitenansicht

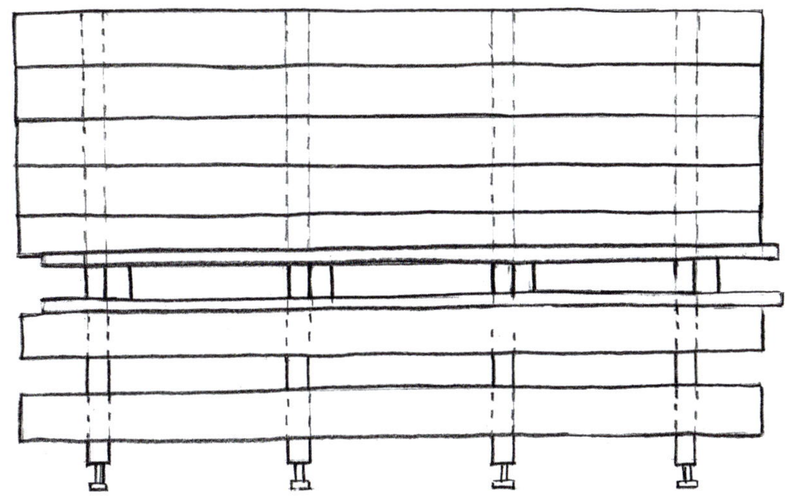

Vorderansicht

Bauen

- Erste Palette längs zersägen. Bei der abgebildeten Bank wurde die Palette bei 69,5 cm der Länge nach abgesägt. Das Teilstück mit der Breite 69,5 cm ergibt eine Sitzbreite von 56 cm. Das Teilstück mit der Breite 56,5 cm ergibt die Vorderbeine und mit den untergeschraubten Metallfüßen eine Sitzhöhe von 66 cm. Wer eine niedrigere Sitzhöhe wünscht, teilt die Palette entsprechend anders
- Die Bretter auf der Rückseite der Vorderbeine (Teilstück, 56,5 cm breit) vorsichtig ablösen
- Bei der Sitzfläche (Teilstück, 69,5 cm breit) jeweils an der oberen Kante von Vorder- und Rückseite ein Brett lösen
- Zweite Palette, die die Rückenlehne bildet, aufstellen
- Sitzfläche in Rückenlehne einklemmen, Vorderbeine darunterschieben, ausrichten und alles verschrauben
- Lücken in Rückenlehne und Sitzfläche mit den vier abgelösten Brettern auffüllen und verschrauben
- Metallfüße unter die Vorderbeine schrauben und Sitzfläche sowie Rückenlehne schleifen

Material und Maße

2 Einwegpaletten, 200 × 126 cm, die folgendermaßen verwendet werden:
A Sitzfläche: 1 Stück Einwegpalette, 69,5 × 200 cm
B vordere Beine: 1 Stück Einwegpalette, 56,5 × 200 cm
C Rückenlehne: 1 Einwegpalette, 126 × 200 cm
4 Metallfüße (die abgebildeten stammen von einem alten Tisch), Holzschrauben

Last Bank Standing

Diese Bank ist ein Relikt. Sie ist etwa 15 Jahre alt und steht in der Kopenhagenerstraße, Prenzlauer Berg. Ursprünglich gehörte sie zu einem von Mietern selbst gestalteten Hinterhof. Mit städtischen Zuschüssen hat die Hausgemeinschaft Bauholz, Pflanzen und Spielsand gekauft, um ihren Hof zu begrünen, einen Spielplatz anzulegen und Bänke zu bauen. Einer der Initiatoren, Mirko Jähnel, ist an die Ostsee gefahren, um dort die Form und Machart der Bänke zu studieren und vor Ort Schablonen anzufertigen. Nach diesen Schablonen wurde ein Banktyp entwickelt und mehrere Modelle wurden in unterschiedlichen Längen für den Hof gebaut. Als das Haus verkauft wurde, hat der neue Eigentümer die Mieter entmietet, alles in Eigentumswohnungen umgewandelt und die Bänke entfernen lassen. Diese Bank wurde gerettet und ist vom Hof hinaus auf die gegenüberliegende Straßenseite gewandert. Dort macht sie unverdrossen weiter das, wofür sie gebaut wurde: Sie bringt Menschen zusammen. Und widersteht, wie die letzten verbliebenen Mieter, hartnäckig einer Vertreibung. (Mehr Informationen siehe S. 223.)

Einschätzung: Die Herausforderung besteht darin, die geschwungene Form der Querstreben zu entwerfen. Diese bestimmt die Ausprägung von Rückenlehne und Sitzfläche und damit maßgeblich die Bequemlichkeit der Bank. Eventuell vorab ein Pappmodel bauen und Probe sitzen.

Konstruktion: Drei geschwungene Querstreben bilden durch aufgeschraubte Längsleisten Rückenlehne und Sitzfläche aus.

Stärke der Konstruktion: Auf der unterbrochenen Sitzfläche bleibt kein Wasser stehen.

43 cm	Sitzhöhe
46 cm	Sitztiefe
280 cm	Sitzbreite
Baujahr	um 2003
Erbauer	Mirko Jähnel, Sven Fischer und Helfer
Ort	Berlin, Prenzlauer Berg, D
Datum	31.12.2017 AR

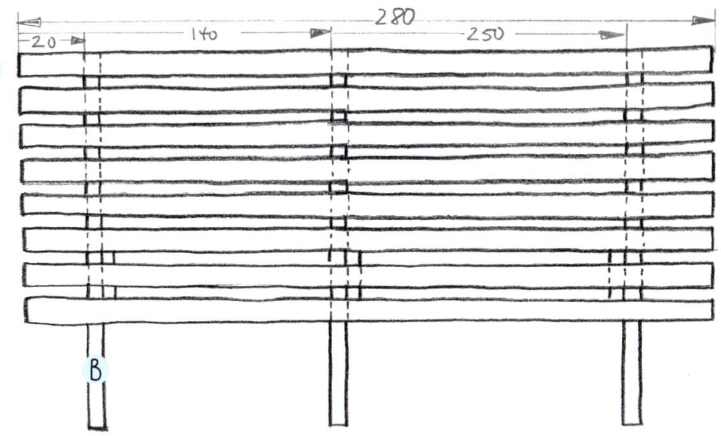

Vorderansicht

Werkzeug

Zollstock
Winkel
Schleifmaschine
Bohrmaschine
Holzbohrer
Hammer
Schraubzwingen
Stichsäge
Kreissäge
Pinsel oder Farbroller

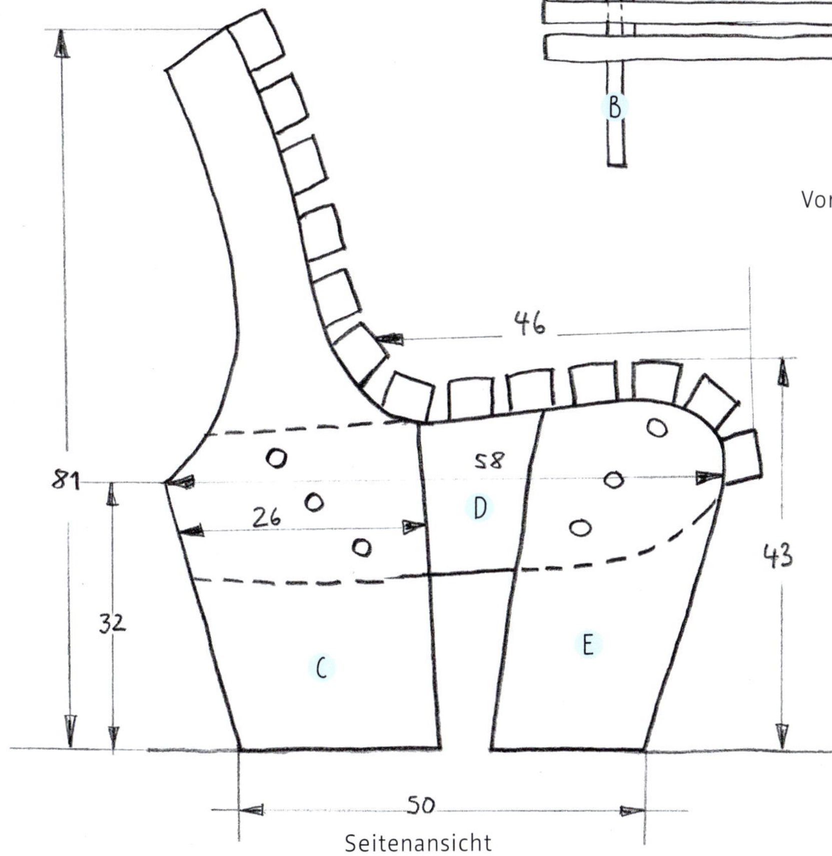

Seitenansicht

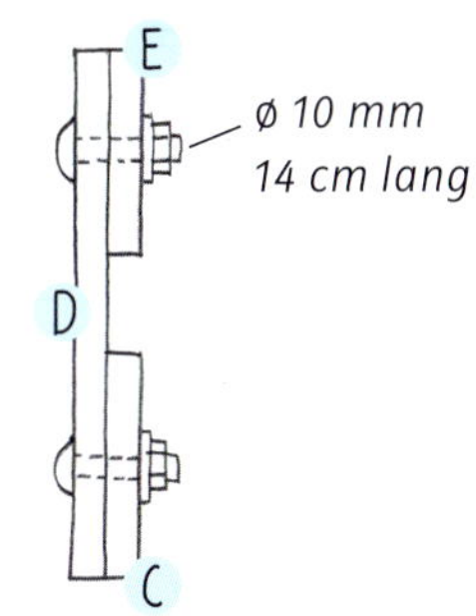

Aufsicht auf B
B = C + D + E

Bauen

- Die geschwungenen Teilstücke, die die Form von Rückenlehne und Sitzfläche vorgeben und verschraubt später die Querstreben bilden, mit der Stichsäge aussägen und schleifen
- Alle Flächen, die nach dem Verschrauben nicht mehr erreichbar sind, streichen
- Die geschwungenen Teilstücke aufeinanderlegen, ausrichten, bohren und mit Schlossschrauben verbinden
- Querstreben aufstellen und ausrichten, Latten auf die Querstreben schrauben, Sitzfläche und Rückenlehne schleifen, Bank streichen

Tipp von Sven Fischer, einem der Erbauer: Der Abstand zwischen den Leisten sollte nicht größer als 1 cm sein. Wenn das Holz schwindet, wird der Abstand größer und die Bequemlichkeit der Bank leidet.

Material und Maße

Kiefernholz

A Sitzfläche und Rückenlehne:
13 Leisten, 4,5 × 5 × 280 cm

B Querstreben bestehend aus drei Brettstücken:
- C hintere Beine 5 × 26 × 81 cm
- D Querzarge 5 × 26 × 58 cm
- E vordere Beine 5 × 26 × 38 cm

dazu jeweils 6 Schlossschrauben, 10 × 140 mm, mit passenden Muttern
36 Holzschrauben für die Leisten, 4 × 70 mm
Grundierung, Außenlack

36 cm	Sitzhöhe
50 cm	Sitztiefe
200 cm	Sitzbreite
40 cm	Höhe Sitzlehne
Baujahr	2017
Erbauer	Harry v. d. Burg, Bou und Biek
Ort	Amsterdam, NL
Datum	9.2.2017 SR

Werkzeug

Rollmaßband
Japansäge oder Fuchsschwanz
oder Handkreissäge
oder Stichsäge
Akkubohrschrauber
Schraubzwingen
Schleifpapier
eventuell Hobel

Die schwarze Bank von Entrepotdok

Bou und Biek haben die Bank zusammen entworfen. Biek wollte sie breit, bequem zum Liegen und Zeitunglesen. Aber die Lehne niedriger, damit ihre Katzen noch durch die Katzenklappe schlüpfen können. Gebaut hat sie Harry, der Freund von Bous Mutter. Die schwarzen Keilspundbretter erinnern an alte Schiffsbauweise. Das passt zum Entrepotdok, dem ehemaligen Zollhafen. Der Kai ist breit, eine Fußgängerbrücke, darunter Bootsverkehr, dahinter die Zebras vom Zoo. An heißen Tagen springen die Kinder von der Brücke, es herrscht Freibadstimmung. Der beste Platz für eine Bank.*

Weil Keilspundbretter eher selten anfallen und die Innenkonstruktion seiner Bank sehr kompliziert ist, hat Harry unserem Vorschlag zur Vereinfachung zugestimmt. Hier eine Abwandlung, entworfen vom Architekten Carsten Cieslok. Es kommen normale Bretter zum Einsatz.

Einschätzung: Clevere Innenkonstruktion, die leicht mit einfachem Werkzeug zu bauen ist. Da keine Längsschnitte anfallen, auch gut von Hand zu sägen. Allerdings wird für die Rundumverkleidung relativ viel Material benötigt. Wer sparen will, verzichtet auf die Verkleidung der Rückseite. Wer mag, gestaltet die Sitzfläche klappbar und hat Stauraum.

Konstruktion: Drei jeweils aus Latten gebaute Trägerelemente bilden die Seitenteile und eine mittlere Querstrebe. Sie sind komplett mit Brettern verkleidet.

Stärken der Konstruktion: Die Bretter können auf die Trägerelemente aufgebracht werden, ohne dass man ins Stirnholz schrauben muss. Da der mittlere Träger von selbst steht, lässt sich die Bank gut aufbauen.

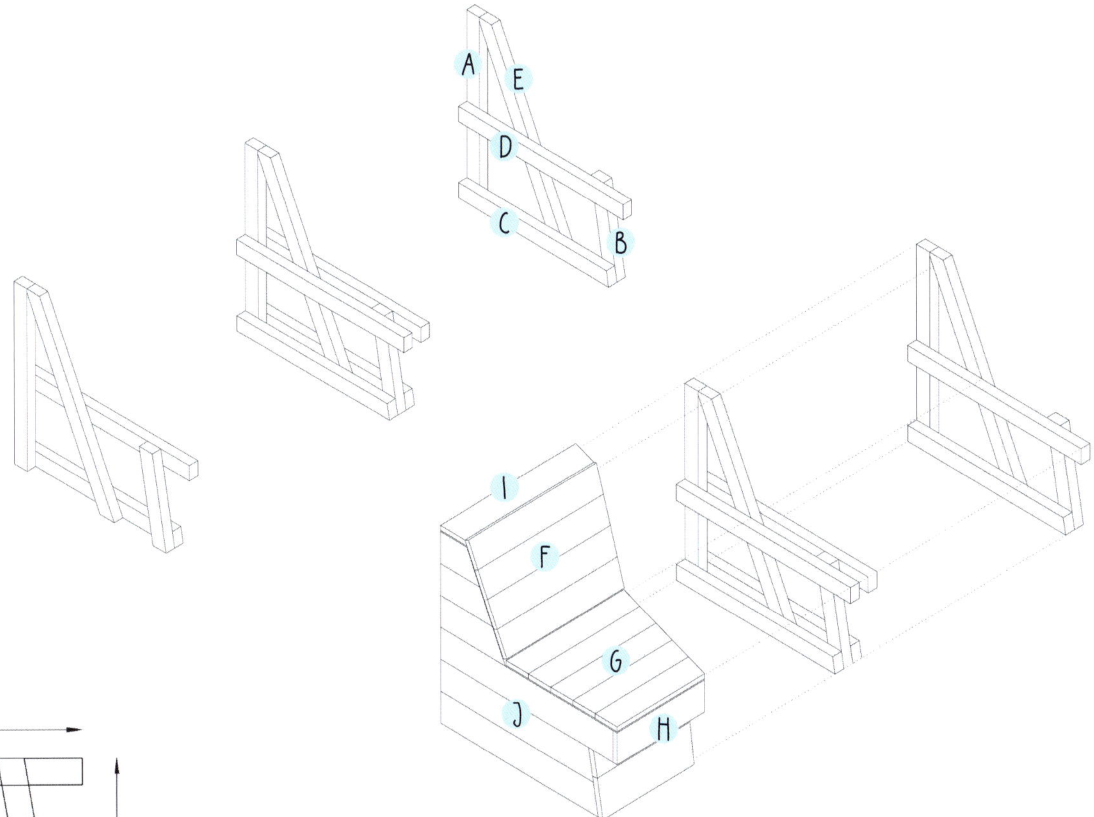

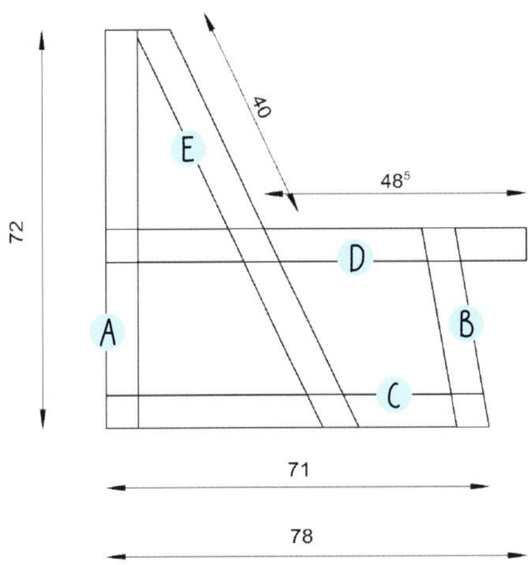

Seitenansicht

Bauen

- Anreißen und zusägen der Latten für die Trägerelemente
- Latten zu den drei Trägerelementen verschrauben
- Bretter für die Verkleidung der Unterkonstruktion zusägen
- Beide äußeren Träger mit Brettern verkleiden
- Alle drei Träger aufstellen und ausrichten
- Konstruktion mit einigen Längsbrettern und Schraubzwingen heften und sicher fixieren
- Mit der Sitzfläche beginnend die entsprechenden Bretter auf die Unterkonstruktion schrauben
- Bei Bedarf Brett auf der Oberkante der Rückenlehne passend hobeln oder Spalt lassen
- Eventuell Rückenlehne und Sitzfläche schleifen und Oberfläche behandeln

Material und Maße

Unterkonstruktion, 3 Träger:

A 3 hintere Latten, 4 × 6 × 72 cm
B 3 vordere Latten, 4 × 6 × 36 cm (schräger Zuschnitt)
C untere Querlatte: 4 Latten, 4 × 6 × 71 cm (schräger Zuschnitt)
D obere Querlatte: 4 Latten, 4 × 6 × 78 cm
E schräge Latte Rückenlehne, 4 × 6 × 80 cm (schräger Zuschnitt)

Verkleidung Unterkonstruktion:
(zum Beispiel Bretter aus Fichte, Glattkant, gehobelt)

F Rückenlehne: 4 Bretter, 1,8 × 10 × 200 cm
G Sitzfläche: 6 Bretter, 1,8 × 10 × 200 cm
H Verkleidung vordere Längsfläche: 3 Bretter, 1,8 × 12 × 200 cm
I Verkleidung über der Rückenlehne: 1 Brett, 1,8 × 10 × 200 cm
J Seitenteil je 6 Bretter, 1,8 × 12 cm, etwa in den Längen: 18, 23, 30, 70, 71 mit schrägem Zuschnitt und 78,2 mit geradem Zuschnitt

Rückseite: 6 Bretter, 1,8 × 12 × 200 cm
Torx-Holzschrauben

Kutsche

Auf dieser Bank nimmt man nicht Platz, man steigt ein. Es fühlt sich an, als würde man auf einem Kutschbock sitzen und die Bank würde jeden Augenblick anrucken und das Haus hinter sich herziehend mit einem losfliegen. Dieses besondere Gefühl kommt vielleicht von dem Trittbrett. Und die Bankbesitzer mögen uns vergeben, dass wir eine Runde mit ihrer Kutsche gefahren sind. Die Bank ist etwa 30 Jahre alt. Gebaut hat sie der Schreiner Jon Walter. Dabei hat er die Schweifung von der ursprünglichen Bank übernommen. (Mehr Informationen siehe S. 223.)

Einschätzung: Der verkeilte Steg und die Schweifung erfordern etwas handwerkliches Geschick und exaktes Arbeiten.

Konstruktion: Zwei Seitenteilbretter sind so ausgeschnitten, dass sie die aufgeschraubte Sitzfläche und eine angeschraubte Rückenlehne tragen. Ein Steg mit Keilschlössern sichert die Stabilität. Vermutlich, um das Gefälle des Bodens auszugleichen und eine angenehme Sitzhöhe zu erhalten, steht die Bank auf zwei schrägen Leisten, die zwei Trittbretter tragen.

Stärken der Konstruktion: Die traditionelle Bauweise wirkt schlicht und authentisch. An den abgerundeten Stirnflächen der Seitenteile kann das Wasser gut ablaufen. Das unbehandelte Lärchenholz ist im Bergklima mit seiner geringeren Luftfeuchte lange haltbar. Bei den unter die Seitenteile gesetzten Leisten liegen die Flächen parallel zum Faserverlauf. Diese saugen weniger Feuchtigkeit als Hirnholzflächen auf, was ebenfalls zur Langlebigkeit der Bank beiträgt.

42 cm	Sitzhöhe
39 cm	Sitztiefe
115 cm	Sitzbreite
Baujahr	um 1988
Erbauer	Jon Walter
Ort	Guarda, CH
Datum	25.11.2017 AR

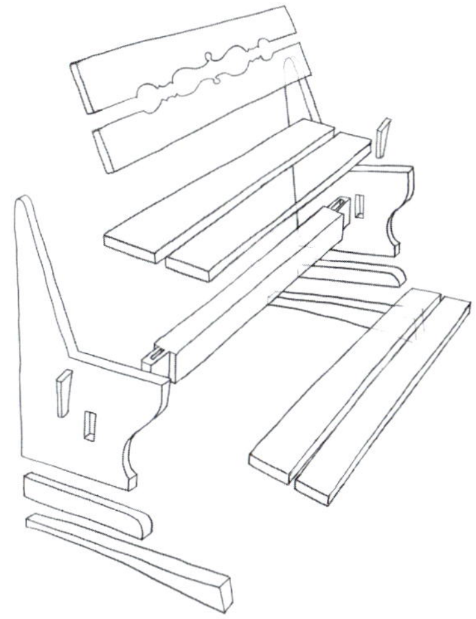

Werkzeug

Zollstock
Winkel
Säge
Stichsäge
Stemmeisen
Knüpfel
Akkubohrschrauber
Holzbohrer

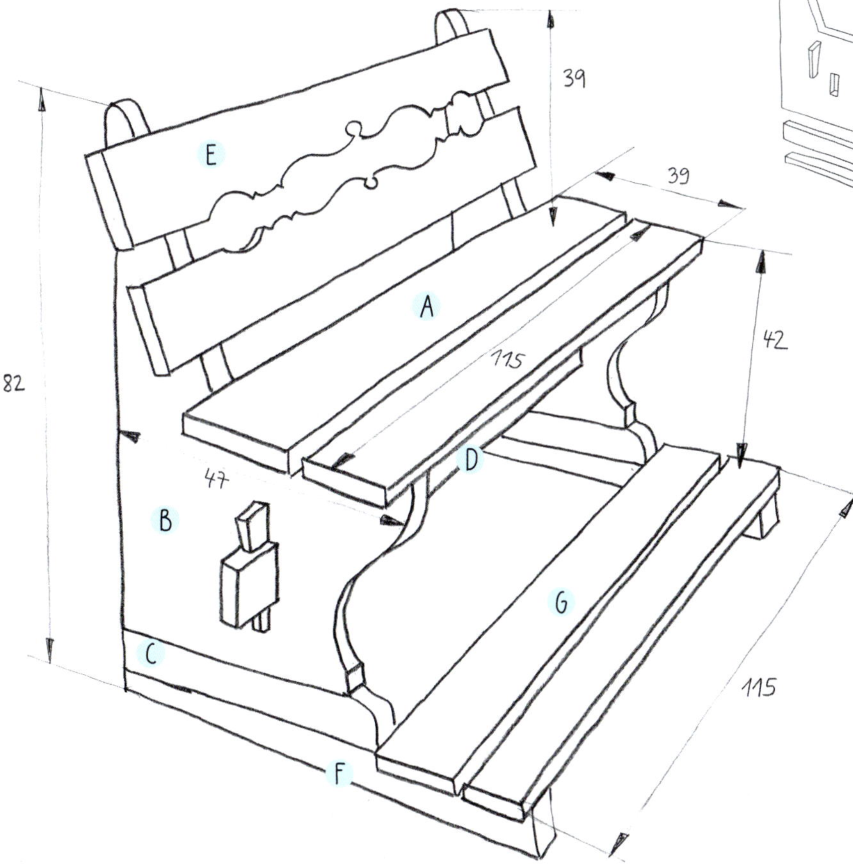

Bauen (Vorschlag)

- Zusägen der Seitenteile
- Anreißen und Ausstemmen der durchgängigen Zapfenlöcher für den Steg
- Anreißen und Ausstemmen der Keillöcher im Steg, Keile zusägen
- Schweifung der Rückenlehnenbretter aussägen
- Bretter für Sitzfläche, Bretter und Leisten für Tritt zusägen
- Seitenteile aufstellen, Sitzflächenbretter festschrauben, Rückenlehnenbretter festschrauben
- Steg einfädeln, Keile einschlagen
- Leisten an Gefälle des Bodens anpassen und von unten an die Seitenteile schrauben
- Trittbretter auf Leisten schrauben

Material und Maße

Lärchenholz

A Sitzfläche: 2 Bretter, 2,5 × 18 × 115 cm
B Seitenteile: 2 Bretter, 3,5 × 47 × 82 cm
C Füße Seitenteile: 2 Latten, ca. 4 × 6 × 47 cm
D Steg mit Keilen: 1 Kantholz, 4 × 10 × 130 cm
E Rückenlehne: 2 Bretter, 2 × 15 × 115 cm
F Auflage Trittfläche: 2 Latten, ca. 4 × 10 × 60 cm
G Trittfläche: 2 Bretter, 2 × 10 × 115 cm

Holzschrauben

In Schönheit leicht ergraut

Diese Bank war ein Geschenk zum Einzug. Sie steht seit mindestens 21 Jahren vor dem Haus Nr. 46 in Guarda. Gebaut wurde sie von Toni Zini. Bei der Aufstellung der Bank hatte er zwei Helfer.

Einschätzung: Etwas anspruchsvoll, weil die Stützen der Rückenlehne gezapft werden müssen. Proportionen und Holzfärbung der Bank sind ästhetisch sehr ansprechend.

Konstruktion: Zwei parallel auf dem Boden liegende Balkenstücke dienen als Beine und tragen die Sitzfläche, einen Halbstamm. Die Rückenlehne, ein Brett, wird gehalten von zwei Rundhölzern, die in der Sitzfläche stecken.

Stärken der Konstruktion: Durch die großen Auflageflächen der Balken auf dem Boden und das Gewicht des Halbstammes steht die Bank auch auf dem leicht abschüssigen holprigen Steinpflaster stabil. Das Steinpflaster verhindert Staunässe von unten. Eine leichte Neigung der Sitzfläche lässt das Wasser gut ablaufen. Die in die Stirnfläche des Halbstammes eingeschlagenen Welleneisen* verhindern das Reißen des Stammes. Unbehandeltes Lärchenholz und Bergklima mit geringer Luftfeuchte sowie ein sonniger und gut belüfteter Standort versprechen eine sehr lange Lebensdauer.

37 cm	Sitzhöhe
44 cm	Sitztiefe
128 cm	Sitzbreite
Baujahr	um 1997
Erbauer	Toni Zini
Ort	Guarda, CH
Datum	25.11.2017 AR

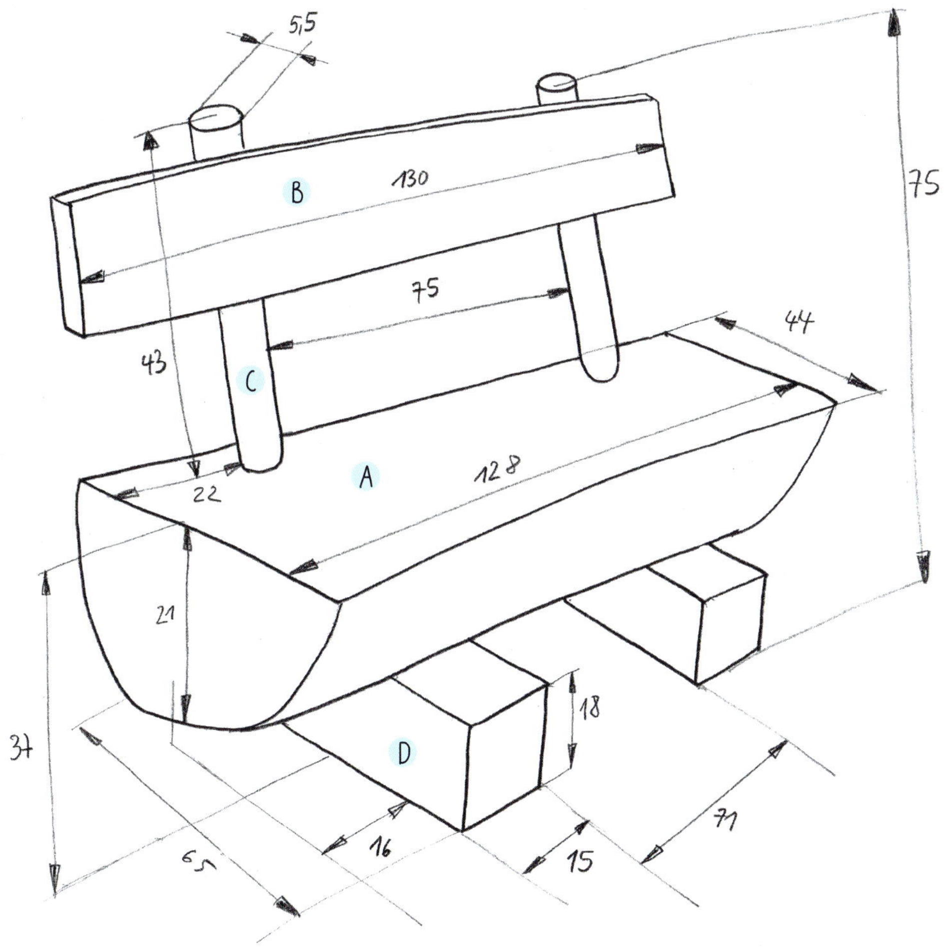

Werkzeug

Zollstock
Stemmeisen
Knüpfel
Raspel
Bohrmaschine
Vorschlaghammer
Säge

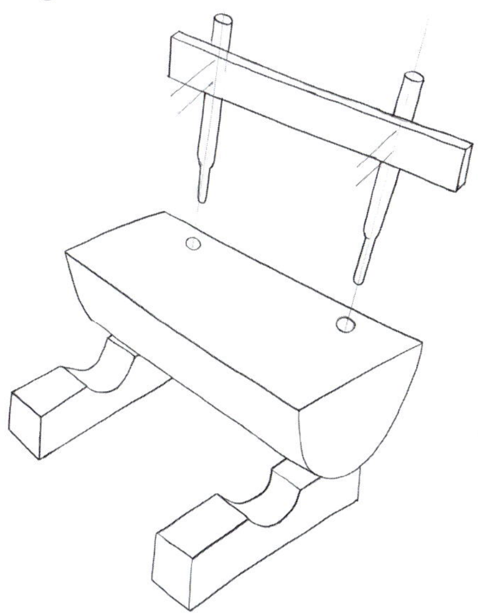

Bauen (Vorschlag)

- Welleneisen in die Stirnflächen des Halbstammes schlagen
- Bei beiden Balkenstücken die Vertiefungen für die Auflage des Halbstammes ausarbeiten, dabei mit Zollstock Sitzhöhe prüfen
- Zwei Löcher für die Stützen der Rückenlehne in die Sitzfläche bohren oder mit Stemmeisen und Knüpfel herausarbeiten und die Stützen einpassen
- Rückenlehne an die Stützen schrauben

Material und Maße

Lärchenholz

A Sitzfläche: 1 Halbstamm, ø 44 cm, 128 cm lang
B Rückenlehne: 1 Brett, ca. 2 × 18 × 130 cm
C Stütze: 2 Rundhölzer, ø 5,5 cm, 50–60 cm lang
D Beine: 2 Balkenstücke, 15 × 18 × 65 cm

2 Wellenbandeisen
Holzschrauben

Robuste Bank

Diese Bank steht auf einem Zeltplatz mitten im Wald. Gebaut hat sie eine Camperin, die von allen Tuete genannt wird, gemeinsam mit ihrem Vater.

Einschätzung: Sehr robuste Bank, ihre Aufstellung erfordert Muskelkraft und mindestens einen Helfer.

Konstruktion: Auf zwei parallel auf dem Boden liegende runde Stammstücke wird die Sitzfläche, eine dicke Bohle, aufgelegt. Dazu wird die Bohle ca. 1/3 in die runden Stammstücke eingelassen. Senkrechte Ausklinkungen in den liegenden Stämmen halten zwei Rundhölzer, an denen die Rückenlehne befestigt ist.

Stärke der Konstruktion: Die Bank erhält ihre Stabilität und Unverwüstlichkeit durch ihre schiere Masse, die sie auch diebstahlsicher macht. Mit der Rückenlehne ist sie herrlich bequem.

47 cm	Sitzhöhe
32–36 cm	Sitztiefe
200 cm	Sitzbreite
240 cm	Sitzbreite mit Tisch
Baujahr	2015
Erbauer	Tuete und Fuchs
Ort	Rügen, D
Datum	14.4.2017 AR

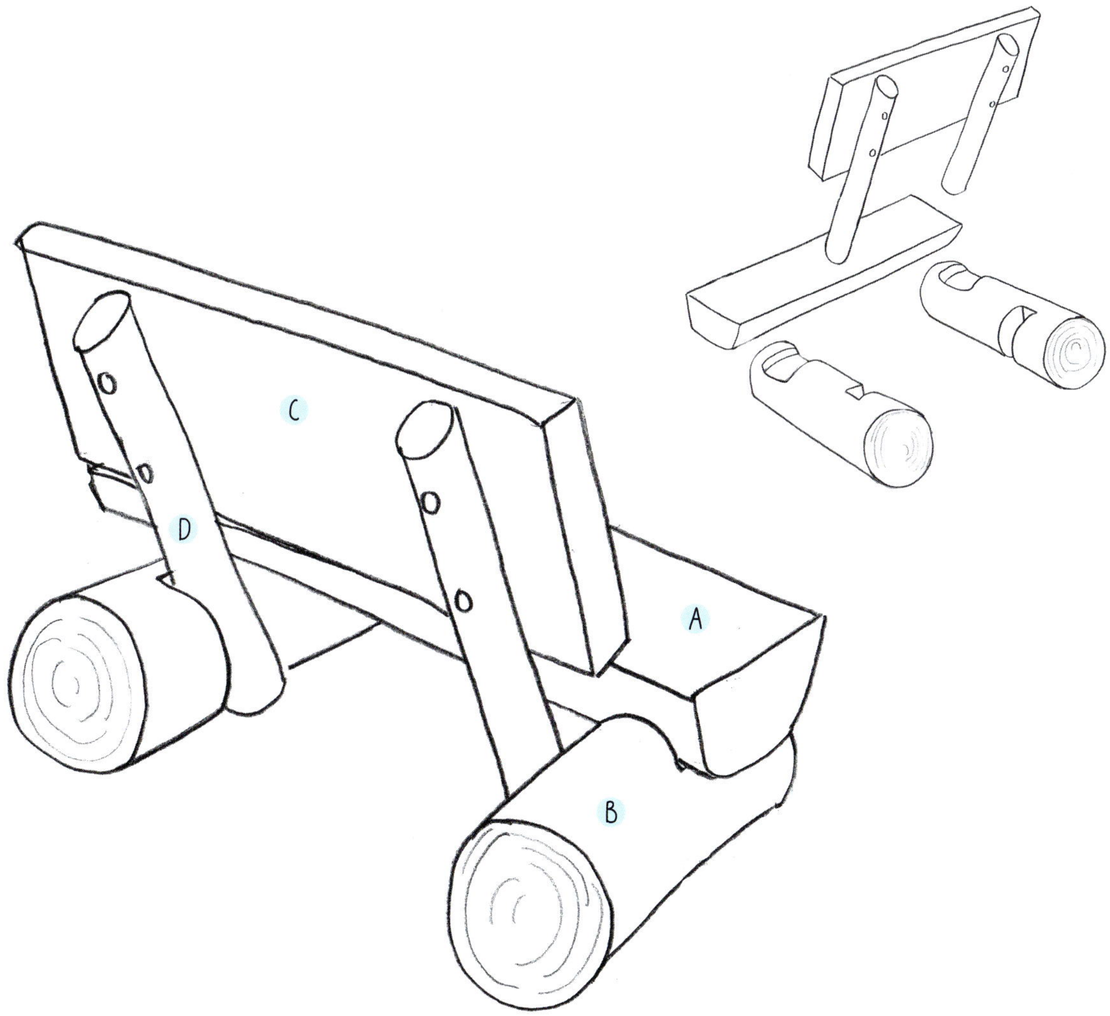

Werkzeug

Kettensäge
Stemmeisen
Knüpfel
Bohrmaschine
Vorschlaghammer
Schraubzwingen

Bauen

- Stämme liegend schlitzen und Rundhölzer für die Lehne einpassen
- Standortfläche der Bank ebnen, Gehwegplatten oder Steine auslegen, um direkten Kontakt des Holzes mit dem Boden zu vermeiden und für gute Belüftung der Stämme zu sorgen
- Stämme auf vorbereitetem Boden nebeneinander ausrichten, Lehne und Sitzfläche probeweise anhalten, und die Vertiefung für Sitzfläche anzeichnen
- Vertiefung für Sitzfläche in den Stämmen ausarbeiten
- Von oben durch die Sitzfläche vorbohren und diese anschließend mit Sparrennägeln in den Stämmen fixieren
- Rückenlehne mit Schraubzwingen heften, bohren und mit Schlossschrauben fixieren

Material und Maße

Kiefernholz

A Sitzfläche: 1 Bohle, ca. 18 cm dick, 36 cm breit und 180 cm lang
B Beine: 2 Stämme, ø ca. 30 cm, 80 cm lang
C Rückenlehne: 1 Bohle, ca. 5 cm dick, 40 cm breit und ca. 200 cm lang
D Stützen für Rückenlehne: 2 Stämme, ø ca. 10 cm, etwa 120 cm lang

4 Schlossschrauben mit Muttern und Unterlegscheiben
2 Sparrennägel

Freischwingerbank

Die Bank ist ein echter Hingucker. Das weiße Holz und die klaren Linien vor der dunklen Fensterscheibe haben eine starke grafische Fernwirkung. Aloussen Zöllner ist Designer und wollte mit der Bank ein Aushängeschild für seine Bar „Sonar" gestalten. Inspiriert haben ihn die Freischwingerstühle von Verner Panton. Mit etwas Fantasie ist in der Seitenansicht ein S, der Anfangsbuchstabe des Barnamens, zu erkennen. Der Tischler Jan Hillger hat für ihn mit seinem Handwerkskönnen die ausgefallene Statik der Bank entwickelt und umgesetzt. (Mehr Informationen siehe S. 223.)

Einschätzung: Die größte Schwierigkeit beim Bau dieser Bank dürfte das passgenaue Bohren der Dübellöcher sein. Der Profi reißt sie mit einem Streichmaß* an. Wer keines hat, kann sich mit Winkel und Meterstab behelfen. Das Zusammenbauen der Bank gelingt wegen der Länge der Kanthölzer besser mit einem Helfer.

Konstruktion: Zwei lange und zwei kurze auf dem Boden liegende Kanthölzer sind mit Holzdübeln zu einem Viereck verbunden und bilden den Standfuß der Bank. Zwei auf dem vorderen langen Kantholz, vier auf dem hinteren langen Kantholz aufstehende Beine tragen ein baugleiches Viereck wie den Standfuß. Auf diesem sind die Leisten für die Sitzfläche aufgeschraubt und stehen zwei Kanthölzer als Stützen für die Rückenlehne auf. Die Rückenlehne, ein Kantholz, liegt auf diesen Stützen auf. Alle Verbindungen der Kanthölzer sind gedübelt. Die hinteren mittleren beiden Beine sind zusätzlich durch zwei Dreiecke verstärkt.

Stärke der Konstruktion: Auffällige und interessante Optik. Die unsichtbare Verbindung der Kanthölzer mittels Dübel verstärkt die Magie dieser Bank.

Auch wenn sie anspruchsvoll aussieht, die Konstruktion ist gut überlegt. Alle Kanthölzer haben das gleiche Maß und nur zwei unterschiedliche Längen. Das macht den Zuschnitt sehr übersichtlich.

43,5 cm	Sitzhöhe
30 cm	Sitztiefe
350 cm	Sitzbreite
Baujahr	2010
Erbauer	Jan Hillger
Ort	Halle/Saale, D
Datum	11.2.2018 AR

Werkzeug

Streichmaß
Zollstock
Winkel
Kreissäge
Kappsäge
Schleifmaschine
Schraubzwingen
Hobelmaschine
Bohrmaschine
Farbroller

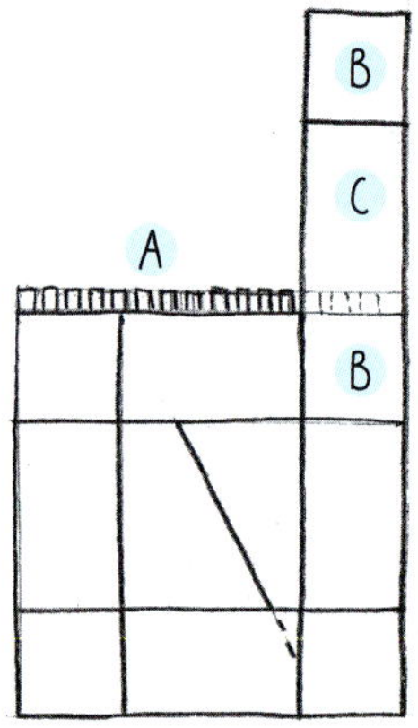

Seitenansicht

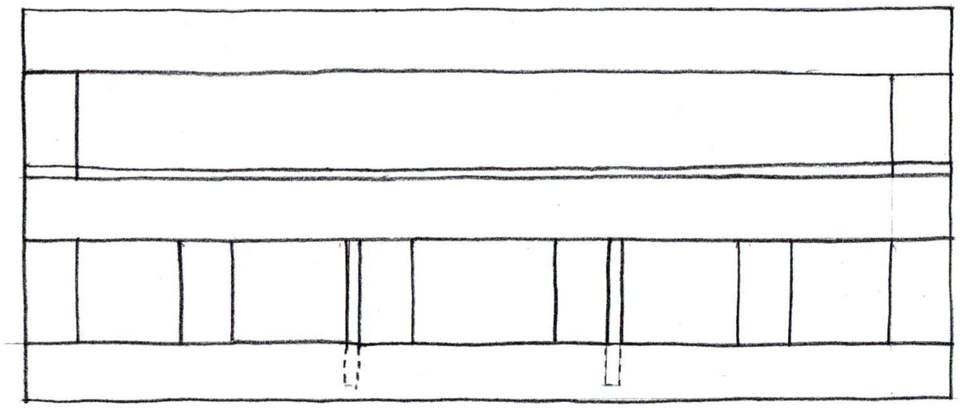

Vorderansicht

Bauen

- Ablängen der Kanthölzer
- Leisten hobeln (Jan Hillger hat die Leisten auf ein Maß gehobelt, das er von der Fibonacci-Folge* abgeleitet hat: 2,2 × 3,5 cm, damit sie eine gefällige Proportion bekommen. Mit gekauften Leisten in ähnlichen Abmessungen funktioniert es auch)
- Leisten ablängen, Kanten fasen
- Hintere Stützdreiecke zusägen
- Alles schleifen
- Alle Teile mit Osmo-Landhausfarbe zweimal streichen
- Stützdreiecke und hintere Kanthölzer verschrauben und Kanthölzer miteinander mittels eingeleimter Holzdübel verbinden
- Leisten für die Sitzfläche mit Edelstahlschrauben auf die Kanthölzer schrauben, Abstand zwischen den Leisten 7 mm
- Fertig montierte Bank am Standort aufstellen

Tipp vom Erbauer Jan Hillger: Osmo-Landhausfarbe besteht aus natürlichem Öl und Farbpigmenten und streicht sich wie Honig. Sie bildet keine Schicht, sodass das Holz atmen kann. Sie lässt sich einfach ausbessern und ist lebensmittelecht.

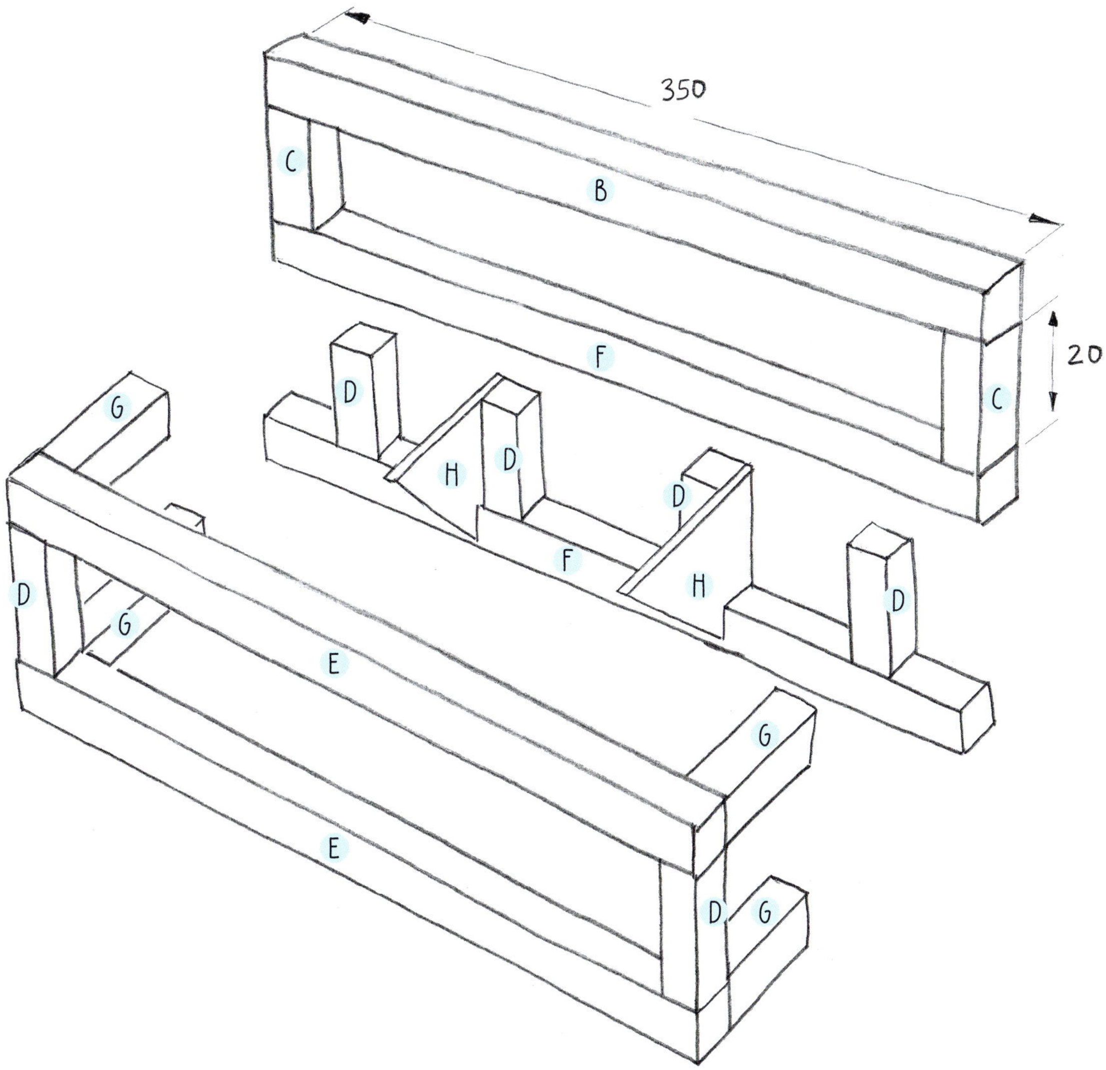

Material und Maße

Fichte, Konstruktionsvollholz

A Sitzfläche: 13 Leisten, 2,2 × 3,5 × 350 cm
3 Leisten, 2,2 × 3,5 × 330 cm

außerdem insgesamt 5 Kanthölzer, 10 × 10 × 350 cm und 12 Kanthölzer, 10 × 10 × 20 cm, die sich wie folgt aufteilen:

B Rückenlehne: 1 Kantholz, 10 × 10 × 350 cm
C Stützen Rückenlehne: 2 Kanthölzer, 10 × 10 × 20 cm
D Beine (2 vorne, 4 hinten): 6 Kanthölzer, 10 × 10 × 20 cm
E vordere Längszargen: 2 Kanthölzer, 10 × 10 × 350 cm
F hintere Längszargen: 2 Kanthölzer, 10 × 10 × 350 cm
G Querzargen: 4 Kanthölzer, 10 × 10 × 20 cm
H Aussteifung der hinteren mittleren Beine: 1 Multiplexplatte*, ca. 4 × 40 × 40 cm (diagonal teilen, damit zwei Dreiecke entstehen)

PVCA-Holzleim, Holzdübel 16 × 100 mm, Osmo-Landhausfarbe, Edelstahl-Holzschrauben

Hinweis: Die Kanthölzer haben alle das gleiche Maß und nur zwei unterschiedliche Längen: 20 und 350 cm.

CZ
A. SCH.
2016-17-18

Bänke mit Lehne und Armstütze

Dieser Banktyp ist die Fortsetzung der beiden vorangegangenen. Er bietet das höchste Maß an Bequemlichkeit und ist somit das Sofa unter den Bänken.

Kapitel 3

Kastanienbank

Vor der Frans Halsstraat Nr. 84: Auf der bequemen Bank sitzt es sich wunderbar warm und weich. Behaglich glänzt sie in der Sonne. Ich war im Winter schon mal hier, jetzt will ich sie ausmessen. Offenes Fenster. Ein Mann singt. Dann hört man ihn singend auf der Treppe, und singend tritt er aus der Haustür. Er verstummt, als er mich auf der Bank erblickt. Dann sieht er sich genötigt zu erklären, dass dies eine besondere Bank ist. Sein Nachbar Jan hat sie gebaut. Ich weiß, versichere ich, und beruhigt joggt er los. Jan, ihr Erbauer, war der Erste, der uns geantwortet hat. Ein Volltreffer. Er hat sich Zeit genommen, einen wunderbaren Kaffee gekocht und erzählt: In Ophemert am Deich stand eine Rosskastanie mit einem Durchmesser von über einem Meter, die gefällt werden musste. Daraus entstand eine Crowdfounding-Aktion von Jos B. Der zerlegt Bäume, die gefällt werden müssen, vor Ort, nach den Wünschen der Anwesenden. Jedes Stück Holz wird registriert und in eine interaktive Karte eingetragen. So sind Herkunft und Verteilung des Baumes dokumentiert. Jan ist mit vielen anderen dabei und ersteht vier Bohlen. Die lagert er im Garten. Leider zieht das Holz Feuchte und wird zum Teil unbrauchbar. Von den Reststücken baut er die Bank. Eine Vier-Bohlen-Bank soll es werden. Das Holz reicht nicht. Er muss stückeln und die Seitenteile auf die Längsseite stellen! (Mehr Informationen siehe S. 223.)

Einschätzung: Kastanie ist nicht gleich Kastanie. Rosskastanie und Esskastanie sind botanisch nicht einmal mit einander verwandt. Das Holz der Esskastanie ist sehr dauerhaft und gegen Feuchtigkeit beständig. Es wird für Uferbefestigungen eingesetzt. Rosskastanie dagegen ist ein sehr weiches Holz, nur wenig fest und tragfähig und nicht für den Einsatz im Außenbereich geeignet (Dauerhaftigkeitsklasse 5). Jan hat es trotzdem verwendet und auf Beharrlichkeit und Chemie gesetzt: Epoxidharz und Bootslack. Trotzdem hat die Bank etwas Besonderes: Vielleicht ist es die Unverdrossenheit, die hier zum Ausdruck kommt und Unmögliches möglich macht.

Konstruktion: Ursprünglich sollte eine sogenannte Vier-Planken-Bank entstehen, bei der Rückenlehne und Sitzfläche zwischen die Seitenteile gesetzt und von außen durch die Seitenteile hindurch miteinander verschraubt werden. Als sich diese Konstruktion, auf Grund der falschen Faserrichtung der Seitenteile, als nicht stabil genug erwies, wurde nachgebessert: Zwei hinter die Rückenlehne und zwei unter die Sitzfläche geschraubte Leisten sorgen nun für eine zusätzlich Festigkeit. Die außerdem auf die Seitenflächen aufgeschraubten Leisten und Brettstücke wurden nachträglich angebracht, um die Wirkung der Rissbildung einzudämmen und damit ein Zerbrechen des Holzes in den unteren Seitenteilbereichen zu verhindern.

47 cm	Sitzhöhe
33–45 cm	Sitztiefe
170 cm	Sitzbreite
Baujahr	2012
Erbauer	Jan de Visser
Ort	Amsterdam, NL
Datum	18.12.2017 SR

Werkzeug

Zollstock
Winkel
Bügelsäge
eventuell Hobel
Schraubzwinge
Akkubohrschrauber
Schleifpapier
Pinsel
Spachtel

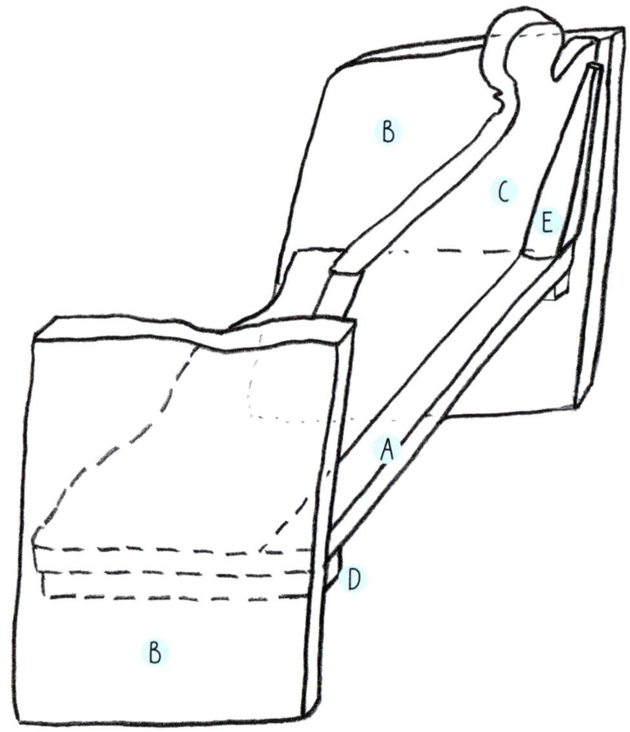

Bauen (Vorschlag)

- Ablängen der Bretter für Sitzfläche, Rückenlehne und Seitenteile, Kanten fasen
- Löcher für die Füßchen (Sechskant-Holzschrauben) in die Standflächen der Seitenteile vorbohren
- Zwei Latten oder Sägereste für die Auflage der Sitzfläche und zwei für die Rückenlehne zusägen
- Latten, die als Auflage für die Sitzfläche dienen, auf die Seitenteile schrauben, ebenso die Latten, bzw. Sägereste, die als Anschlag für die Rückenlehne dienen
- Sechskant-Holzschrauben als Füßchen in die Standflächen der Seitenteile schrauben
- Seitenteile aufstellen und ausrichten, Sitzfläche auflegen und mit Schraubzwinge heften (am besten mit einem Helfer)
- Sitzfläche von unten durch die Auflagelatten verschrauben
- Rückenlehne einsetzen und von hinten verschrauben
- Eventuelle Bodenunebenheiten durch Schrauben an den eingesetzten Füßchen ausgleichen
- Bei Bedarf alles schleifen und Oberfläche behandeln

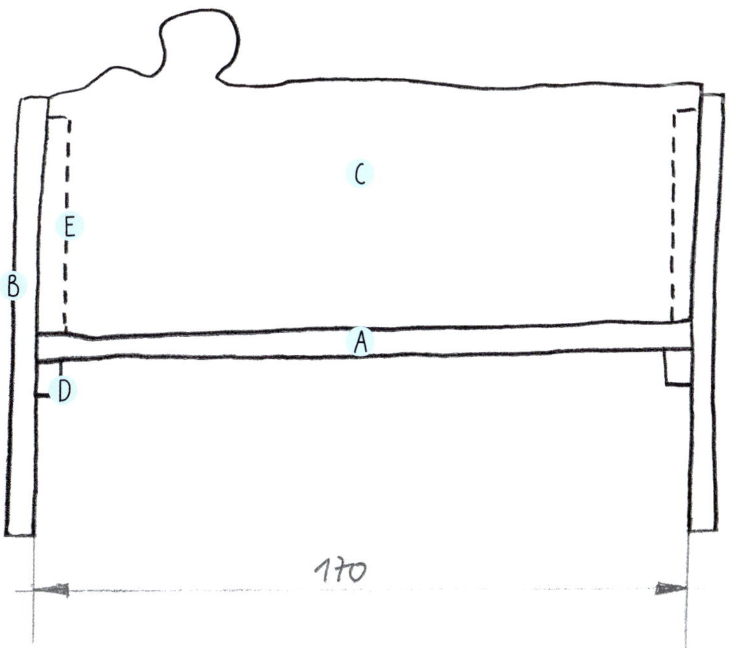

Vorderansicht

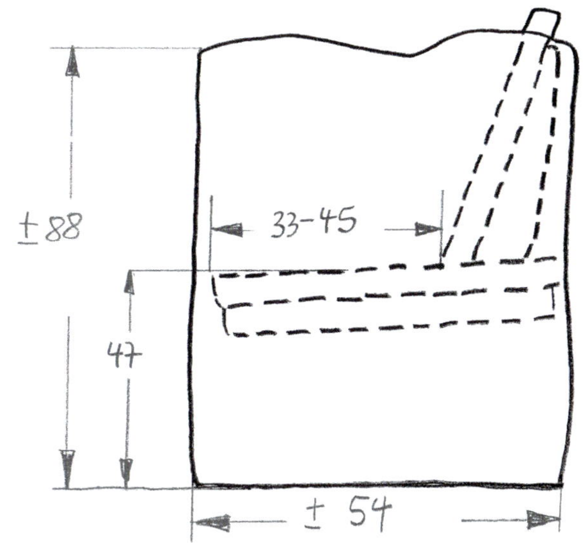

Seitenansicht

Material und Maße

Rosskastanienbretter (unbesäumt)

A Sitzfläche: 1 Brett, 3,5–4 × 54 × 170 cm

B Seitenteile: 2 Bretter, 3,5–4 × 54 × 88 cm

C Rückenlehne: 1 Brett, 3,5–4 × 40 × 170 cm

D Auflage Sitzfläche: 2 Latten, ca. 4 × 4 × 50 cm

E Stützen Rückenlehne: 2 Latten bzw. Sägerest, ca. 4 × 4 × 35 cm

Holzschrauben, 4 Sechskant-Holzschrauben, 10 × 100 mm (als Füßchen)

Bootslack, Epoxidharz

Hinweis: Das verwendete Holz hatte für Jan einen besonderen emotionalen Wert. Leider ist Rosskastanie für den Einsatz im Außenbereich überhaupt nicht zu empfehlen. Verwenden Sie lieber Esskastanie. Achten Sie darauf, die Seitenteile auf ihren Stirnflächen stehend, also mit senkrechtem Faserverlauf, zu verbauen, auch wenn die Stirnholzflächen stärker Wasser saugen. Wird die Sitzfläche leicht nach hinten geneigt, kann das Wasser gut ablaufen.

Plötzlich zu dritt

Hier an der Weesperzijde stehen drei baugleiche Bänke nebeneinander, mit freier Sicht auf die Amstel und den Schiffsverkehr. Vor ihrem Haus fehlte einfach eine Bank, sagt Rikke. Also hat sie eine Bank skizziert und Martijn zum Bauen um Hilfe gefragt. Weil Rikke aber viel zu viel Holz bestellt hat, hat Martijn statt einer zwei Bänke gebaut. Baugleich. Das passt gut zum Doppelhaus und seinen zwei Eingängen. Die zweite Bank hat Rikke der Nachbarin vom anderen Eingang geschenkt, für die Harmonie, wie sie sagt. Der Nachbar von der Kampfsportschule ein Haus weiter sah sich dann gezwungen, die Bank nachzubauen, weil seine Kunden lieber auf den Bänken der Nachbarinnen als auf seinen Stühlen saßen. Rikke verrät, dass ihre Bank den Lichtschacht schützt und verhindert, dass Fremde das Fahrrad gegen ihre Fensterscheibe krachen lassen. Die Armlehne ist ein abnehmbares Tischchen.

Einschätzung: Die meiste Arbeit dürfte das Zusägen der Bretter machen. Danach ist die Bank schnell gebaut, denn dann muss nur noch geschraubt werden.

Konstruktion: Die Seitenteile, bestehend aus jeweils drei auf ihren Stirnseiten stehenden Bohlenstücken, tragen auf zwei Querleisten die Sitzfläche, die ebenfalls aus drei Bohlen besteht, und bilden gleichzeitig zwei hohe Armlehnen aus. Eine zwischen die beiden hinteren Bretter der Seitenteile geschraubte Bohle dient als Rückenlehne.

41 cm Sitzhöhe
46 cm Sitztiefe
162 cm Sitzbreite
Baujahr 2010
Erbauer Enwurf: Rikke, gebaut durch Martijn
Ort Amsterdam, NL
Datum 3.4.2018 SR

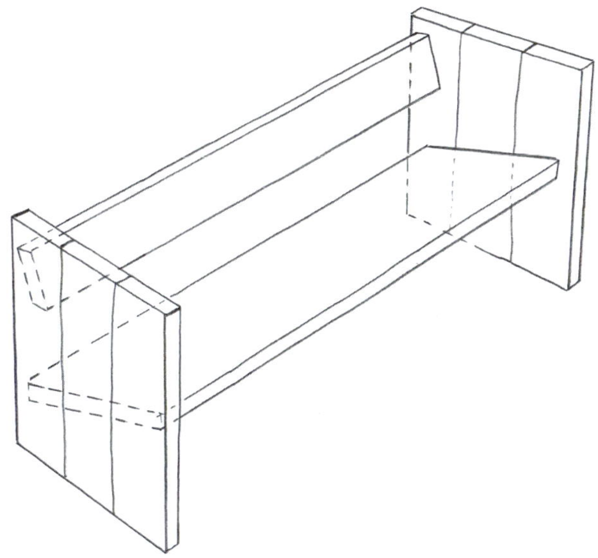

Werkzeug

Zollstock
Winkel
Kappsäge
Akkubohrschrauber
Schraubzwingen

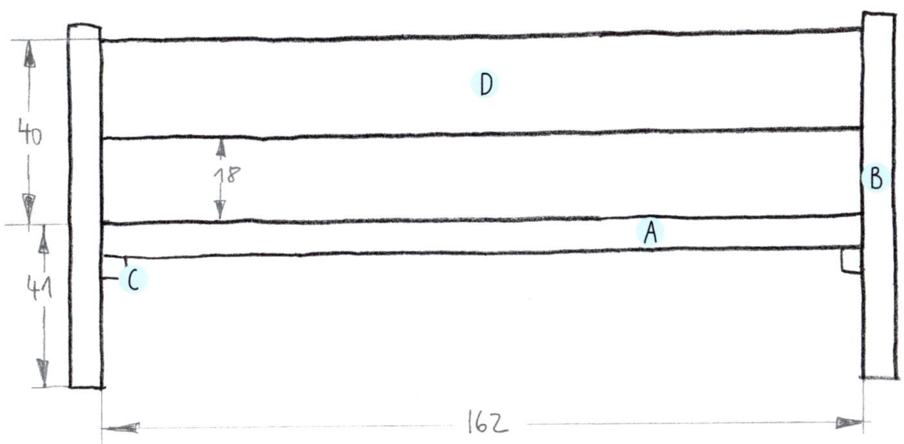

Vorderansicht

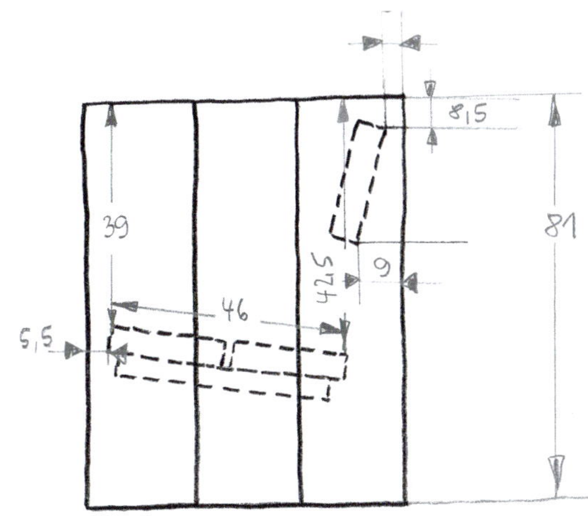

Seitenansicht

Bauen

- Ausmessen und zusägen der Teile
- Bohlenstücke für die Seitenteile mit Querleisten verschrauben
- Aufstellen der Seitenteile, ausrichten, Sitzfläche auflegen und mit Schraubzwingen fixieren
- Rückenlehne einsetzen und mit Seitenteilen verschrauben
- Sitzfläche verschrauben

Hinweis: Beim Nachbau dieser Bank unbedingt den konstruktiven Verwitterungschutz beachten: Keine Stirnflächen ins Wetter (siehe S. 23)! Decken Sie die Stirnflächen mit einer Leiste ab oder schrägen Sie die Stirnflächen der Seitenteile an, damit das Wasser ablaufen kann. Wird die Sitzfläche leicht in Richtung Rückenlehne geneigt, kann das Wasser ablaufen und gerät nicht in die Anschlussstelle von Armlehne und Sitzfläche.

Material und Maße

Recyclingholz Kiefer
A Sitzfläche: 2 Bohlen, 7 × 22 × 162 cm
B Seitenteile: je 3 Bohlenstücke, 7 × 22 × 81 cm
C Querstrebe Seitenteil: je 1 Balkenstück, 7 × 7 × 35 cm
D Rückenlehne: 1 Bohle, 7 × 22 × 162 cm
für das Tischchen: 3 Bohlenstücke, 7 × 22 × 50 cm
Holzschrauben

Spatz und Mohn

Von hier hat man fast freie Aussicht auf die Amstel. Der Gehweg ist breit. Ein guter Platz für eine Bank. Als wenn sie es gewusst hätte, macht sie es sich bequem, mit breiten Armlehnen und geneigter Lehne. Antia schreibt, sie sei jetzt die Besitzerin der Bank. Sie wisse nicht, wer die Bank gebaut habe. Vielleicht hätte es die vorherige Besitzerin noch gewusst. Vielleicht war sie die Künstlerin, die die Bank aus Gerüstbohlen malerisch talentvoll mit Spatz und Mohnblumen verziert hat?

Einschätzung: Etwas aufwendiger zu bauende Bank. Die Ausklinkungen im Steg erfordern handwerkliches Geschick. Zur Vereinfachung können die mittleren Querstreben bei Sitzfläche und Rückenlehne weggelassen werden.

Konstruktion: Ein Seitenteil besteht aus drei Brettern. Die Bretter sind durch zwei aufgeschraubte Querleisten miteinander verbunden. Beide Seitenteile tragen auf ihren oberen Querleisten die Sitzfläche und bilden an ihrem oberen Ende, leicht schräg abgeschnitten, gleichzeitig die Auflage für die dadurch zur Rückenlehne hin geneigten Armlehnen. Die Rückenlehne ist an jeder Innenseite der Seitenwände mit einer schrägen Leiste verschraubt. Die Sitzfläche und die Rückenlehne sind zusätzlich durch eine jeweils mittig gesetzte Querleiste verstärkt. Ein unter die Sitzfläche auf die Leisten der Rückenlehne geschraubtes Brett dient als Steg. Der Steg hat drei Ausklinkungen für die drei Querstreben unter der Sitzfläche. Die Armlehnen sind durch eine untergesetzte Leiste an der Außenseite der Seitenteile und eine kleine dreieckige Stütze zusätzlich versteift.

Stärke der Konstruktion: Die breiten Armlehnen ersetzen einen kleinen Tisch. Sie sind schräg nach hinten geneigt, sodass das Wasser gut ablaufen kann.

42,5 Sitzhöhe
41 cm Sitztiefe
180 cm Sitzbreite
Baujahr unbekannt
Erbauer unbekannt verzogen, Besitzerin Anita S.
Ort Amsterdam, NL
Datum 3.4.2018 SR

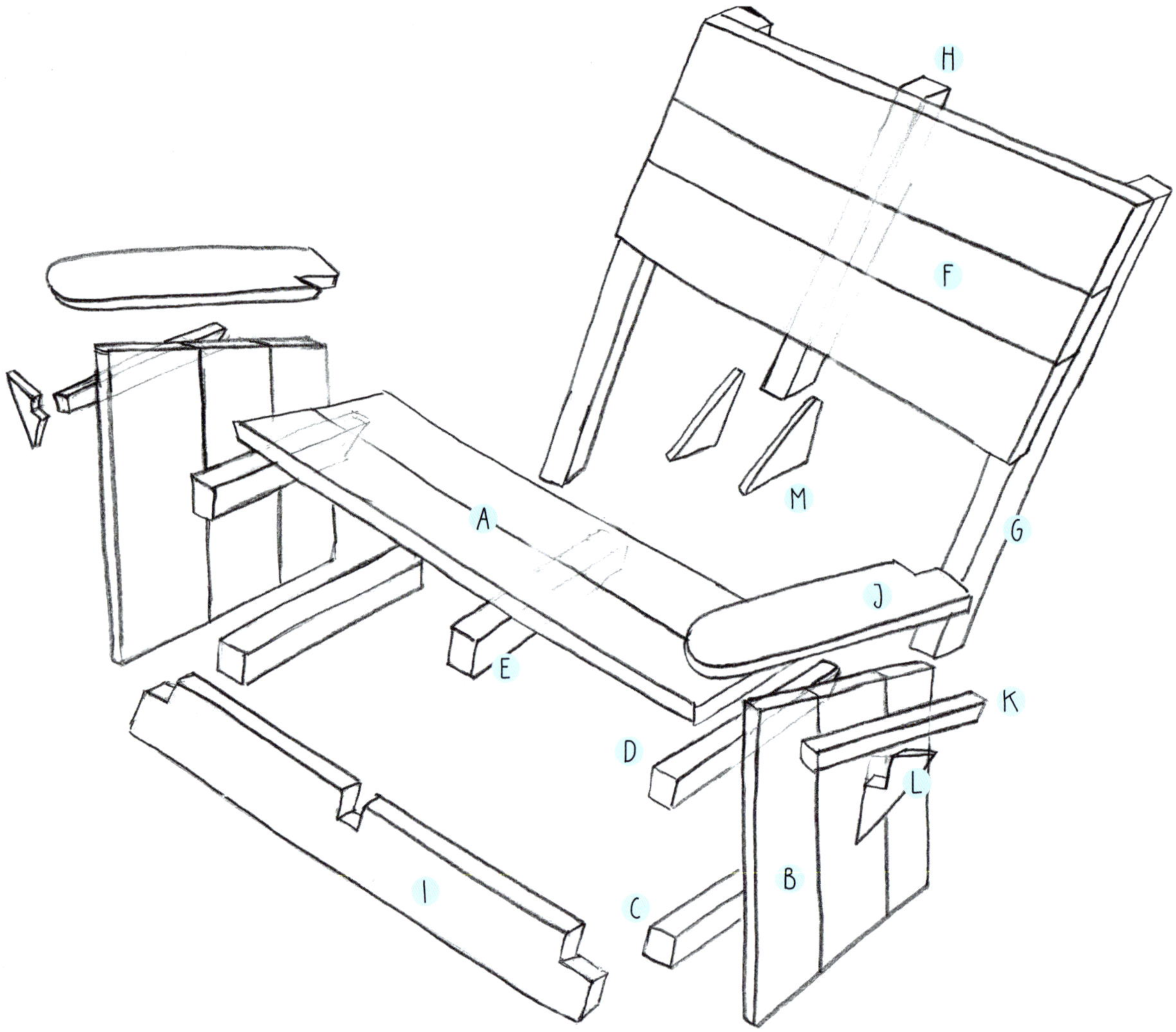

Werkzeug

Zollstock
Winkel
Stichsäge oder Stemmeisen und Knüpfel
Japansäge oder Kappsäge
Hobel oder Schnitzmesser
Schraubzwingen
Schleifpapier
Akkubohrschrauber
Holzbohrer
Pinsel oder Fabroller

Material und Maße

vermutlich Gerüstbaudielen
A Sitzfläche: 2 Bretter, 3 × 19,5 × 180 cm
B Seitenteile: je zweimal 3 Bretter, 3 × 19,5 × 64 cm (schräger Zuschnitt)
C Querleisten Seitenteile unten: 2 Leisten, 3 × 6,5 × 58,5 cm
D Querleisten Seitenteile oben: 2 Leisten, 3 × 6,5 × 41 cm
E mittlere Querleiste Sitzfläche: 1 Leiste, 3 × 6,5 × 41 cm
F Rückenlehne: 3 Bretter, 3 × 19,5 × 180 cm
M 2 Dreiecke etwa 1 × 8 × 8 cm
G Stützen Rückenlehne außen: 2 Leisten, 3 × 5,5 × 130 cm
H mittlere Stütze Rückenlehne: 1 Leiste, 3 × 5,5 × ca. 67 cm
I Steg: 1 Brett, 3 × 19,5 × 180 cm
Armlehnen:
J 2 Bretter, 70 × 19,5 × 3 cm
K 2 Leisten unter den Armlehnen, 2,5 × 3 × 58,5 m
L 2 Dreiecke unter den Armlehnen, ca. 3 × 7,5 × 7,5 cm
Holzschrauben, Farbe

Detail Armlehne

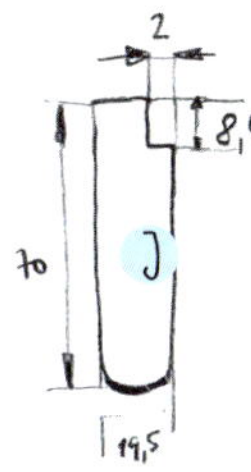

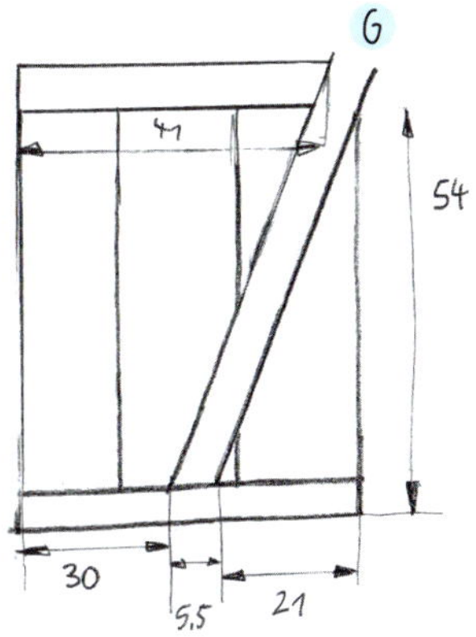

Detail Inneseite Seitenteil

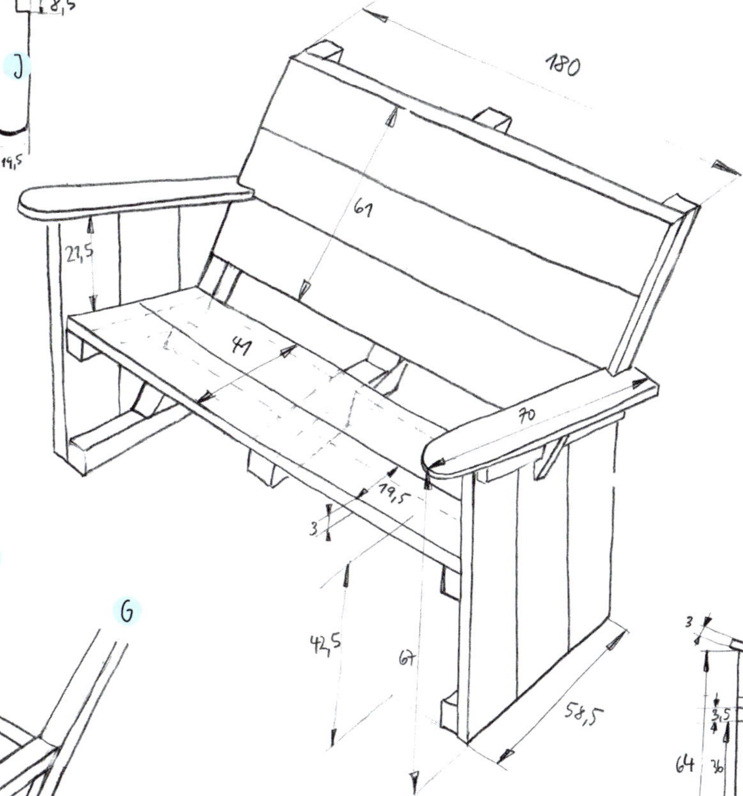

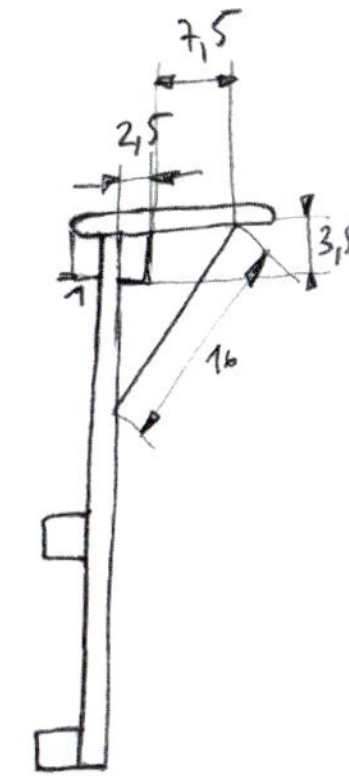

Vorderansicht Armlehne

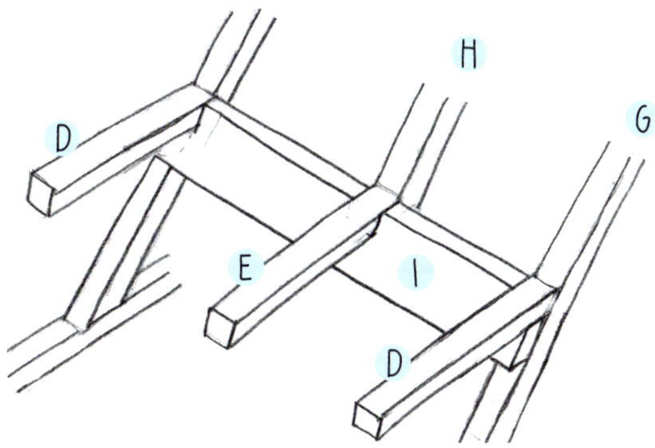

Detail Querleisten und Steg

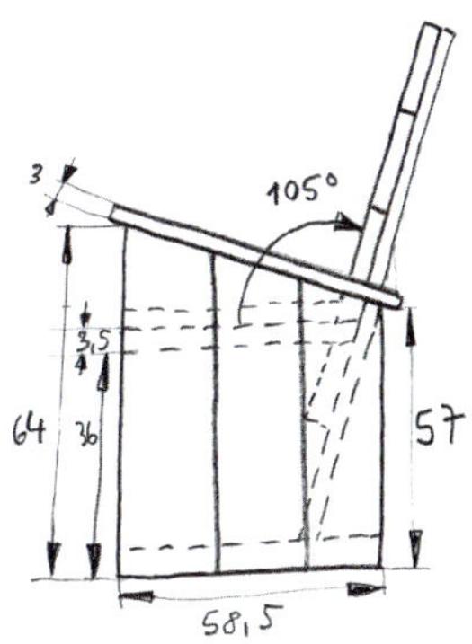

Seitenansicht

Bauen

- Ablängen der Bretter für Sitzfläche und Rückenlehne, Kanten fasen
- Zusägen der Bretter für die Seitenteile (schräger Zuschnitt)
- Zusägen der Querleisten und Rückenlehnenstützen
- Jeweils drei Seitenbretter mittels oberer und unterer Querleiste verschrauben
- Sitzflächenbretter mit der mittleren Querleiste verbinden
- Beide Seitenteile aufstellen, ausrichten und die Sitzfläche auf die Querleisten auflegen
- Mit Schraubzwinge fixieren und von unten durch die Querleiste Sitzfläche und Querleiste verschrauben
- Bretter für die Rückenlehne mit Rückenlehnenstützen außen und mittlerer Rückenlehnenstütze verschrauben
- Rückenlehne zwischen die Seitenteile setzen und mit Schraubzwingen an diesen fixieren
- Probesitzen und dabei Neigung der Rückenlehne testen, eventuell anpassen. Fühlt es sich bequem an, die äußere Rückenlehnenstützen mit den Seitenteilen verschrauben
- Ausklinkung für den Steg anreißen und ausarbeiten
- Steg unter die Sitzfläche auf die Rückenlehnenstützen schrauben
- Mittlere Querleisten von Sitzfläche und Rückenlehne verschrauben
- Armlehnen sowie die untergesetzten Leisten und Dreiecke zusägen
- Armlehnen schleifen und die Kanten fasen
- Armlehnen auf die Stirnflächen der Seitenteile setzen und mittels Leiste an den Außenseiten der Seitenteile von unten verschrauben
- Dreiecke unter die Armlehnen schrauben
- Bei Bedarf alles noch einmal schleifen und streichen

Amstelblick

Die Straße im Amsterdamer Stadtteil Oost heißt Weesperzijde und verläuft entlang der Amstel. Hier, stadteinwärts, ist der Gehweg an der Fassadenseite viel schmaler als am oberen Ende der Straße. Aber diese Bank ist Maßarbeit. Sie passt exakt in die Fensternische neben dem Hauseingang. Sie steht schon etwa acht Jahre an ihrem Platz und ist aus gebrauchtem Holz gemacht. Manuel Burger, einer der Hausbewohner, hat sie gebaut, um nach einem langen Arbeitstag draußen auf der Straße in der Sonne zu sitzen und auf die Amstel, die Hausboote und vorbeifahrenden Schiffe, Fußgänger und Radfahrer schauen zu können.

Einschätzung: Mit einfachem Werkzeug gut zu bauen. Wer die Bank nicht in eine baugleiche Fensternische einpassen will oder muss, ändert die Maße beherzt nach eigenen räumlichen Gegebenheiten.

Konstruktion: Die Beine, vier aufrecht stehende Bretter, sind durch Quer- und Längszargen miteinander verschraubt. Auf dem Zargenrahmen liegende Querbretter bilden die Sitzfläche. Die Lehne ist auf die abgeschrägten Längsseiten des hinteren Beinpaars geschraubt. Auf den Stirnflächen des vorderen Beinpaars liegen die Armstützen auf und sind mit den Innenseiten des hinteren Beinpaars verschraubt. An die Außenseiten der vorderen Beine gesetzte Brettstücke stützen die Armlehne zusätzlich.

Stärke der Konstruktion: Auf der nach hinten geneigten Sitzfläche kann das Wasser gut ablaufen. Die Fensternische bietet zusätzlich etwas Witterungsschutz.

vorne 48,5 cm hinten 41 cm	Sitzhöhe
45 cm	Sitztiefe
101 cm	Sitzbreite
Baujahr	um 2010
Erbauer	Manuel Burger
Ort	Amsterdam, NL
Datum	22.2.2018 SR, AR

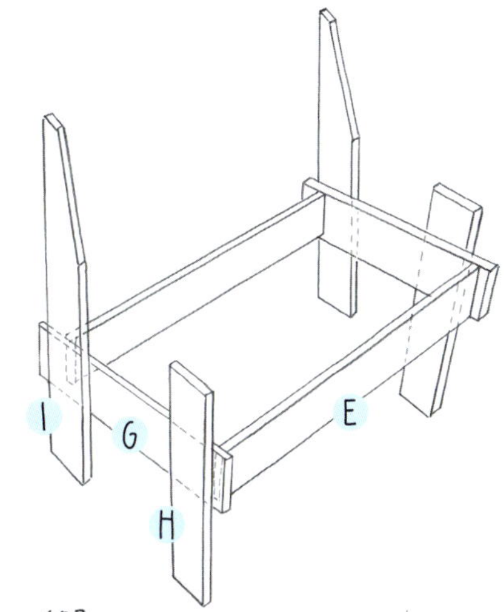

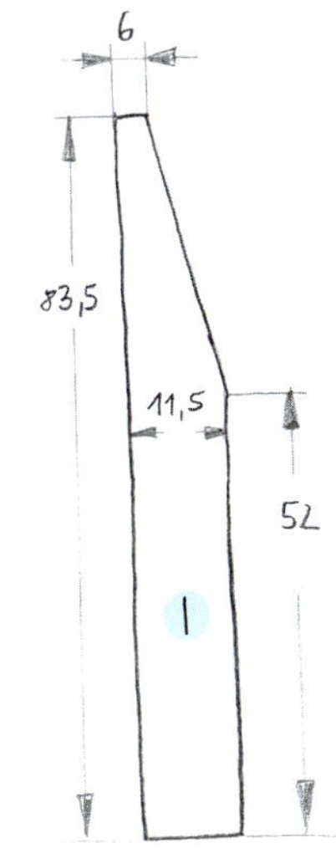

Werkzeug

Zollstock
Winkel
Fuchsschwanz
Schraubzwingen
Akkubohrschrauber

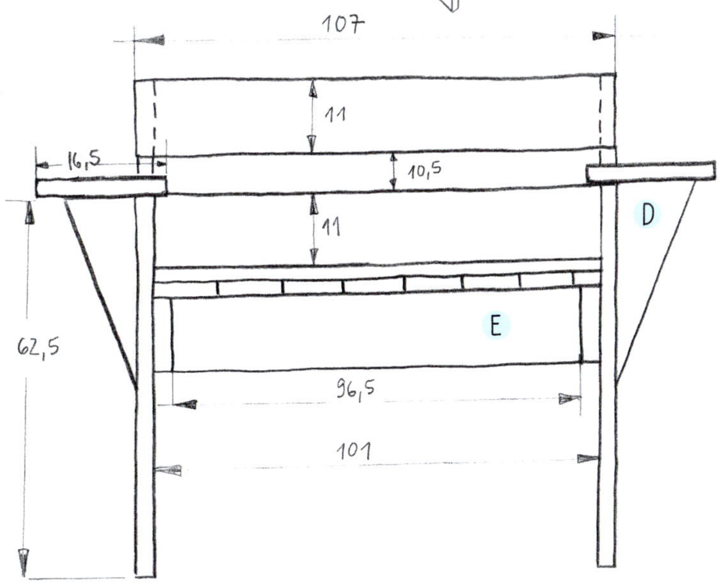

Vorderansicht

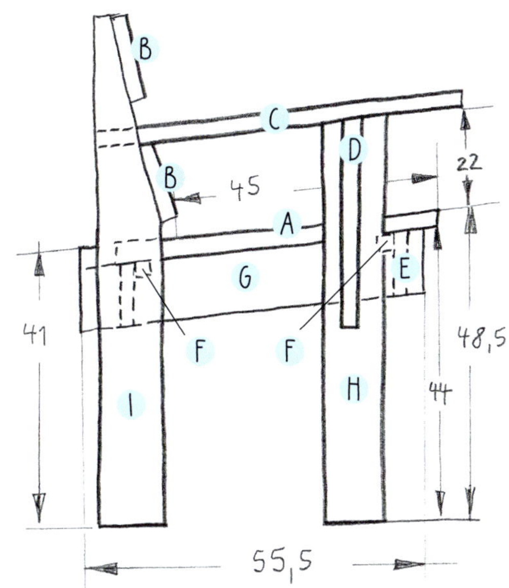

Seitenansicht

Bauen

- Ausmessen und zusägen der Beine und Zargen sowie der Leisten an den Längszargen
- Jeweils ein vorderes und hinteres Bein mit einer Querzarge verschrauben
- Leisten bündig an die Oberkante der Längszargen schrauben
- Querzargen und Längszargen verschrauben
- Sitzflächenbretter zusägen und von unten mit der Leiste an der Längszarge verschrauben
- Rückenlehne ausmessen, zusägen und auf hinteres Beinpaar schrauben
- Armlehnen und Stützen für die Armlehnen zusägen und verschrauben

Material und Maße

Palettenbretter und gebrauchtes Holz

- A Sitzfläche gesamt: 2,5 × 45 × 101 cm (bestehend aus 12 unterschiedlich breiten Brettern)
- B Rückenlehne: 2 Bretter, 2,5 × 11 × 107 cm
- C Armlehnen: 2 Bretter, 2,5 × 16, 5 × 59,5 cm
- D Stützen Armlehnen: 2 dreieckige Brettstücke, ca. 25 cm lang
- E Längszargen: 2 Bretter, 2,5 × 10,5 × 96,5 cm
- F Verstärkung Längszargen: 2 Leisten, 4 × 4 × 96,5 cm
- G Querzargen: 2 Bretter, 2,5 × 10,5 × 55,5 cm
- H vordere Beine: 2 Bretter, 2,5 × 11 × 62,5 cm
- I hintere Beine: 2 Bretter, 2,5 × 11,5 × 83,5 cm

Holzschrauben

Trixis Bank

Dieser Bank begegne ich mehrmals, vor verschiedenen Häusern und in allen Farben. Zum ersten mal in der Pijp, vor dem Haus von E. Sie verweist mich mit: „Den musst du unbedingt kennenlernen!", an Peter Vos. Peter ist ein geborener Amsterdamer. Vor 50 Jahren zog er ins Dorf Schellingwoude. Dort hat er einen Trend gesetzt. Damals saß man nicht vor der Tür. Das gehörte sich nicht für einen fleißigen Bauern. Nur die alten Frauen hockten am Wochenende strickend auf einem Stuhl in ihren Türrahmen. Aber nicht vorm Haus. Und schon gar nicht auf einer Bank. Bis Peter kam. Jetzt steht vor jedem Haus entlang des Dorfdeiches eine Bank. 18 davon hat Peter gebaut. Die Bank hat er nach den Maßen seiner Frau Trixi erstellt, mit breiten Armlehnen zum Abstellen der Kaffeetasse. Peter baut die Bänke im Garten hinterm Haus auf einem alten Krankenhausbett. Ein aus der Hand gelaufenes Hobby, so beschreibt er seine Miniproduktion. Wir trinken in der guten Stube Kaffee, den Trixi vorbereitet hat. Dann zeigt er mir auf dem Deich seine Verkaufsinstallation. Ein Stapel Bänke, eine Bank, festgezurrt auf einem Autodach, eine A4-Kopie mit Telefonnummer. (Mehr Informationen siehe S. 223.)

Einschätzung: Diese Bank erfordert etwas Aufwand. Die schrägen Sägeschnitte und Ausklinkungen in den Standflächenbrettern sollten exakt gearbeitet sein. Wer keine Oberfräse für die Ausklinkungen hat, kann auf sie auch ganz verzichten.

Konstruktion: Vorder- und Hinterbein sind durch eine Querzarge verbunden. Das Hinterbein hat zusätzlich eine schräge Stütze. Beine und Stütze sind in die Aussparung eines Opferholzes* eingeleimt. Sitzfläche und Rückenlehne werden von drei Beinpaaren getragen. Die Vorderbeine sind durch eine Längszarge, die Hinterbeine durch einen Steg verbunden. Die Armlehnen liegen auf den Vorderbeinen auf und stecken in einer Aussparung der Hinterbeine.

Stärke der Konstruktion: Die Bank steht nicht auf den Stirnflächen, sondern auf einem sogenannten Opferholz in Faserlängsrichtung, welches Feuchtigkeit nicht so stark aufnimmt.
Die abgerundeten Stirnflächen der hinteren Beine lassen das Wasser gut ablaufen

40 cm	Sitzhöhe
46 cm	Sitztiefe
187 cm	Sitzbreite
Baujahr	ca. 2012
Erbauer	Peter Vos
Ort	Amsterdam, NL
Datum	12.4.2018 SR

Werkzeug

Zollstock
Winkel
Stichsäge
Kappsäge
Schraubzwingen
Schleifmaschine
Schleifpapier
Akkubohrschrauber
Oberfräse
Pinsel

Bauen

- Ablängen der Bretter für Sitzfläche, Rückenlehne, Steg und Längszarge, später oben liegende Kanten fasen
- Vordere Beine anreißen und sägen
- Schrägschnitte für Querstreben, hintere Beine und deren Stützen anreißen und sägen
- Ausklinkungen an den hinteren Beinen anreißen und ausarbeiten
- Armlehnen anreißen und sägen
- Standflächenbretter zusägen, Ausklinkungen für die Beine und hinteren Stützen anzeichnen und mit der Oberfräse ausarbeiten
- Jeweils ein vorderes und hinteres Bein mit Querstrebe und hinterer Stütze verleimen und verschrauben
- Beine und hintere Stütze in die Ausklinkungen des Standflächenbretts leimen
- Drei Beinpaare aufstellen, ausrichten und mit Sitzflächen- und Rückenlehnenbrett mittels Schraubzwingen heften, damit die ganze Konstruktion erst einmal stabil ist
- Steg und Längszarge verschrauben, anschließend die Sitzflächen- und Rückenlehnenbretter
- Armlehnenstützen verleimen und verschrauben
- Bei Bedarf Sitzfläche, Rückenlehne und Armlehnenstütze schleifen und alles streichen

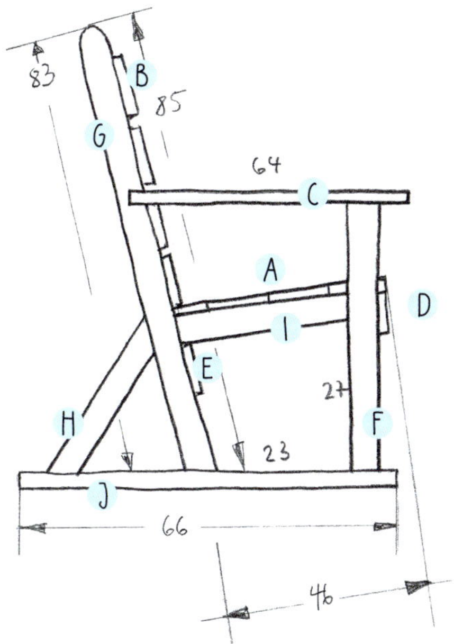

Seitenansicht

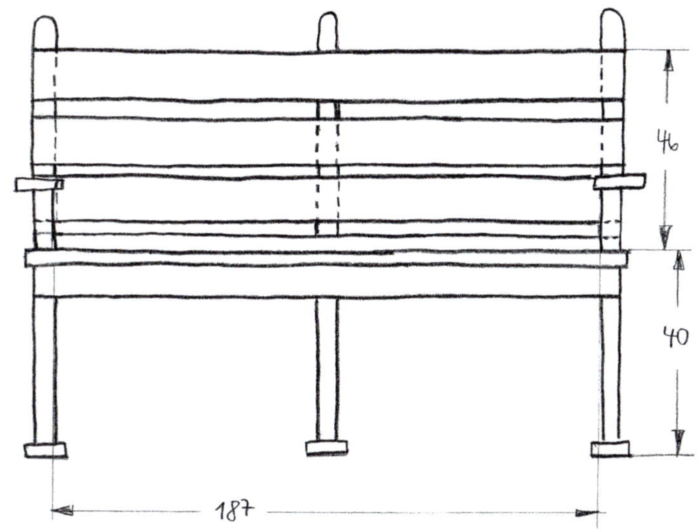

Vorderansicht

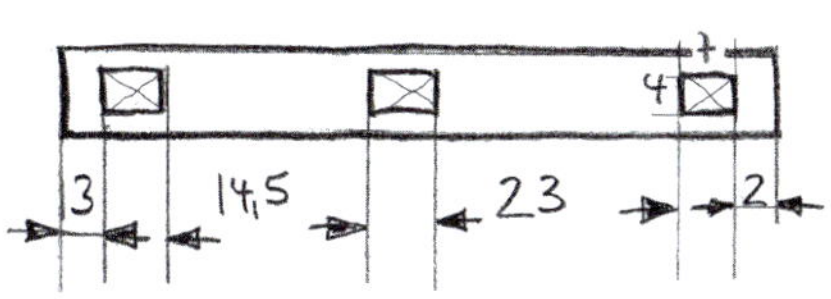

Detail Standfläche

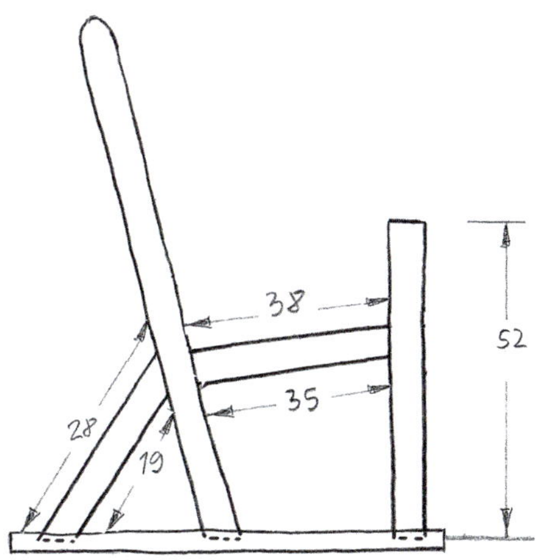

Detail äußeres Beinpaar

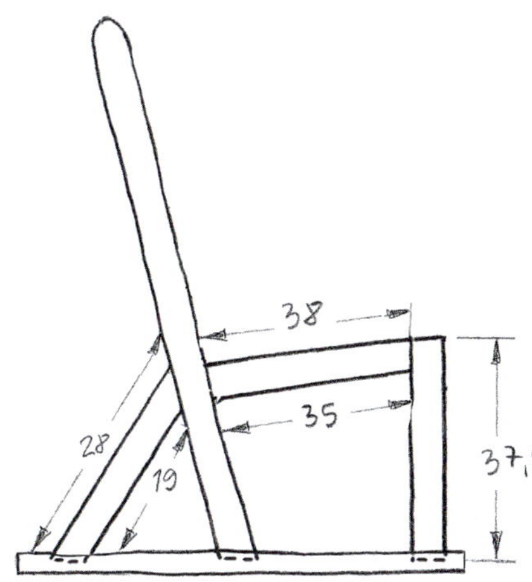

Detail mittleres Beinpaar

Material und Maße

Kiefernholz

- A Sitzfläche: 4 Bretter, 2 × 9,5 × 187 cm
- B Rückenlehne: 4 Bretter, 2 × 9,5 × 187 cm
- C Armlehne: 2 Bretter, 2 × 14 × 64 cm
- D Längszarge: 1 Brett, 2 × 9,5 × 187 cm
- E Steg: 1 Brett, 2 × 9,5 × 187 cm
- F vordere Beine: 2 Latten, 4 × 7 × 52 cm, 1 Latte, 4 × 7 × 37,5 cm
- G hintere Beine: 3 Latten, 4 × 7 × 83 cm (schräger Zuschnitt)
- H Stützen hintere Beine: 3 Latten, 4 × 7 × 28 cm (schräger Zuschnitt)
- I Querstreben: 3 Latten, 4 × 7 × 38 cm (schräger Zuschnitt)
- J Standfläche: 3 Bretter, ca. 1,5 × 6 × 66 cm

D4-Holzleim, Holzschrauben, Farbe

Traditionelle Bank

Mindestens 50 Jahre steht diese Bank aus unbehandeltem Lärchenholz schon im Freien. Gebaut wurde sie von Jon Boner. Die auffällige Schweifung der Rückenlehne erinnert an Meereswellen – ein Motiv, welches auf den ersten Blick nicht in ein Bergdorf zu passen scheint. Doch finden sich im Ort und der Umgebung an einigen Häusern Darstellungen von Schiffen und Meereslebewesen.

Einschätzung: Die geschweifte und gezapfte Rückenlehne, die Leimung der geschwungenen Seitenteile und der verkeilte Steg erfordern handwerkliches Geschick und exaktes Arbeiten.

Konstruktion: Zwei Seitenteile, bestehend aus drei verleimten Brettern, bilden Beine und Armlehnen und tragen auf einer Querleiste die Sitzfläche, zwei Bretter. Die Rückenlehne, zwei Bretter, ist in die Seitenteile gezapft. Ein Steg mit Keilschlössern sichert die Stabilität der Seitenteile.

Stärken der Konstruktion: Die Konstruktion wirkt filigran und leicht und passt mit ihrer traditionellen Bauweise gut in den charmanten historischen Dorfkern. Um der Bank auf dem unebenen und leicht abschüssigen Gelände zusätzlich Stabilität zu verleihen, hat sie ihr jetziger Besitzer an der Hauswand festgeschraubt. Das unbehandelte Lärchenholz ist in der trockenen Bergluft sehr lange haltbar und verwitterungsbeständig. Nach Auskunft eines ortsansässigen Schreiners hatte der Holzleim vor 50 Jahren noch nicht die Wetterbeständigkeit heutiger Leime, weswegen die vorderen Teile der Armlehnen verrutscht oder verloren gegangen sind. Bei einem Nachbau der Bank könnte man auf bessere Leimqualität vertrauen oder diese Teile eventuell durch eine zusätzliche Querleiste sichern.

45 cm	Sitzhöhe
41 cm	Sitztiefe
160 cm	Sitzbreite
Baujahr	vermutlich 1967
Erbauer	Jon Boner
Ort	Guarda, CH
Datum	28.11.2017 AR

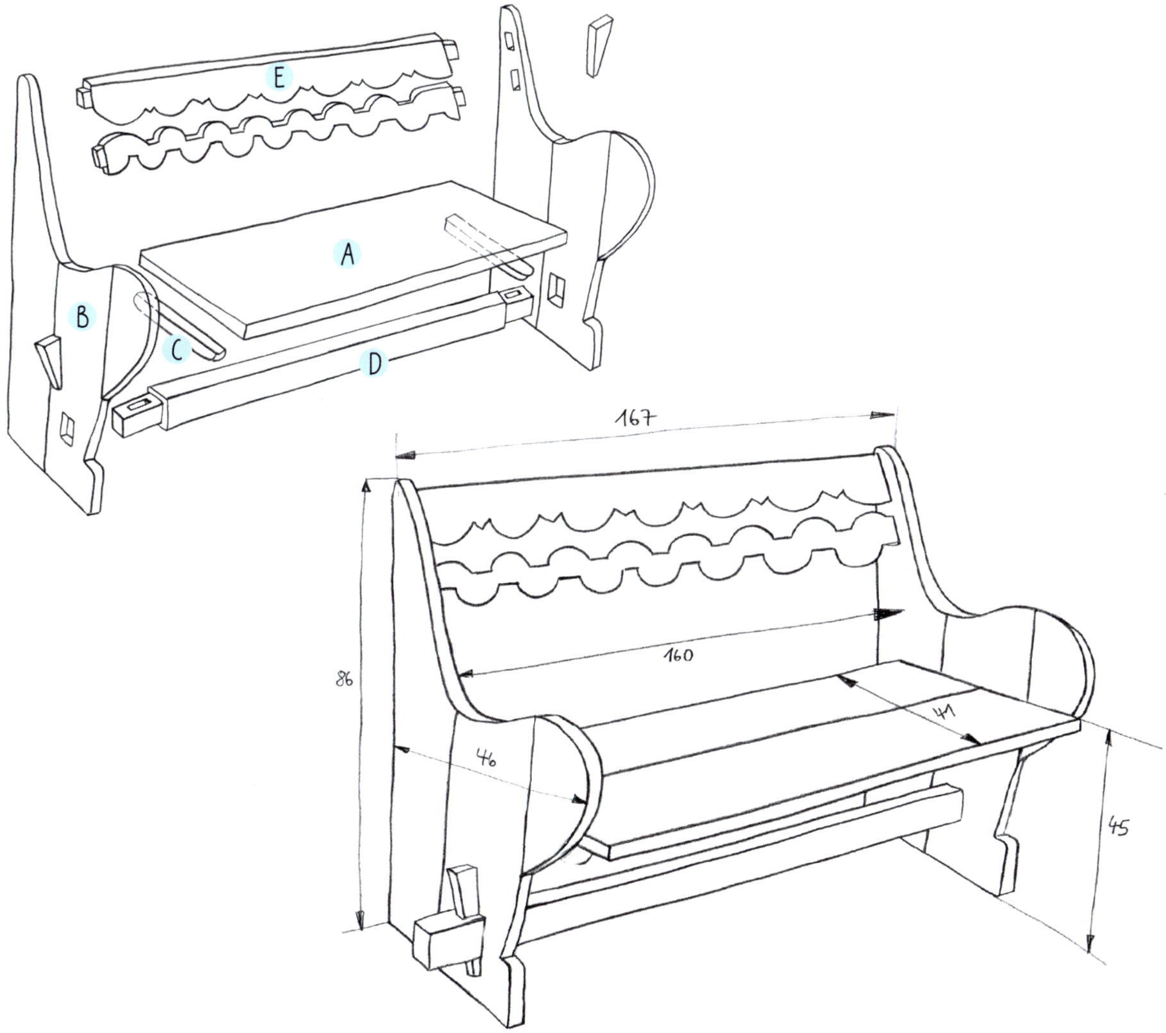

Werkzeug

Bleistift
Winkel
Zollstock
Stichsäge
(für die Schweifungen)
Japansäge
(für alle geraden Schnitte)
Stemmeisen
Knüpfel
Akkubohrschrauber oder
Bohrmaschine
Vorschlaghammer
Schleifpapier

Bauen (Vorschlag)

- Zusägen der geschwungenen Bretter für die Seitenteile
- Anreißen und Ausstemmen der blinden Zapfenlöcher für die Rückenlehne (die Zapfenlöcher müssen am Grund nicht vollständig eben sein)
- Steg zusägen, Stegzapfen sägen
- Anreißen und Ausstemmen der durchgängigen Zapfenlöcher für den Steg und die Keillöcher im Steg, Keile sägen
- Verleimen der Bretter für die Seitenteile, Querleisten aufschrauben
- Schweifungen der Rückenlehnenbretter aussägen
- Zapfen der Rückenlehnenbretter aussägen (die Länge des Zapfens sollte etwas geringer sein als die Tiefe des Zapfenloches, damit der Leim abfließen kann)
- Ein Seitenteil aufstellen, Steg einfädeln, Rückenlehnenbretter in die Zapfenlöcher leimen, dann das andere Seitenteil einfädeln und verleimen
- Sitzflächenbretter auflegen, eventuell von unten an der Querleiste verschrauben
- Keile einschlagen

Material und Maße

Lärchenholz, Holzschrauben, D4-Holzleim

A Sitzfläche: 2 Bretter, 3,5 × 20 × 160 cm
B Seitenteile: 2 Bretter, 3,5 × 15 × 180 cm (oder alternativ 2 × 3 kurze Brettstücke mit je 86 × ca. 60 × ca. 30 cm)
C Auflage Sitzfläche: 2 Leisten, 3,5 × 6 × 38 cm
D Steg: ca. 3,5 × 7 × 175 cm, 2 Keile, ca. 1 × 6 × 20 cm
E Rückenlehne: 1 Brett, 3,5 × 15 × 164 cm (ermöglicht eine Zapfenlänge von 2 cm auf jeder Seite)

Holzgeschenke

Angefangen hat alles mit einem Geschenk: Zuerst die Reise ins Engadin – sie war das Geschenk von einer Freundin, die wusste, dass es dort besondere Hölzer und Bänke geben würde. Auf einer Erkundungstour hatten wir dann eine beeindruckende Begegnung mit einem Bergbauern, Not Schlegel. Er erzählte von Mondholz und der Arve. Zum Abschied schenkte er mir verschiedene Holzstücke, darunter ein schön vergrautes Lärchenholzbrett. Es wurde zur Lehne dieser Bank. Die Beine, wild gebogene Robinienäste, lagen schon 15 Jahre lang in meiner Werkstatt. Endlich kamen die richtigen Hölzer, pur verbunden, zum richtigen Projekt zusammen. Sie wurden eine Bank und das Geschenk für die Freundin. *(Mehr Informationen siehe S. 223.)*

Einschätzung: Neben dem Glück, passend gebogene Robinienäste zu finden, besteht die Herausforderung in der Anordnung der Äste und dem Anzeichnen und Ausarbeiten der Zapfenverbindungen. Das Anzeichnen und Bohren gelingt am besten mit einem Helfer.

Konstruktion: Zwei auf ihren Stirnseiten stehende Halbstämme bilden die Hinterbeine. Das linke Vorderbein ist durch eine Zapfenverbindung und eine gezapfte Querzarge mit dem Hinterbein verbunden. Die Zapfen sind durch Holznägel gesichert. Das rechte Vorderbein ist mit einem Zapfenschlitz mit dem Hinterbein verbunden, der ebenfalls durch Holznägel gesichert ist. Die Sitzfläche liegt auf dem linken Vorderbein auf und steckt in Ausklinkungen der Hinterbeine und des rechten Vorderbeins. Die Rückenlehne ist mit Splintbolzen an den hinteren Beinen befestigt.

Stärke der Konstruktion: Das witterungsbeständige Robinienholz lässt eine lange Lebensdauer der Bank erwarten. Die Konstruktion besteht pur aus Holz.

46 cm	Sitzhöhe
37 cm	Sitztiefe
100 cm	Sitzbreite
Baujahr	2018
Erbauer	Antje Rittermann und Carsten Cieslok
Ort	Stuttgart, D
Datum	17.4.2018 AR

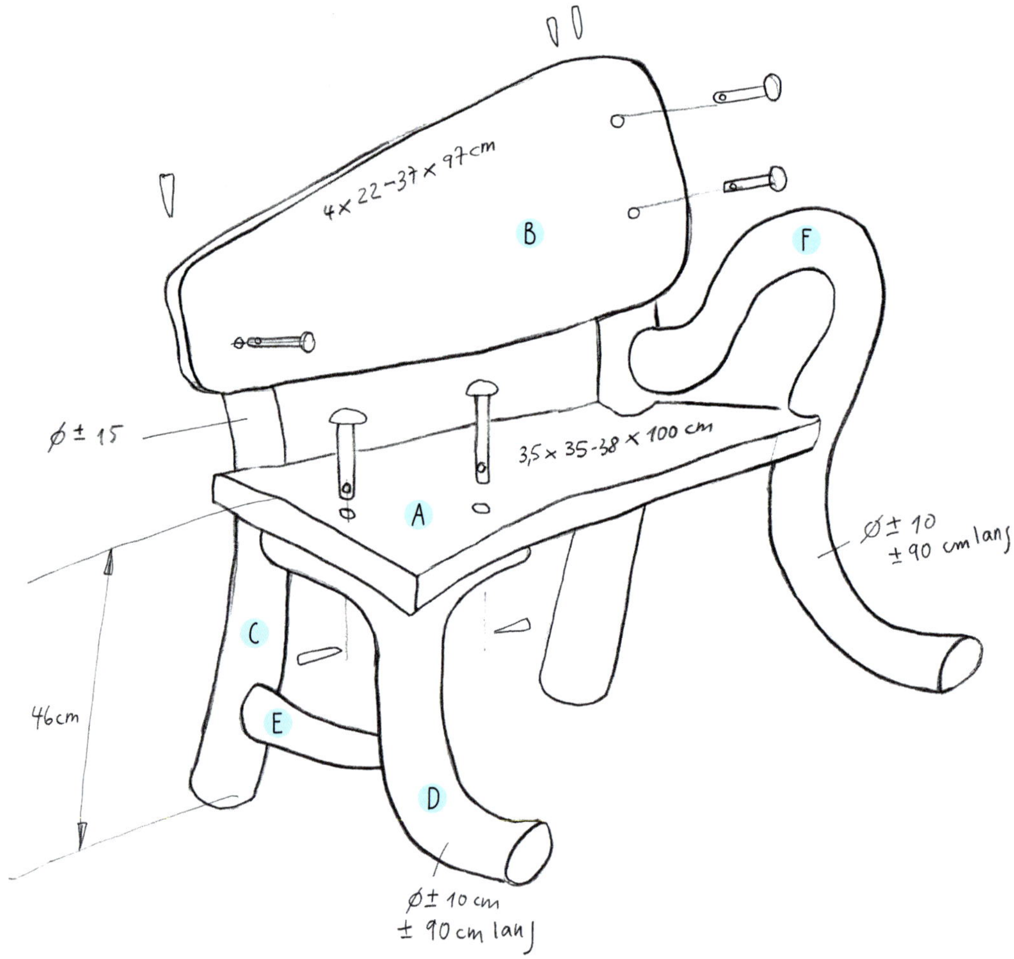

Werkzeug

Japansäge Ryoba
Axt
Stemmeisen
Knüpfel
Bohrmaschine
Langlochbohrer (12 mm)
Schlangenbohrer* (22 mm)
Holzbohrer (4, 5, 9 mm)
Schnitzmesser
Zieheisen
Hobel
Schleifpapier

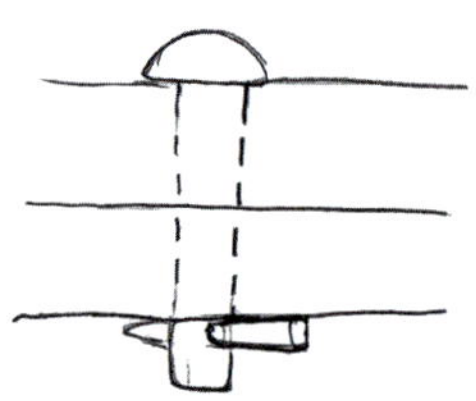

Detail Splintbolzen
in Sitzfläche

Material und Maße

Robinien- und Lärchenholz

A Sitzfläche: Robinienbrett (unbesäumt), ca. 3,5 × 35–38 × 100 cm
B Rückenlehne: vergrautes und unregelmäßig geformtes Lärchenbrett, ca. 4 × 22–37 × 97 cm
C hintere Beine: Robinienstamm, ø ca.15 cm, 93 cm lang, gespalten
D vorderes Bein links: gebogen gewachsener Robinienast, ø ca. 10 cm, ca. 90 cm lang
E Querzarge links: Robinienast, ø 4–6 cm, ca. 45 cm lang
F vorderes Bein rechts: gebogen gewachsener Robinienast, ø ca. 10 cm, ca. 90 cm lang

Holznägel: ø 8–10 cm
Splintbolzen Rückenlehne: ø12 cm, 8 cm lang
Splintbolzen Sitzfläche: ø 22 cm, 15 cm lang

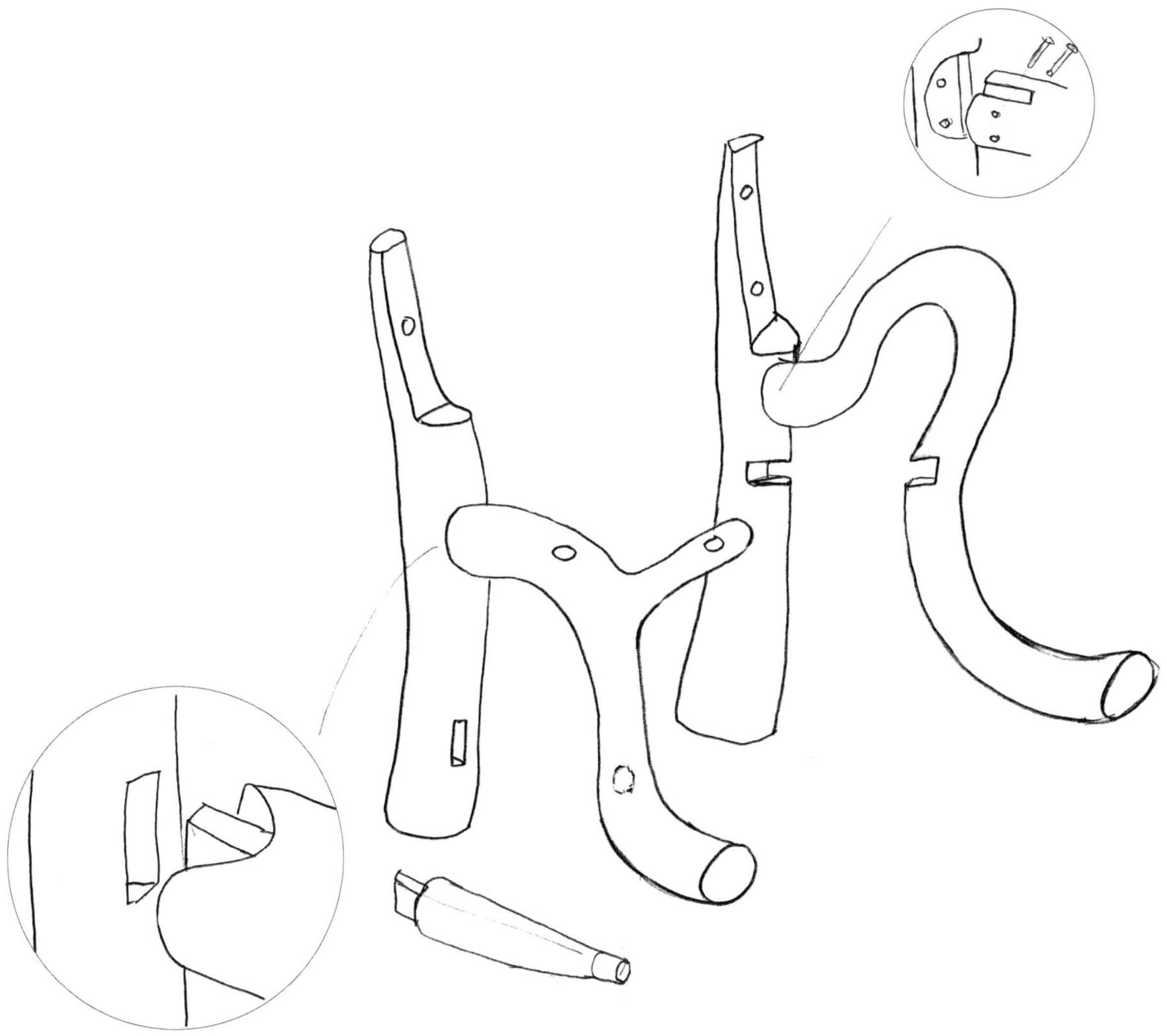

Detail Zapfen vorderes Bein

Bauen

- Robinienäste entrinden
- Sitzfläche auf einen Stuhl legen, passende Äste für die Vorderbeine durch Anhalten ermitteln
- Robinienstamm mit der Axt in der Mitte spalten, die beiden Hälften ergeben je ein Hinterbein
- Je ein gebogenes Vorderbein mit Hinterbein zusammenhalten und Zapfen und Zapfenloch anreißen
- Zapfenloch im Hinterbein ausstemmen, Zapfen im Vorderbein ausarbeiten, zwischendurch öfter Passung prüfen
- Zapfenlöcher für Querzarge anreißen und ausarbeiten, Zapfen der Querzarge ausarbeiten
- Vorder- und Hinterbein zusammenfügen, Löcher für Holznägel durch die Zapfen bohren
- Holznägel schnitzen und Zapfen damit sichern

Alfredos Bank

1e Helsstraat in der Pijp, ein Hauptzugang zum Albert Cyp Markt. Menschenmassen, links und rechts Cafés. Deswegen meide ich die Route eigentlich. Dann bin ich doch hier und entdecke die Bank vor Alfredo. Zwischen all den üblichen Schirmen, Schildern, Tischen, Stühlen der Terrassen eine schlichte Bank vor einem Schaufenster. Im Café erfahre ich nur den Namen und die Straße des Erbauers. Die ist um die Ecke. Ein Tischler sollte zu finden sein. Ist er nicht, erst zu Hause im Internet. Er hat keine Zeit, aber ich soll schnell vorbeikommen. Ich radle zurück. Von außen nicht zu sehen, eine schicke Werkstatt. Marc baut eigentlich Küchen. Die Bank hat er aus Reststücken zusammengepuzzelt, aus der Robinie, die ein paar Straßen weiter gefällt werden musste. Er geht gern bei Alfredo essen. Und weil es früher hier nur eine schmale Bank ohne Lehne gab, hat er vorgeschlagen, eine neue zu bauen, mit Lehne und Armstützen, die zugleich Tischchen sind. Weil Alfredo keine Terrassengenehmigung hat und keine Tische aufstellen darf, die ideale Lösung. Und so sitzt man hier in der ersten Reihe, mittendrin, aber intim, viel schöner als auf all den Terrassen rundherum. (Mehr Informationen siehe S. 223.)

Einschätzung: Für das harte Robinienholz braucht es scharfes Werkzeug. Die Schrauben unbedingt vorbohren. Ansonsten ist diese Bank gut zu bauen. Wer keine sichtbaren Schraubenköpfe auf Sitzfläche und Armlehnen haben möchte, kann die Sitzfläche von unten verschrauben und die Armlehnen mit Holzdübeln befestigen. Die verwendeten Reststücke und Risse im Holz machen die Bank lebendig.

Konstruktion: Zwei nach außen schräg gestellte Beine sind durch eine aufgeschraubte Querleiste verbunden. Drei Beinpaare, das mittlere verfügt über beidseitige Querleisten, tragen zwei Sitzflächen, die auf den Querleisten aufliegen. Auf den oberen Stirnflächen der Beine liegt die Armlehne auf. Die Rückenlehne steht auf den Armlehnen auf und ist von unten mit diesen verschraubt. In die Standflächen der Beine eingeschraubte Sechskantschrauben dienen zum Ausgleich der Bodenunebenheiten. Die Bank ist durch Gewindestangen fest mit der Hauswand verbunden.

Stärken der Konstruktion: Das verwendete Robinienholz ist sehr witterungsbeständig. Die leicht schräg ausgestellten Beine bringen zusätzliche Stabilität. Die breiten Armlehnen bieten Abstellfläche.

45,5 cm	Sitzhöhe
31 cm	Sitztiefe
132,5 und 136 cm	Sitzbreite
Baujahr	2017
Erbauer	Marc van Grinsven
Ort	Amsterdam, NL
Datum	6.5.2018 SR

Werkzeug
Zollstock
Winkel
Abrichte
Kreissäge
Schleifmaschine
Schleifpapier
Akkubohrschrauber
Bohrmaschine
Holzbohrer
Schraubzwingen
Maulschlüssel

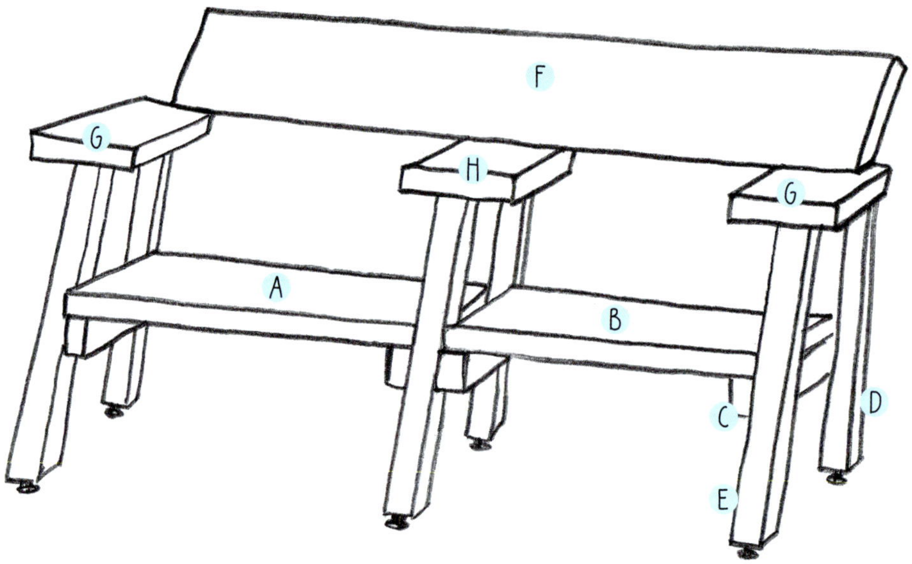

Material und Maße
Robinienholz
A Sitzfläche: 1 Brett, 3,5 × 12 × 132,5 cm und 1 Brett, 3,5 × 18 × 132,5 cm
B Sitzfläche: 1 Brett, 3,5 × 12 × 136 cm und 1 Brett, 3,5 × 18 × 136 cm
C Auflage Sitzfläche: 4 Latten, 3,5 × 7 × 34 cm
D Beine hinten: 3 Latten, 3,5 × 7 × 55,5 cm (schräger Zuschnitt)
E Beine vorne: 3 Latten, 3,5 × 7 × 57,5 cm (schräger Zuschnitt)
F Rückenlehne: 1 Brett, 3,5 × 17,5 × 273 cm
G Armlehnen außen: 2 Bretter, 3,5 × 12 × 53 cm
H Armlehne Mitte: 1 Brett, 3,5 × 24 × 53 cm
8 Sechskant-Holzschrauben als Möbelfüßchen, um die Bodenunebenheiten vor Ort auszugleichen
Edelstahl-Holzschrauben

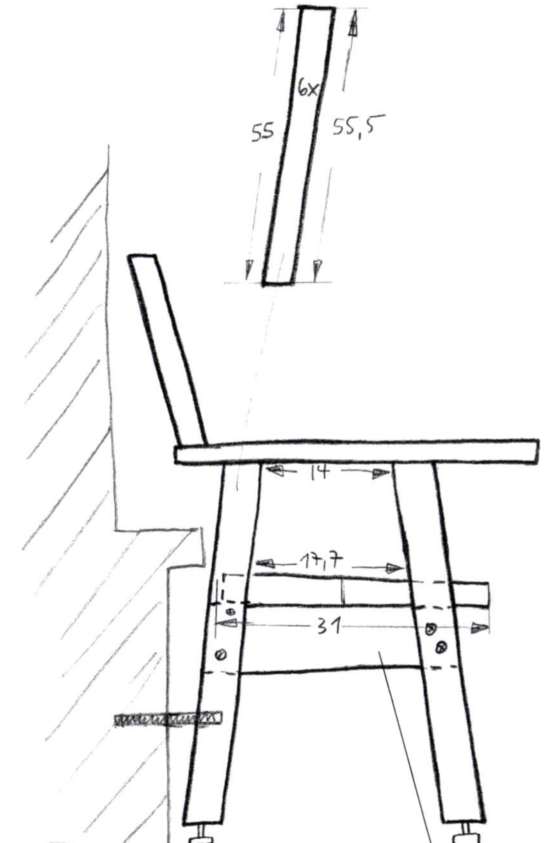

Seitenansicht

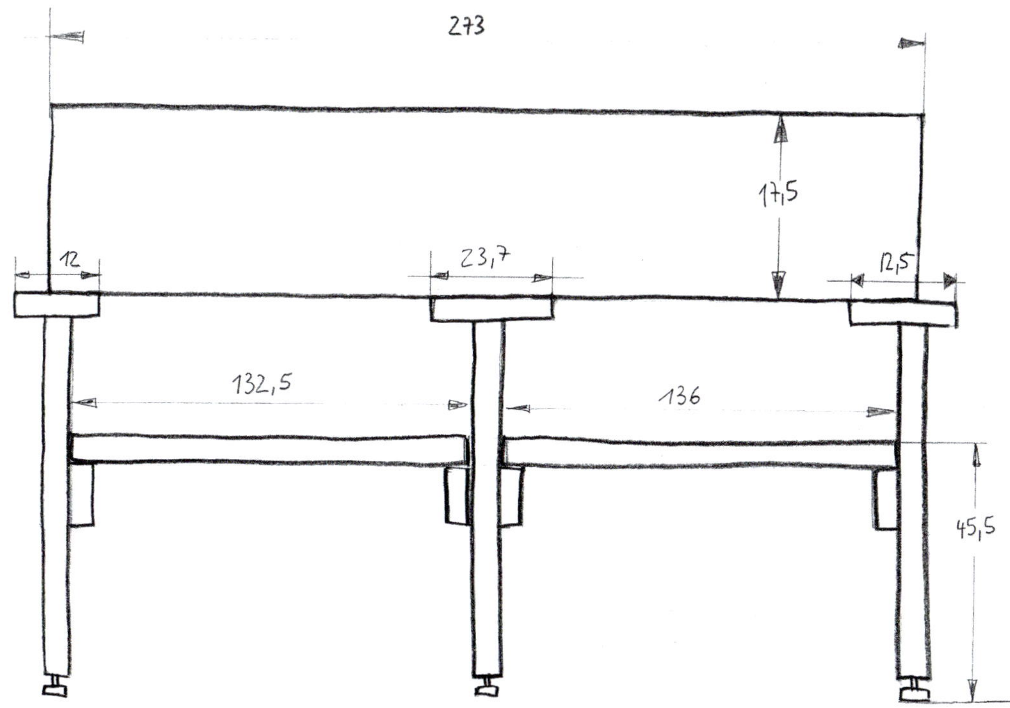

Vorderansicht

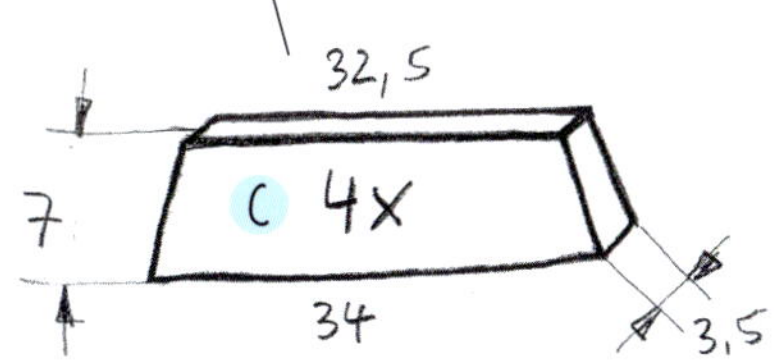

Bauen

- Ablängen der Bretter für Sitzfläche und Armlehnen und die Rückenlehne zusägen
- Zusägen der Beine und Querstreben (Auflage Sitzfläche)
- Löcher für später in die Standflächen zu bohrenden Sechskantschrauben vorbohren
- Alles schleifen und Kanten fasen
- Jeweils ein Vorder- und Hinterbein mit einer Querstrebe verschrauben, Beinpaare aufstellen, ausrichten, Sitzflächenbretter auflegen und mit einer Schraubzwinge fixieren. Sitzflächenbretter verschrauben
- Armlehnen auf die Stirnflächen der Beinpaare schrauben, Rückenlehne von unten durch die Armlehnen mit diesen verschrauben

Hinweis: Die Bank ist an der Hauswand befestigt, damit sie nicht verschoben werden kann.
Marc hat dafür auf der Rückseite der Beine ein 20 mm großes Loch gebohrt, in dem eine Gewindestange mit Mutter steckt. Vier von der Seite des Beines etwa rechtwinklig zur Mutter eingedrehte Holzschrauben sollen die Gewindestange mit Mutter in ihrer Position halten und ein Herausziehen der Gewindestange verhindern. An ihrem anderen Ende ist sie mit Montagekleber in die Hauswand eingeleimt. Eine andere Möglichkeit, wie Sie eine Bank an der Hauswand befestigen können, finden Sie im Kapitel Bauen auf Seite 213.

Tjinstoko
www.tjinstoko.nl

Klappbänke

Die Bänke in diesem Kapitel lassen sich auf unterschiedliche Art und Weise und zu unterschiedlichen Zwecken klappen.

Kapitel 4

Schlichte Eleganz

Diese Bank haben wir in Guarda entdeckt. Gebaut hat sie der Schreiner Paul Bonorand etwa um das Jahr 1982. Der Hausbesitzer, der die Bank bei ihm bestellt hat, wünschte sich ein einfache Klappbank. Für den Klappmechanismus hat Paul Bonorand eine wunderbar elegante Lösung gefunden: Einen Holzzapfen, der in einer Bohrung steckt. (Mehr Informationen siehe S. 223.)

Einschätzung: Etwas anspruchsvoll, weil Zapfen und Bohrung passgenau gearbeitet werden müssen.

Konstruktion: Zwei parallel und senkrecht in den Boden eingegrabene Bretter tragen mittels aufgeschraubten Leisten die Sitzfläche und bilden gleichzeitig zwei schmale Armlehnen. An der hinteren Kante der Sitzfläche sind an jeder Seite zwei runde Zapfen ausgebildet. Diese Zapfen stecken jeweils in einer Bohrung der Seitenbretter und dienen als Scharnier. So lässt sich die Sitzfläche bei Bedarf hochklappen. Als Rückenlehne dient die Hauswand, vor der die Bank steht.

Stärken der Konstruktion: Die Bank bekommt Stabilität durch die in den Boden eingegrabenen Seitenbretter. Das unbehandelte Lärchenholz ist im Bergklima mit seiner geringen Luftfeuchte sehr lange haltbar und nahezu unverwüstlich. Zusätzlich kann an den leicht abgeschrägten Seitenteilen und der hochgeklappten Sitzfläche das Wasser gut ablaufen.

etwa 35 cm	Sitzhöhe
40 cm	Sitztiefe
192 cm	Sitzbreite
Baujahr	1982
Erbauer	Paul Bonorand
Ort	Guarda, CH
Datum	25.11.2017 AR

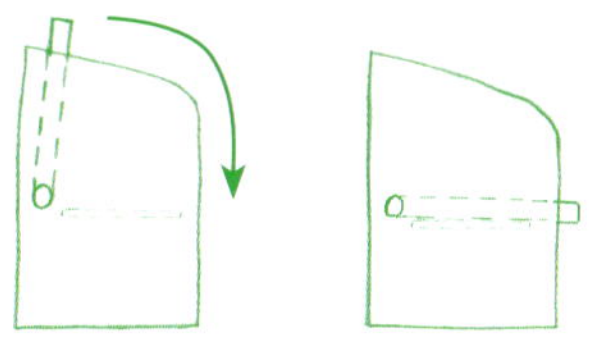

Werkzeug

Zollstock
Winkel
Säge
Stemmeisen
Knüpfel
Raspel
Feile
Schleifpapier
Forstner-Bohrer*
Bohrmaschine
Akkubohrschrauber
Spitzhacke
Spaten

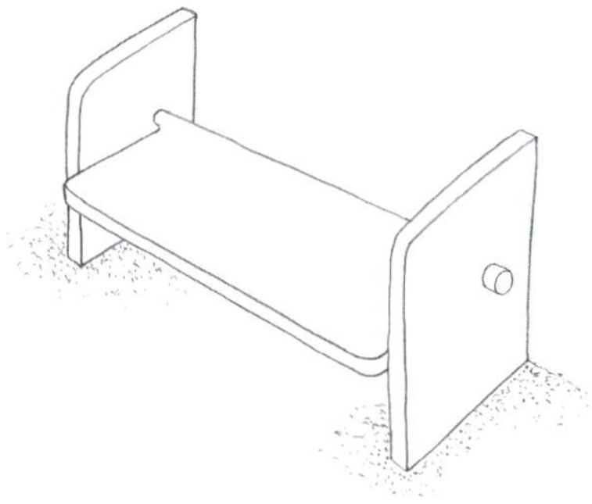

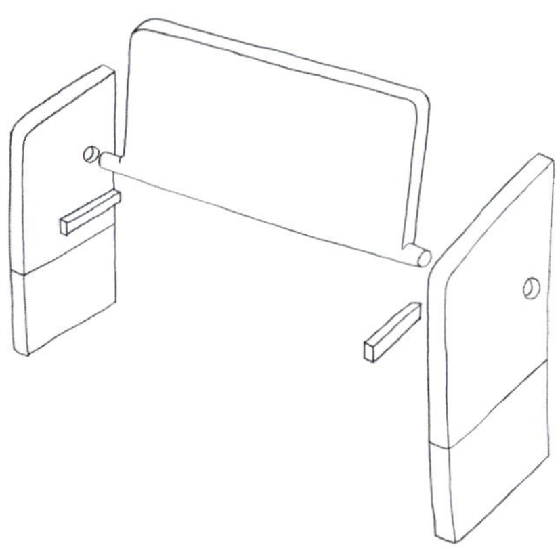

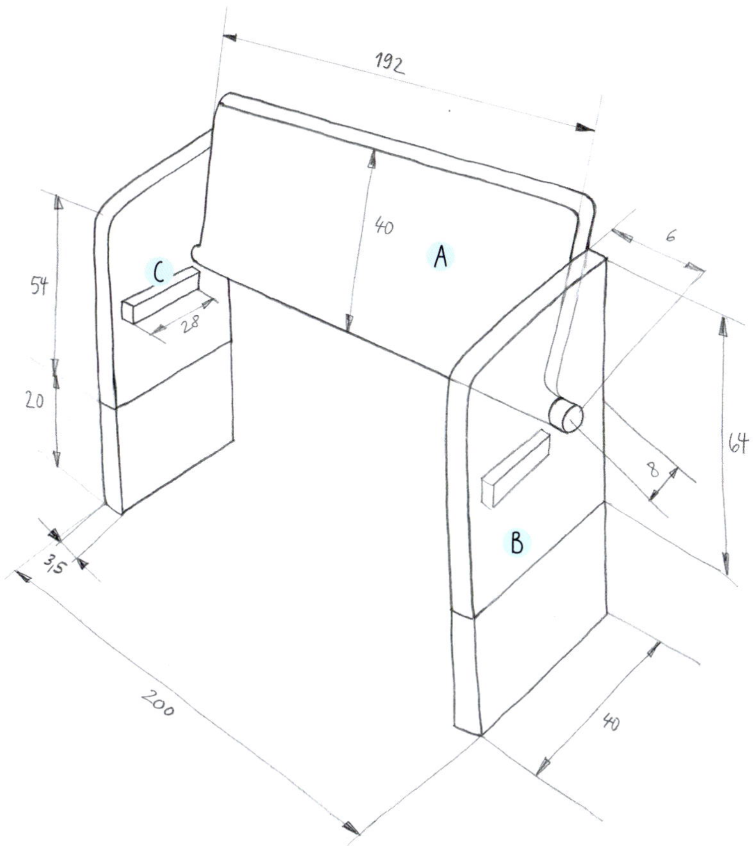

Bauen

- Etwa 6 cm lange Zapfen an der Sitzfläche ausarbeiten
- Oberkanten der beiden Seitenbretter, die späteren Armlehnen, leicht schräg absägen und Löcher für die Zapfen bohren
- Querleisten aufschrauben
- Am Standort im Boden etwa 20 cm tiefe Löcher für die Seitenteile ausheben, mit dem Zollstock Tiefe und Abstand der Löcher messen
- Seitenbretter in die Löcher stellen, Bank ausrichten, Löcher verfüllen
- Eventuell Seitenbretter nachjustieren und die Beweglichkeit der Sitzfläche prüfen

Material und Maße

Lärchenholz
A Sitzfläche: 1 Brett, 3,5 × 40 × 204 cm
B Seitenteile: 2 Bretter, 3,5 × 40 × 85 cm
C Auflage Sitzfläche: 2 Leisten, ca. 2 × 5 × 28 cm
Holzschrauben

Klappbank vor dem „Ustaria Crusch Alba"

Diese schlichte schöne Klappbank gehört zu dem Restaurant „Ustaria Crusch Alba" in Guarda. Sie ist aus Tannenholz gemacht und etwa zehn Jahre alt. Gebaut hat sie der Schreiner Jon Walter. Nach seiner Einschätzung hält sie mindestens noch 25 Jahre. Wenn das Restaurant geschlossen hat oder schlechtes Wetter ist, kann die Bank, wie eine Zugbrücke, einfach hochgeklappt werden.

Einschätzung: Relativ unkompliziert und schnell zu bauen.

Konstruktion: Die klappbare Sitzfläche wird von Sitzbankkonsolen getragen. Die Sitzbankkonsolen sind mit untergelegten Holzstücken, die optisch wie Rückenlehnenstützen anmuten, direkt an die Hauswand geschraubt. Auch die Rückenlehne ist direkt an die Hauswand geschraubt. Die Stabilität der Bank beruht auf der Stabilität der Sitzbankkonsolen und deren Verankerung in der Hauswand.

Stärken der Konstruktion: Unkompliziert und platzsparend. Das Hochklappen der Sitzfläche schützt diese vor Nässe und Verwitterung. Die Rückenlehne ist über die Stirnflächen der Rückenlehnenstützen gesetzt und schützt diese so vor eindringendem Wasser. An den abgerundeten Kanten kann das Wasser gut ablaufen.

45 cm	Sitzhöhe
40 cm	Sitztiefe
400 cm	Sitzbreite
Baujahr	2008
Erbauer	Jon Walter
Ort	Guarda, CH
Datum	25.11.2017 AR

Werkzeug

Winkel
Zollstock
Säge
Bohrmaschine
Schleifpapier
Raspel
Hobel
Wasserwaage

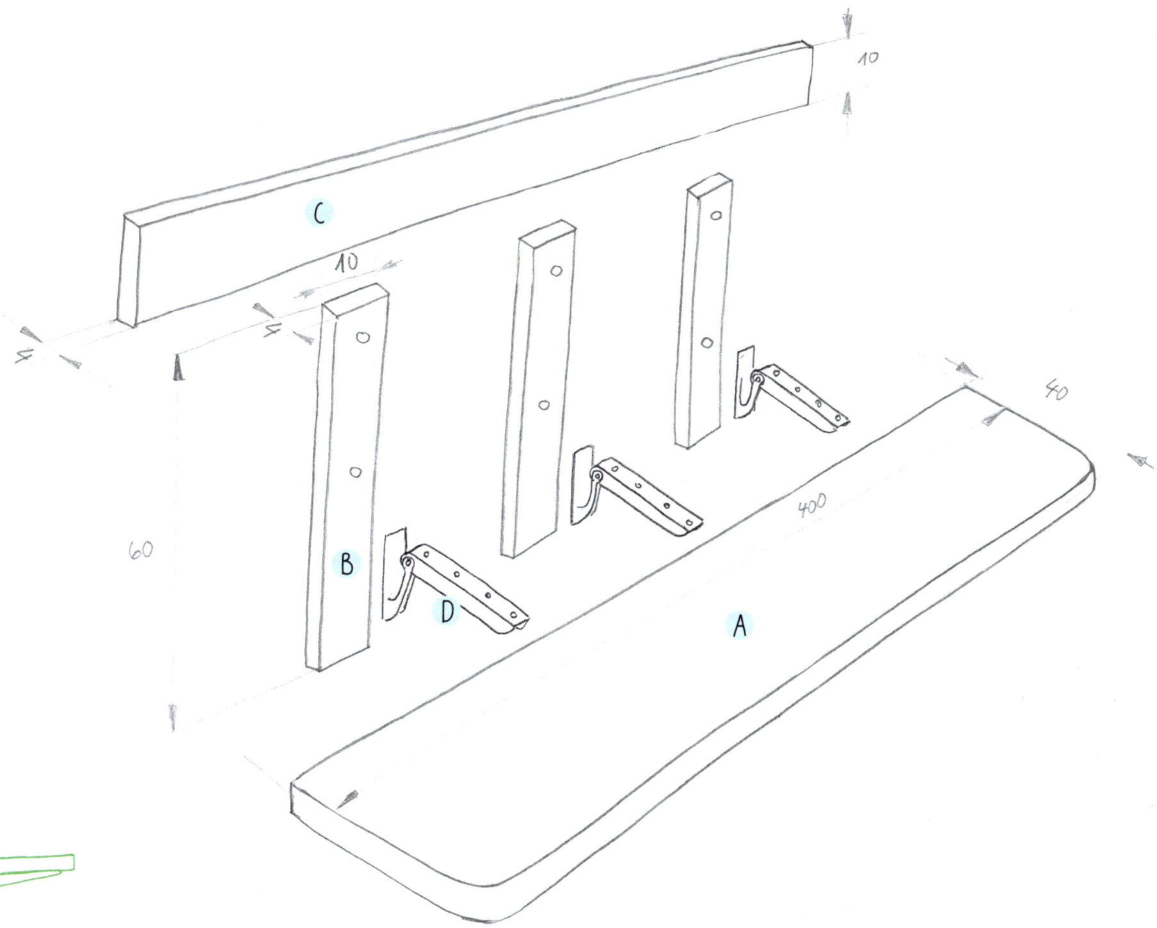

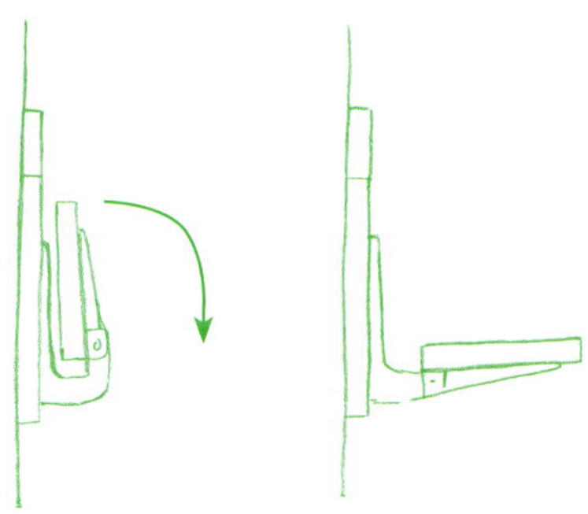

Bauen

- Ablängen des Sitzflächenbrettes, abrunden der vorderen Kanten an den Stirnflächen
- Zusägen der Rückenlehne und Rückenlehnenstützen, Kanten die später nicht an der Hauswand anliegen, fasen
- Sitzbankkonsolen auf die Rückenlehnenstützen und diese an die Hauswand schrauben, dabei Sitzhöhe beachten
- Rückenlehne direkt an die Hauswand schrauben
- Sitzfläche auf die Konsolen schrauben

Material und Maße

Tannenholz

A Sitzfläche: 1 Brett, ca. 4 × 40 × 400 cm
B 3 Rückenlehnenstützen: 3 Bretter, ca. 4 × 10 × 60 cm
C Rückenlehne: 1 Brett, ca. 4 × 10 × 400 cm
D 3 Sitzbankkonsolen (Hebgo)

Schrauben, Dübel

Bank an der Kette

Auf den ersten Blick erinnert diese Bank ein bisschen an eine Schaukel oder sogar an ein Kettenkarussell. Doch der Eindruck täuscht. Die klappbare Sitzfläche ist stabil und fest mit der Hauswand verbunden.

Einschätzung: Pfiffige Konstruktion, die einfach und ohne großen Materialaufwand zu bauen ist.

Konstruktion: Die Sitzfläche, zwei mit fünf Querleisten verbundene Bretter, ist an ihrer hinteren Kante mit zwei Scharnieren an die Hauswand geschraubt. An ihrer vorderen Kante wird sie mit Ringschrauben* von zwei Metallketten gehalten, die mit eingedübelten Sicherheitsschaukelhaken an der Hauswand befestigt sind.

Stärke der Konstruktion: Diese Bank ist keiner Kehrmaschine im Weg.

52 cm	Sitzhöhe
30 cm	Sitztiefe
270 cm	Sitzbreite
Baujahr	unbekannt
Erbauer	anonym
Ort	Berlin, Prenzlauer Berg, D
Datum	12.2.2018 AR

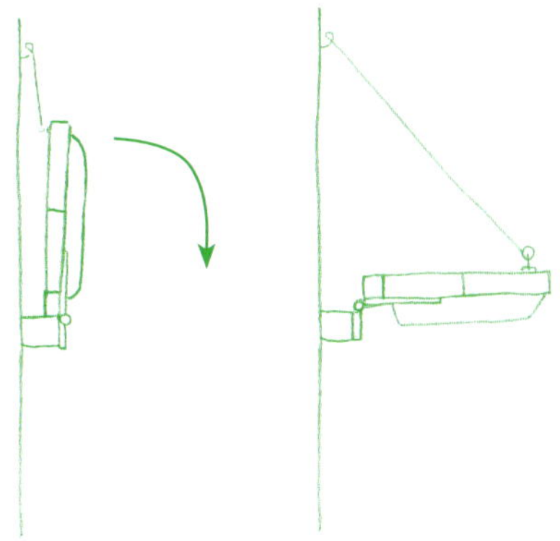

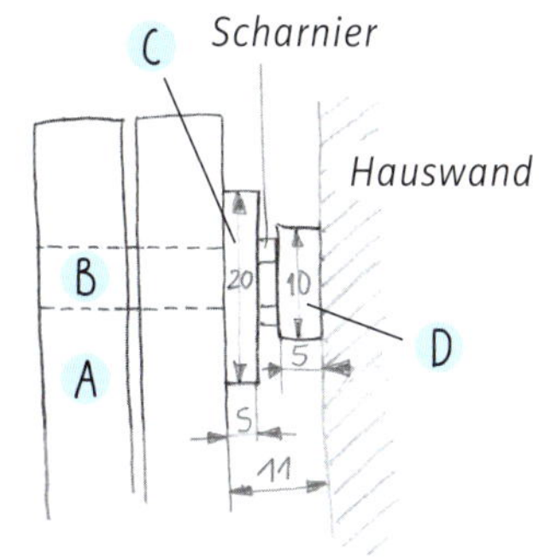

Detail Draufsicht
Sitzfläche

Werkzeug

Säge
eventuell Stichsäge
Bohrmaschine
Holz und Betonbohrer
Schleifpapier
Pinsel

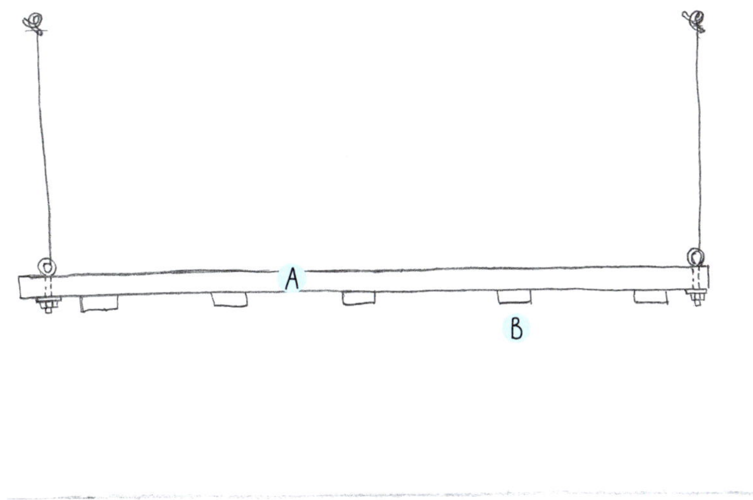

Vorderansicht

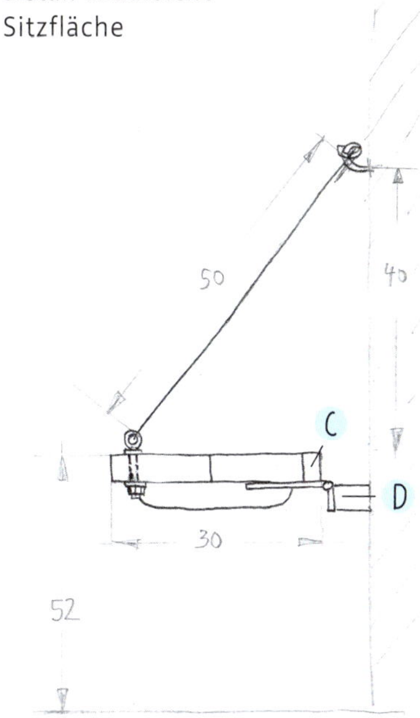

Seitenansicht

Bauen

- Sitzflächenbohlen und Leisten zusägen
- Kanten an den Stirnseiten der Querleisten abrunden
- Alle Flächen, die nach der Montage nicht mehr zugänglich sind, streichen
- Sitzflächenbohlen mit Querleisten verschrauben, Ringschrauben an der Vorderkante befestigen
- Scharniere auf die Abstandshalter-Leisten schrauben. Sie sollten mindestens genauso tief sein, wie die Sitzfläche dick ist
- Scharniere an die Hauswand schrauben, dabei Sitzhöhe beachten
- Sitzfläche an die Scharniere schrauben
- Sicherheitsschaukelhaken in die Wand dübeln, Metallketten einhängen und mittels Kettenschraubverbindern mit den Ringösen verbinden

Material und Maße

A Sitzfläche: 2 Bohlen, 5 × 14 × 270 cm
B Querleistenverstrebung Sitzfläche: 5 Latten, 4 × 6 × 27 cm
C hintere Kante Sitzfläche: 2 Leisten, 5 × 5 × 20 cm
D Abstandshalter Scharnier Hauswand: 2 Leisten, ca. 7 × 5 × 10 cm, 2 Sicherheitsschaukelhaken, 12 × 160 mm, mit passenden Dübeln, 2 Ringschrauben mit Unterlegscheiben und Muttern, 2 Metallketten, 50 cm lang, mit 2 Kettenschraubverbindern* (Rapidglied), Holzschrauben
Farbe (Grundierung und Acryllack für den Außenbereich)

Auf dem Gartenwerkzeug sitzen

Sie liegt nicht am Wasser, etwas abseits von der Touristenroute, und fällt nicht weiter auf: Die Frans Halsstraat im Stadtteil Pijp. Ein Bankbiotop. Man lebt hier gern, nicht protzig, aber gut und engagiert. Jan Peter wohnt unterm Dach. Er öffnet die Tür, breitet die Arme aus und sagt: „Die Bank hat mein Leben verändert." Dann setzt er seinen Hut auf, nimmt mir die Tasche ab und wir gehen hinaus in die eiskalte Morgenluft. Die Bank, eine riesige Kiste, steht vorm Fenster von Nachbarin Myrrdin. Jan Peter klappt den Deckel auf: Gießkanne, Schaufel, Besen, Harke, Hundeabfalltüten und Vogelfutter. Erst sollte nur eine neue Bank kommen, um in der Sonne zu sitzen. Dann hat das Projekt Fahrt aufgenommen. Vier Nachbarn haben sich gefunden und eine Initiative gegründet, um vorhandenes Grün zu pflegen und Neues anzulegen. Schnell kam eine Regenwurmkiste, in der der kompostierbare Müll der Nachbarschaft gesammelt wird, hinzu. Das hat andere begeistert und Kreise gezogen: Ein Pilotprojekt, Verein mit Website, Jan Peter landesweit in der Zeitung. Dann tippeln wir auf der vereisten Straße weiter zu den Pflanzkübeln, recycelt aus der alten Rasenkantenabdeckung vom Museumsplein. Die Bank, der Katalysator, ist Treffpunkt und Geräteschuppen. „Jetzt kenne ich alle Nachbarn, das ist jetzt meine Straße, viel hat sich getan", sagt Jan Peter. Die Bank war nur der Anfang. (Mehr Informationen siehe S. 223.)

Einschätzung: Die vorstehenden Ecken an der Vorderseite erfordern beim Ausmessen und Zusägen der Teile etwas Vorstellungsvermögen und Konzentration.

Konstruktion: Die stabile Kiste ohne Boden steht direkt auf den Pflastersteinen. Der klappbare Deckel dient als Sitzfläche. Jeweils zwei übereinanderliegende Kiefernbohlen bilden die Längsseiten der Kiste. Die Querseiten werden von drei auf ihren Stirnseiten stehenden Bohlenstücken gebildet. Ein auf jeder Innenseite aufgeschraubter Leistenrahmen verbindet die Bohlen und die einzelnen Seitenteile miteinander und dient gleichzeitig als Auflage für den Deckel der Kiste. Dieser besteht aus drei Kiefernbohlen und wurde von der Innenseite ebenfalls mit einem Leistenrahmen verstärkt. Zwei Scharniere verbinden den Deckel mit der Kiste. Die vordere Längsseite der Kiste ist nach innen gerückt und an den überstehenden Querseiten sind verstärkte Ecken ausgebildet.

Stärken der Konstruktion: Die vorstehenden Ecken verleihen den vorderen Eckverbindungen zusätzliche Stabilität. Von außen sind in Front und Sitzfläche keine Schraubenköpfe sichtbar.

43,2 cm	Sitzhöhe
53,4 cm	Sitztiefe
229 cm	Sitzbreite
Baujahr	2013
Erbauer	Patrick Jongeren
Auftraggeber	Peter Jan, Wienik, Myrddin
Ort	Amsterdam, NL
Datum	28.2.2018 SR

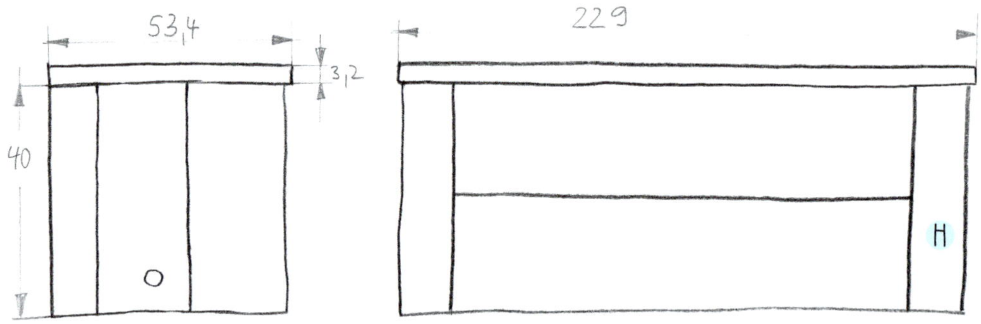

Seitenansicht Vorderansicht

Werkzeug

Zollstock
Winkel
Tischkreissäge
Akkubohrschrauber
Schleifmaschine

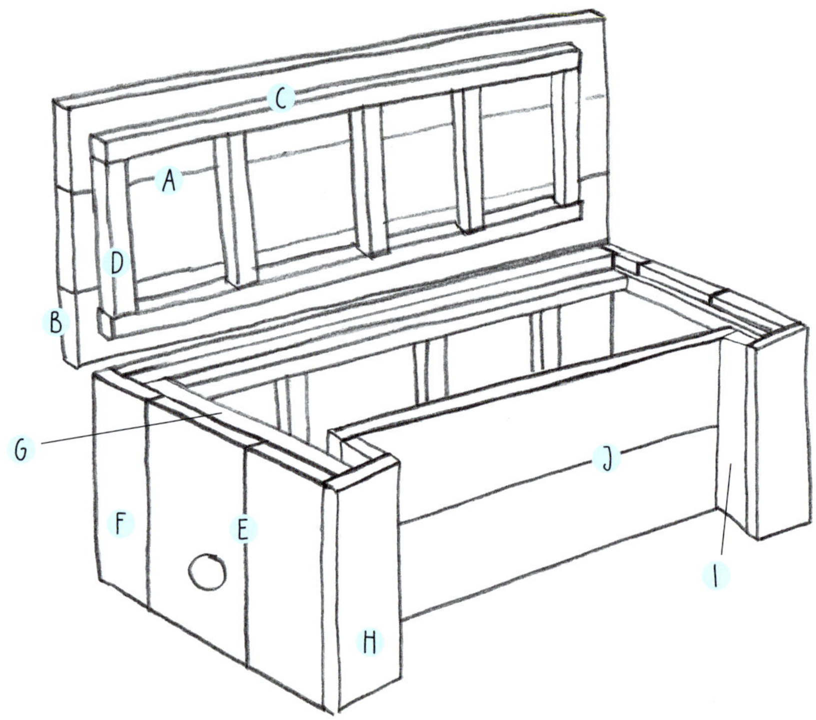

Material und Maße

Kiefernbohlen und Kiefernleisten

Deckel:
- A 2 Bohlen, 3,2 × 20 × 229 cm
- B 1 Bohle, 3,2 × 13,4 × 229 cm
- C 2 Leisten, 4,5 × 4,5 × 222 cm
- D 5 Leisten, 4,5 × 4,5 × 30 cm

zwei Querseiten mit je:
- E 2 Bohlen, 3,2 × 20 × 40 cm
- F 1 Bohle, 3,2 × 10 × 40 cm
- G 2 Leisten, 4,5 × 4,5 × 42,3 cm

für die zwei vorderen Ecken je:
- H 1 Brett, 3,2 × 11 × 40 cm
- I 1 Brett, 3,2 × 4,5 × 40 cm

vordere Längsseite:
- J 2 Bohlen, 3,2 × 20 × 213,6 cm
- K 2 Leisten, 4,5 × 4,5 × 213,6 cm
- L 3 Leisten, 4,5 × 4,5 × 26,5 cm

hintere Längsseite:
- M 2 Bohlen, 3,2 × 20 × 222,6 cm
- N 2 Leisten, 4,5 × 4,5 × 222,6 cm
- O 3 Leisten, 4,5 × 4,5 × 26,5 cm

2 Scharniere,
Holzschrauben,
Ösenplatte,
Riegel,
Sicherheitsschloss

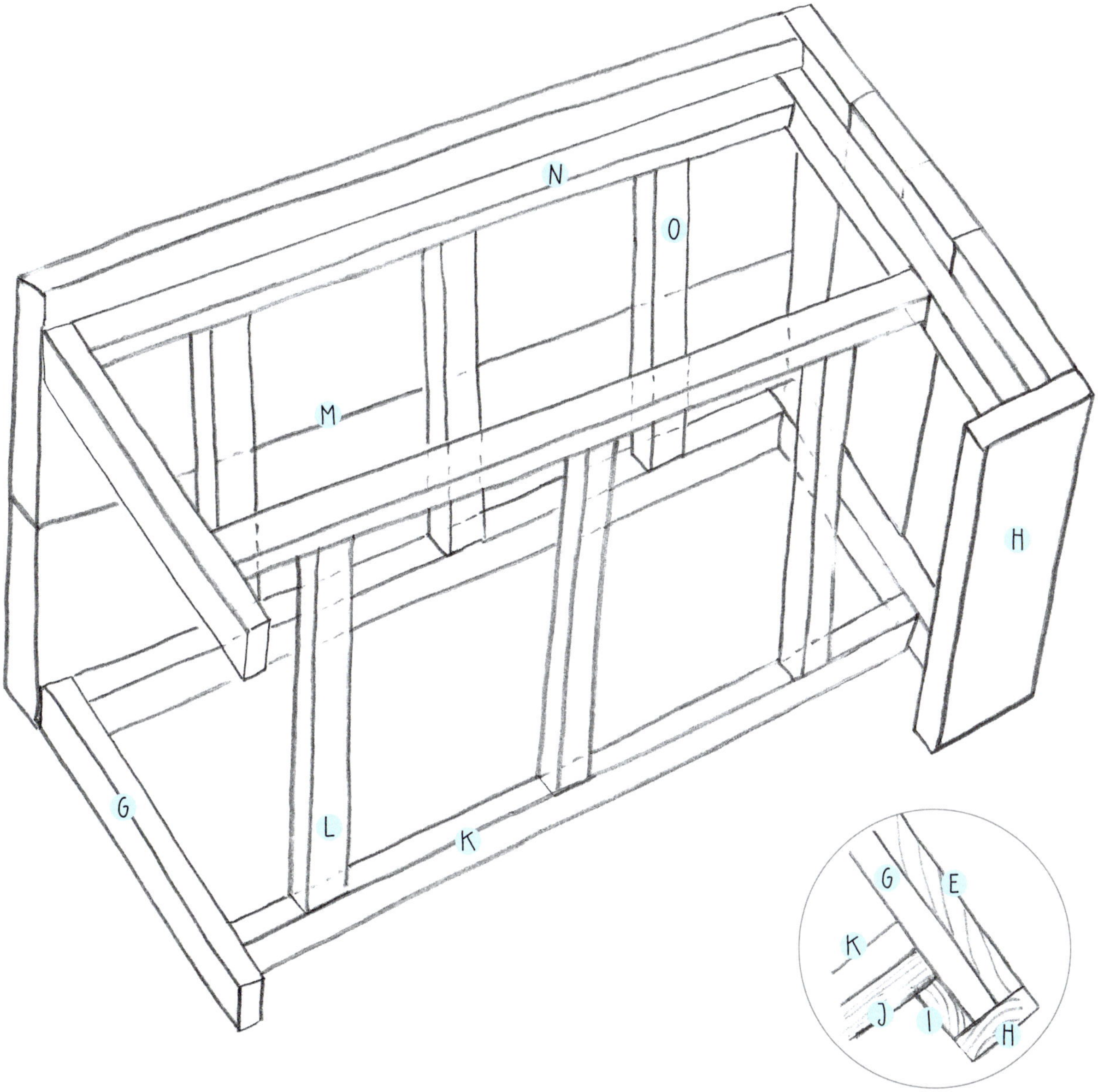

Bauen

- Ausmessen und zusägen der Bretter für die langen und kurzen Seitenteile der Kiste
- Ausmessen und zusägen der inneren Leisten
- Jedes Seitenteil mit den entsprechenden Leisten verstärken und die Seitenteile mit den Leisen nach innen aufstellen
- Seitenteile an den Ecken verschrauben
- Bretter und Leisten für den Deckel ausmessen, zusägen und verschrauben
- Deckel und Kiste mit Scharnieren verbinden
- An einer Seitenfläche ein Loch zur Belüftung der Kiste bohren
- Ösenplatte und Riegel für das Sicherheitsschloss anbringen und Sitzfläche schleifen

Hinweis: Soll auch Saatgut oder Vogelfutter in der Kiste gelagert werden, bietet es sich an, das seitliche Lüftungsloch mit einem Drahtgitter zu sichern.

Mennos Bänke

Die Van Woustraat ist eine Durchgangsstraße mit wechselnden Imbissen und Läden, keine Einkaufsmeile, der Gehweg schmal, viel Verkehr. Laufkundschaft. Hier hat Menno eine Klappbank gebaut, 100 Meter weiter eine zweite. Dazwischen liegt sein Leben. Bei der ersten Bank, er baute sie mit Zapfenverbindungen, hatte er auf dem Dachboden noch eine komplette Holzwerkstatt, mit Kreissäge und Fräsmaschine. Das robuste Tropenholz, Keruing, war Abrissbeute, als das Olympiastadion 1995 umgebaut wurde. Vielleicht haben die Bretter die Olympiade von 1928 miterlebt, sicherlich aber Johan Cruyff Tore schießen sehen. Das Holz hält, von der Zuschauertribüne zur Kaffeehausbank, immer draußen, immer Publikum. Dann wollte der Café-Besitzer lieber Stühle. Die Bank ging zurück an Menno, bis der Kiosk nebenan sie übernahm. Dort verkauft man jetzt auch Kaffee. Aber die Bank zieht die Gäste an. Mehr als 20 Jahre später will ein neuer Restaurantbesitzer unweit vom Kiosk auch eine Klappbank. Sie wird auf der Straße schnell und roh gebaut. Aus Abfallholz. Alles geschraubt, die Verbindungen mit bewusst zu langen Schrauben, der Überstand wird mit einem Winkelschleifer gekürzt. Das hinterlässt Rillen in der Sitzfläche. Menno zuckt mit den Schultern, Hauptsache, man kann sitzen, das sind Straßenmöbel von der Straße für die Straße.

Einschätzung: Unkompliziert und schnell zu bauen, die Montage der Sitzfläche an der Wandhalterung gelingt besser mit einem Helfer.

Konstruktion: Die Halterung ist ein an die Wand geschraubtes Brett. Auf diesem sind zwei weitere Bretter aufgeschraubt, um genügend Abstand für die eingeklappten Beine von der Hauswand zu bekommen. Die Sitzfläche ist mit Scharnieren an der Halterung befestigt. Die Beine sind mit Scharnieren unter die Sitzfläche geschraubt.

50 cm	Sitzhöhe
37 cm	Sitztiefe
287 cm	Sitzbreite
Baujahr	2013
Erbauer	Menno Oosterhof
Ort	Amsterdam, NL
Datum	4.4.2018 SR

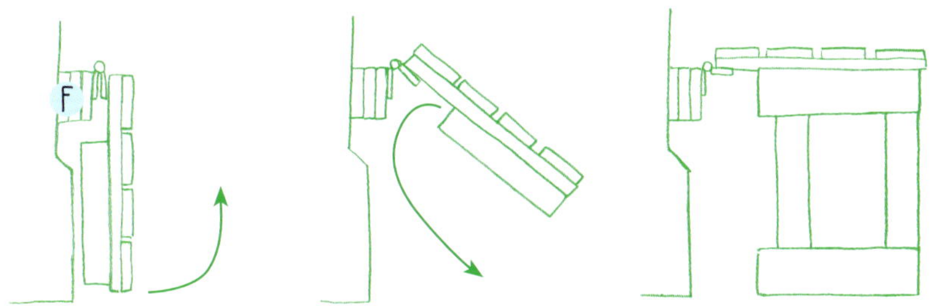

Werkzeug

Meterstab
Winkel
Säge
Akkubohrschrauber
Bohrmaschine
Hobel oder Schnitzmesser zum Fasen der Kanten
Schleifpapier
Pinsel oder Farbroller

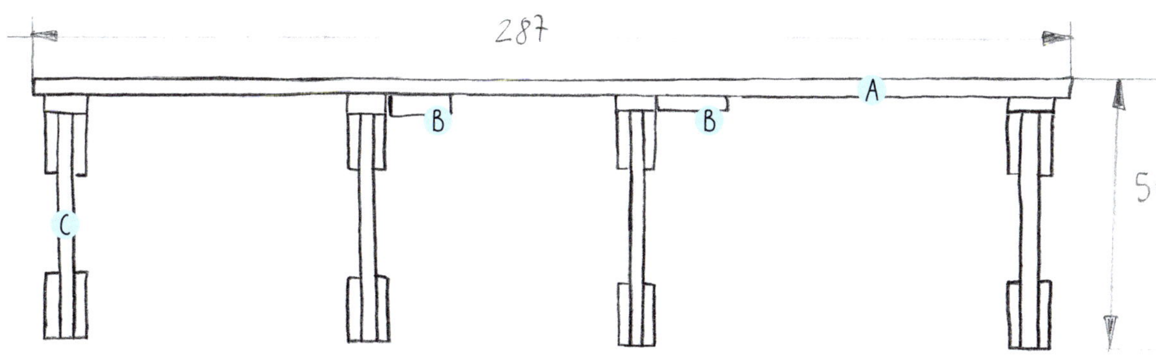

Vorderansicht

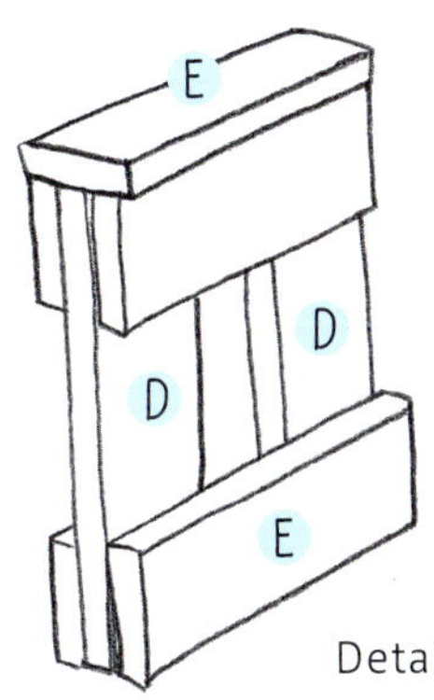

Detail Bein

Bauen

- Ablängen der Bretter
- Bei den Sitzflächenbrettern Kanten fasen
- Bretter schleifen und streichen
- Sitzflächenbretter auf die Querstreben schrauben
- Für die Beine jeweils zwei Bretter beidseitig mit einer Querstrebe oben und unten verschrauben
- Jeweils ein Bein mit zwei Scharnieren von unten an die Sitzfläche schrauben
- 1 Brett für die Wandbefestigung an die Hauswand dübeln, die beiden anderen Bretter auf dieses Brett aufschrauben
- Sitzfläche mit vier Scharnieren an die Wandhalterung schrauben

Material und Maße

Keruing
A Sitzfläche: 4 Bretter, 2 × 8,5 × 287 cm
B Querstreben Sitzfläche: 2 Bretter, 2 × 8,5 × 37 cm
C Beine:
  D 8 Bretter, 2 × 8,5 × 44 cm
  E 20 Bretter, 2 × 8,5 × 20 cm
F Wandbefestigung: 3 Bretter, 2 × 8,5 × 287 cm
mit dazu passenden Schrauben:
12 Scharniere, 4 für die Sitzfläche, 8 für die Beine
Holzschrauben 5 × 70 und passende Dübel für die Wandbefestigung
Farbe

Einschätzung: Die Zapfenschlitze und Ausklinkungen an den Beinpaaren erfordern etwas handwerkliche Erfahrung und das entsprechende Werkzeug. Menno hat dafür eine Fräsmaschine verwendet.

Konstruktion: Die Sitzfläche besteht aus drei Brettern, die durch drei Querstreben miteinander verbunden sind. Die Sitzfläche ist mit Scharnieren an der Wandhalterung befestigt. Diese besteht aus zwei Kanthölzern, die aufeinander an die Hauswand geschraubt sind. Gestützt wird die Sitzfläche von drei Beinpaaren. Ein Beinpaar besteht aus einem Vorder- und einem Hinterbein. Sie sind an ihrem oberen Ende durch eine mit Zapfenschlitz eingesetzte Querzarge und im unteren Teil durch zwei beidseitige Querleisten verbunden. Die Beinpaare sind mit jeweils zwei Scharnieren an der Sitzfläche befestigt.

Bauen

- Sitzflächenbretter und Querstreben für die Sitzfläche ablängen
- Kanten der Sitzflächenbretter fasen
- Sitzflächenbretter auf den Querstreben ausrichten, mit Schraubzwingen fixieren und Löcher für die Schlossschrauben bohren
- Sitzflächenbretter und Querstreben mit Schlossschrauben verschrauben
- Kanthölzer, Bretter und Leisten für die Beine ablängen
- Zapfenschlitze und Ausklinkungen an den Kanthölzern für die Beine ausarbeiten, jeweils zwei Beine mit Querzargen oben und beidseitigen Querstreben unten zu einem Beinpaar verleimen und verschrauben
- Jeweils mit zwei Scharnieren Beinpaare von unten an die Sitzfläche schrauben

48,6 cm	Sitzhöhe
38 cm	Sitztiefe
216 cm	Sitzbreite
Baujahr	1996
Erbauer	Menno Oosterhof
Ort	Amsterdam, NL
Datum	4.4.2018 SR

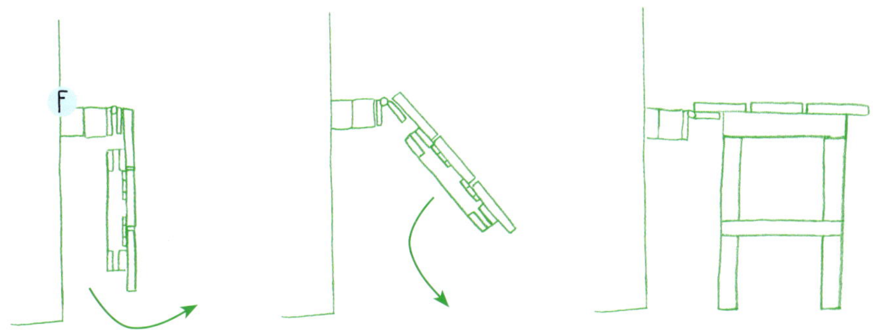

Werkzeug

Meterstab
Winkel
Kreissäge
Oberfräse
Hobel
Bohrmaschine
Akkubohrschrauber
Schraubzwingen
Betonbohrer
Holzbohrer
Maulschlüssel

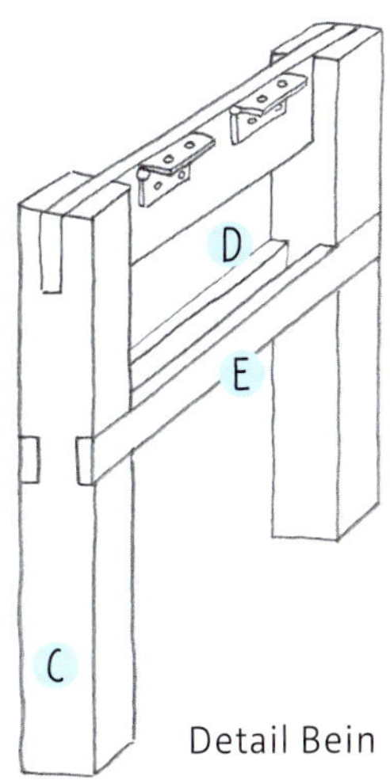

Detail Bein

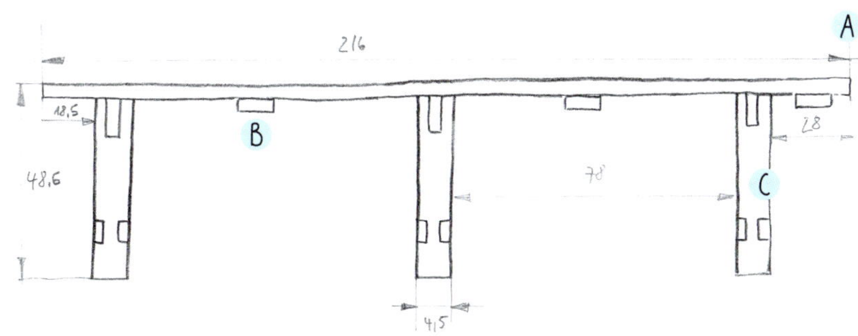

Vorderansicht

- Bolzenriegel* – mit ihnen werden die aufgeklappten Beine arretiert – an die Beinpaare schrauben und Aufnahmeloch für den Riegel in die Sitzfläche bohren
- Kugelschnäpper – sie halten die eingeklappten Beine in Position – an die Sitzfläche und das Beinpaar schrauben
- Ein Kantholz für die Wandbefestigung an die Hauswand schrauben, das zweite Kantholz auf dieses aufschrauben. Nach Mennos Erfahrung ist es leichter, ein Brett an die Wand zu schrauben und auf dieses so viele Bretter aufzuschrauben, bis die nötige Stärke erreicht ist, die genügend Abstand von der Hauswand und damit Platz für die eingeklappten Beine garantiert
- Sitzfläche mit Scharnieren an die Wandbefestigung schrauben, dies gelingt besser mit einem Helfer

Material und Maße

Keruing

A Sitzfläche: 3 Bretter, 2,6 × 12 × 216 cm
B Querstreben Sitzfläche: 3 Bretter, 2,6 × 12 × 35 cm
C Beine: 6 Kanthölzer, 4,5 × 4,5 × 46 cm
D obere Querzarge Beine: 3 Bretter, 2 × 6 × 30 cm
E untere Querstreben Beine: 6 Leisten, 1,5 × 3 × 30 cm
F Wandhalterung : 2 Kanthölzer, 1 × 4,5 × 6 × 216 cm und 1 × 3,5 × 5 × 216 cm

9 Scharniere (3 davon für die Sitzfläche, jeweils 2 für jedes Beinpaar)
3 Kugelschnäpper* (jeweils 1 für jedes Beinpaar)
3 Bolzenriegel* (jeweils 1 für jedes Beinpaar) , mit ihnen werden die aufgeklappten Beine arretiert), Holzschrauben
9 Schlossschrauben mit Unterlegscheiben und Muttern

Ninette

Die Katze schläft, schwarze Fahrräder stehen an der Hauswand. Da zeigen zwei schlanke Klappbänke mit bunten Blumenkissen, dass hier mehr ist. Versteckt im Souterrain befindet sich der Frühstücksraum des B&B von Paul und Ninette. Passanten schlendern vorbei, kraulen die Katze und setzen sich kurz, andere sind hektischer, für sie ist die Bank der rettende Hafen, wo übervolle Einkaufstüten neu sortiert werden. Paul wollte eine Bank für seine Gäste. Gebaut wurde sie aus Abfallholz vom Container um die Ecke, weil es schade ist, gutes Holz wegzuwerfen. Die Straße ist ruhig. Passanten, Gäste und Nachbarn lieben den stillen Platz. Nur nachts wird die Bank weggeklappt. Sie ist zu verlockend, um zu feiern, wenn andere ihre Ruhe wollen.

Einschätzung: Die Bank lässt sich schnell und ohne Aufwand aus Recyclingholz bauen, die Befestigung an der Wand gelingt leichter mit einem Helfer.

Konstruktion: Die klappbare Sitzfläche ist mit Hilfe von Scharnieren mit einer an die Hauswand geschraubten Leiste verbunden. An den Querstreben der Sitzfläche sind mit Scharnieren die ebenfalls klappbaren Beine befestigt.

Stärke der Konstruktion: Die aufgesetzten Dreiecke und Dreiecksleisten lassen bei der hochgeklappten Bank das Niederschlagswasser schnell ablaufen.

44 cm	Sitzhöhe
33,5 cm	Sitztiefe
200 cm	Sitzbreite
Baujahr	2014
Entwurf	Paul V.
Ort	Amsterdam, NL
Datum	4.4.2018 SR

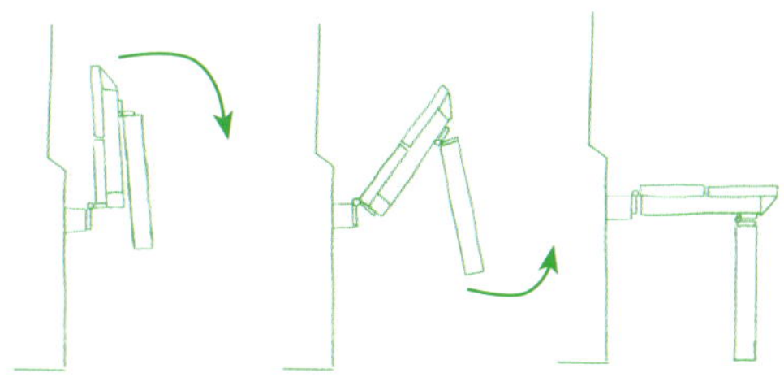

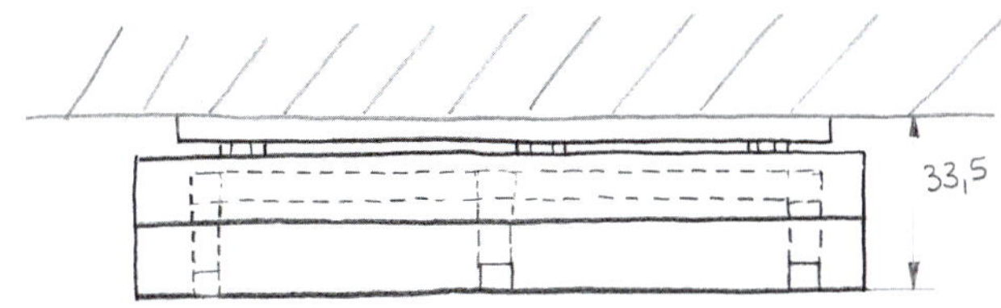

Draufsicht Sitzfläche

Werkzeug

Zollstock
Winkel
Säge
Bohrmaschine oder leistungsstarker Akkubohrschrauber
Wasserwaage
Schleifpapier
Pinsel

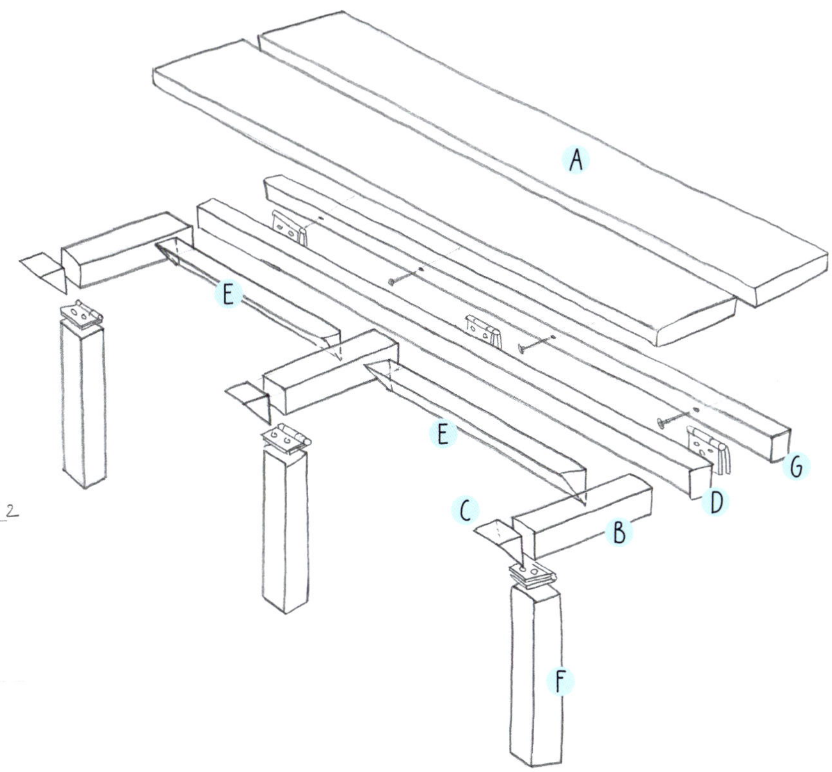

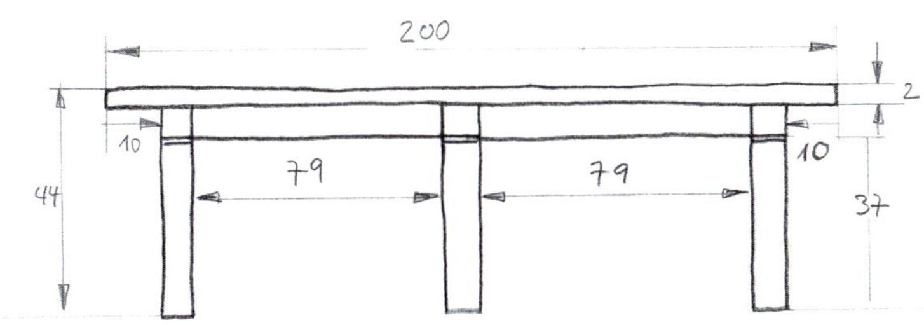

Vorderansicht

Bauen

- Alle Teile zusägen
- Sitzflächenbretter mit Querstreben verschrauben, anschließend die Längsstrebe aufschrauben
- Sitzfläche mit drei Scharnieren mit Kantholz für die Wandbefestigung verschrauben
- Kantholz mit einem Helfer an die Hauswand schrauben
- Beine mit Scharnieren an die Querstreben schrauben
- Dreiecksleisten für besseren Wasserablauf aufleimen
- Bei Bedarf Sitzfläche schleifen und Oberfläche behandeln
- Eine Ösenschraube mit Ring in eine Querstrebe drehen, eine Ösenschraube mit Ring in der Hauswand verankern (so kann mit einem Sicherheitsschloss durch beide Ringe die hochgeklappte Bank gesichert werden)

Material und Maße

Recyclingholz
A Sitzfläche: 2 Bretter, 2 × 13,5 × 200 cm
dazu 3 Scharniere und passende Schrauben
B Querstreben Sitzfläche: 3 Kanthölzer, 4,5 × 7 × 25,5 cm
C Wasserablauf: 3 Dreiecke, 4,5 × 4,5 × 7 cm
D Längsstrebe Sitzfläche: 1 Kantholz, 4,5 × 7 × 180 cm
E Wasserablauf: 2 Dreiecksleisten, 4,5 × 4,5 × 79 cm
F Beine: 3 Kanthölzer, 4,5 × 7 × 37,5 cm
dazu 3 Scharniere und passende Schrauben
G Wandbefestigung: 1 Kantholz, 4,5 × 6,5 × 180 cm
dazu 4 Tellerkopfschrauben und passende Dübel
2 Ösenschrauben mit Ring, Sicherheitsschloss
Holzschrauben, D4-Holzleim, Oberflächenbehandlung

Ninette

Bank statt Balkon

An der Da Costakade in Oud-West blickt man von den Bänken aus auf eine Brücke, die sich über eine Gracht wölbt. Sjaak wohnt in einem kleinen Dorf. Für das Interview kommt er am Wochenende mit seiner Frau extra nach Amsterdam. Er ist als kleiner Bauunternehmer viel beschäftigt. Die beiden verbinden unser Treffen mit einem Familienbesuch. Die Bänke hat er für seine Tochter gebaut, die damals in einer heiteren Studenten-WG lebte. Fünf Mädchen, aber kein Garten und kein Balkon. Die Sonne vorm Haus. Die Mädchen mussten und wollten hinaus vor die Tür. Sjaak, Handwerkersohn und Unternehmer, entwirft, plant und baut. Er mag das pure Holz und wollte für seine Tochter etwas Besonderes. Sekundenschnell skizziert er in einer druckreifen Bauzeichnung die Konstruktion. Seine Frau weist auf die roten Farbstriche hin, das Logo, handsigniert für die Tochter.

Einschätzung: Die Ausklinkungen am hinteren Sitzbrett und die Bohrungen für das Scharnier, den Metallbolzen, müssen exakt gearbeitet sein, damit der Klappmechanismus gut funktioniert.

Konstruktion: Zwei freistehende Klappbänke. In die Erde eingegrabene Seitenteile sind zusätzlich mit der Hauswand verkeilt und mit dem Bordstein verschraubt. Als Scharnier dienen zwei Metallbolzen, die auf jeder Seite in mit Lochplatten gesicherten Bohrungen in den Querstreben und Seitenteilen sitzen.

Stärken der Konstruktion: Das für die Seitenteile, Querstreben und das Keilbrett verwendete Tropenholz ist sehr fest und witterungsbeständig. Die Konstruktion gründet clever auf privaten Grund und ragt nur ausgeklappt in den öffentlichen Raum.

46 cm	Sitzhöhe
50 cm	Sitztiefe
120 cm	Sitzbreite
Baujahr	2013
Erbauer	Sjaak Tebbens
Ort	Amsterdam, NL
Datum	21.4.2018 SR

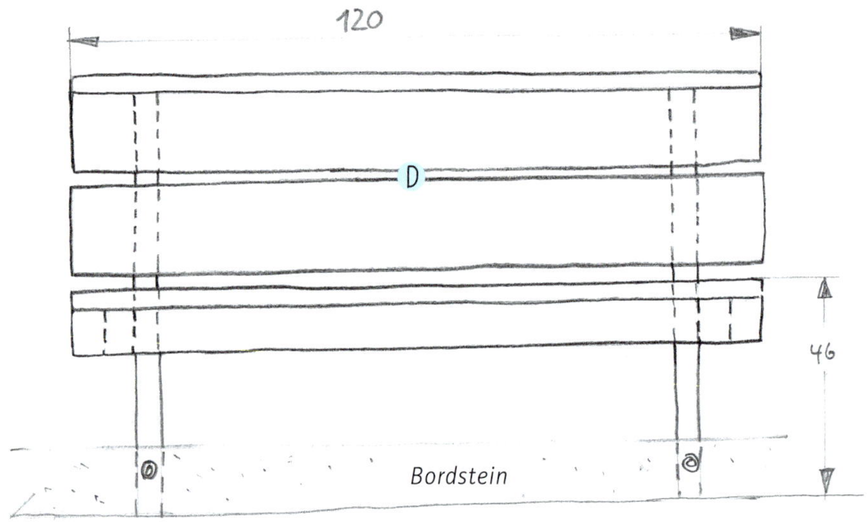

Vorderansicht

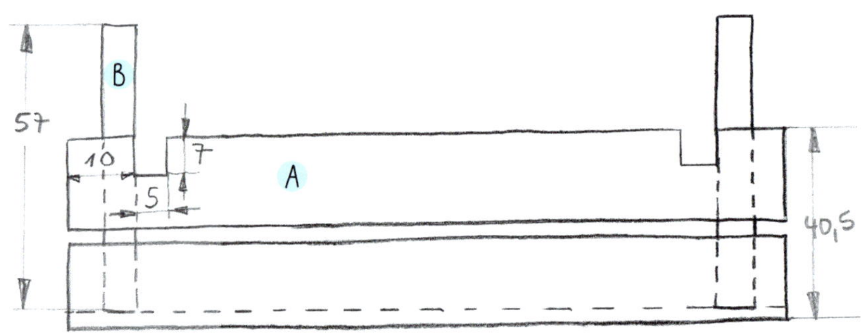

Draufsicht Sitzfläche

Werkzeug

Zollstock
Kappsäge
Stichsäge oder Stemmeisen und Knüpfel
Bohrmaschine
Steinbohrer
Schleifmaschine
Schraubzwingen
Hammer
Spitzhacke
Spaten

Bauen

- Ablängen aller Bretter für Sitzfläche und Rückenlehne
- Anreißen und zusägen der Seitenteile und Querstreben
- Loch für den Metallbolzen jeweils in die vorderen Seitenteilbretter und Querstreben bohren, die Metallplatten aufschrauben
- Beide Bretter der Seitenteile verleimen
- Ausklinkung für Seitenteile aus hinterem Sitzbrett ausarbeiten
- Sitzflächenbretter auf die Querstreben schrauben
- Am Standort für jedes Seitenteil ein etwa 50 cm tiefes Loch von der Bordsteinkante bis zur Hauswand ausheben, beim Abstand zwischen den Seitenteilen etwas zugeben, damit die Seitenteile zum Einhängen der Metallbolzen verschoben werden können
- Ein Seitenteil ins Loch stellen, sodass es auf der Bordsteinkante aufsitzt, und mit Schraubzwingen fixieren
- Metallbolzen in eine Querstrebe stecken und diese damit in das fixierte Seitenteil einhängen
- Zweites Seitenteil in das ausgehobene Loch stellen und so verschieben, dass die zweite Querstrebe mit dem Metallbolzen eingehangen werden kann
- Seitenteil ausrichten und die Gängigkeit des Scharniers prüfen, eventuell nachjustieren. Wenn alles passt, Seitenteil mit Schraubzwinge am Bordstein fixieren
- Von vorne durch den Bordstein und das Seitenteil bohren und beide verschrauben
- Keilbrett zwischen Hauswand und Seitenteil klemmen, Boden wieder auffüllen und verdichten
- Rückenlehnenbretter aufschrauben und vordere Zarge und obere Blende verschrauben
- Bei Bedarf Rückenlehne und Sitzfläche schleifen (bei der abgebildeten Bank bleibt das Holz unbehandelt)

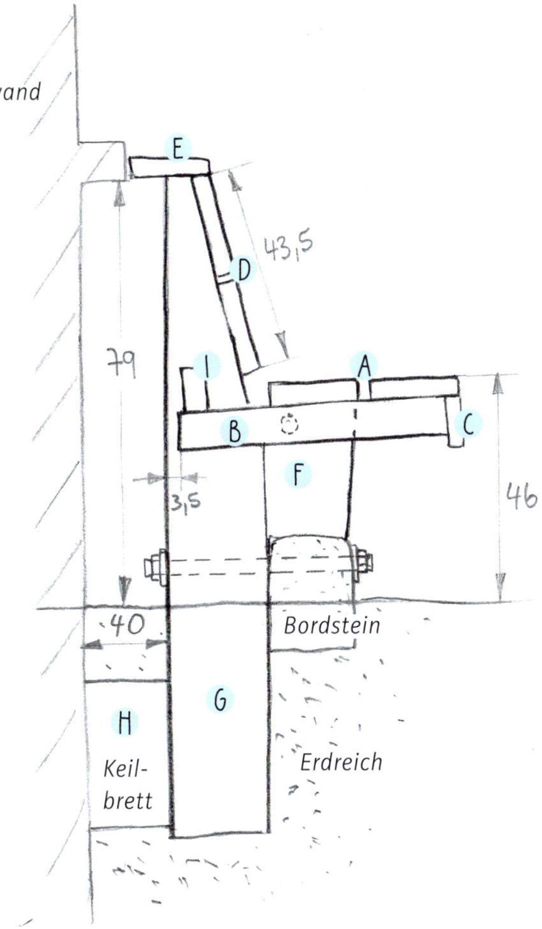

Seitenansicht

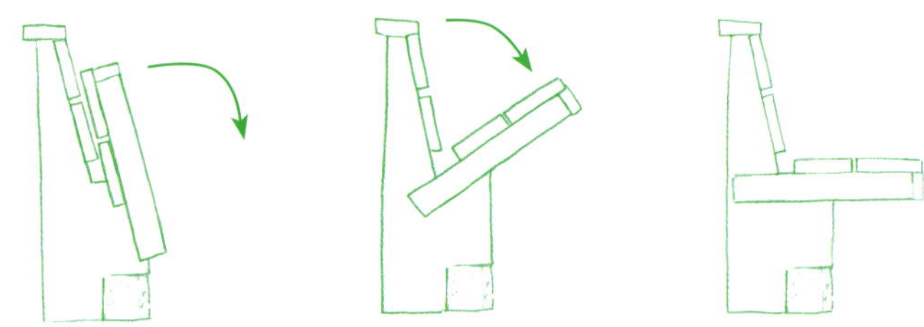

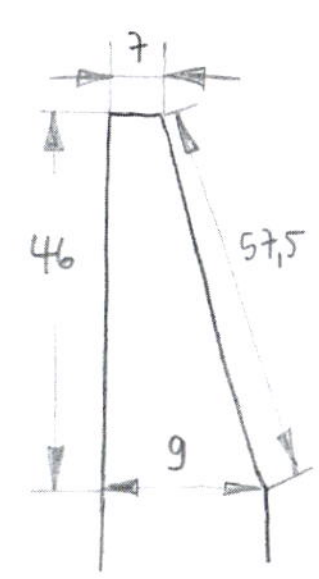

Detail Rückenlehne

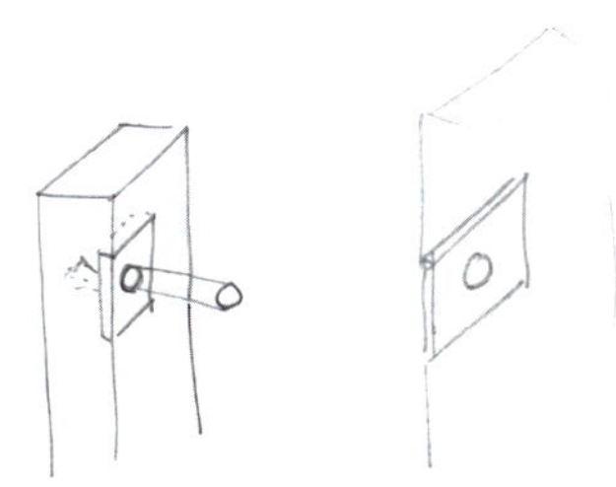

Detail Metallbolzen
(Skizze von Sjaak)

Material und Maße

Tropenholz Bankirai

A Sitzfläche: 2 Bretter, 3,2 × 19,5 × 120 cm
B Querstreben Sitzfläche: 1 Kantholz, 4,2 × 9 × 57 cm
C vordere Zarge Sitzfläche: 1 Brett, 3,2 × 10 × 120 cm
D Rückenlehne: 2 Bretter, 3,2 × 19,5 × 120 cm
E obere Blende: 1 Brett, 3,2 × 19,5 × 120 cm

2 Seitenteile, pro Seite:

F 1 Brett, 4,2 × 14 × 31 cm
G 1 Brett, 4,2 × 14 × 130 cm
H Keilbrett zwischen Bordsteinkante und Hauswand: 4,2 × 40 × 45 cm
I Anschlag Sitzfläche: 2 Stücke Sägerest, etwa 10 × 4 × 7 cm

PU-Leim, Holzschrauben, 8 Sechskant-Holzschrauben, 2 Schrauben M16 mit passenden Muttern und Unterlegscheiben, 24 cm lang,
2 Metallbolzen, dazu je 2 Metallplatten mit passender Bohrung als Scharnier

Koekkoek

Im Stadtviertel Pijp, in einer kleinen Seitenstraße, schmiegt sich die Bank fast unauffällig an die Hauswand. Sie wird ausgeklappt, wenn Didi und ihre Familie, Mann Andrew, die Kinder Goof und Kick, in der Sonne sitzen und ihre Nachbarn treffen wollen. Dann genießen sie das Straßenleben, die Geselligkeit der Nachbarschaft, schwatzen und beobachten die Vorbeigänger. Gleichzeitig hält die Bank, besser als das kleine Schild, davon ab, sein Fahrrad auf dem „Koekkoek" zu parken. „Koekkoek" heißt der in Amsterdam typische Lichtschacht für das dahinterliegende Souterrain. Bei Didi ist es das Kinderzimmer, das durch die Bank geschützt wird.

Einschätzung: Die Löcher für die Gewindestangen sollten möglichst exakt senkrecht gebohrt sein, damit der Klappmechanismus gut funktioniert. Das verwendete Tropenholz stellt einige Ansprüche an das Werkzeug, ansonsten ist diese Bank gut zu bauen.

Stärke der Konstruktion: Das verwendete Tropenholz ist sehr witterungsbeständig.

Konstruktion: Die Stützen der Rückenlehne sind an den Fassadensockel geschraubt. Der Abstand zwischen Hauswand und Rückenlehne wird durch eine eingekeilte Leiste ausgeglichen. Die Querstreben der Sitzfläche sind an zwei an die Rückenlehnenstützen geschraubten Leisten mittels Gewindestangen, Unterlegscheiben und Muttern klappbar gelagert. Die vorderen Beine sind ebenfalls mittels Gewindestangen, Unterlegscheiben und Muttern klappbar mit den Querstreben der Sitzfläche verbunden.

Draufsicht Sitzfläche

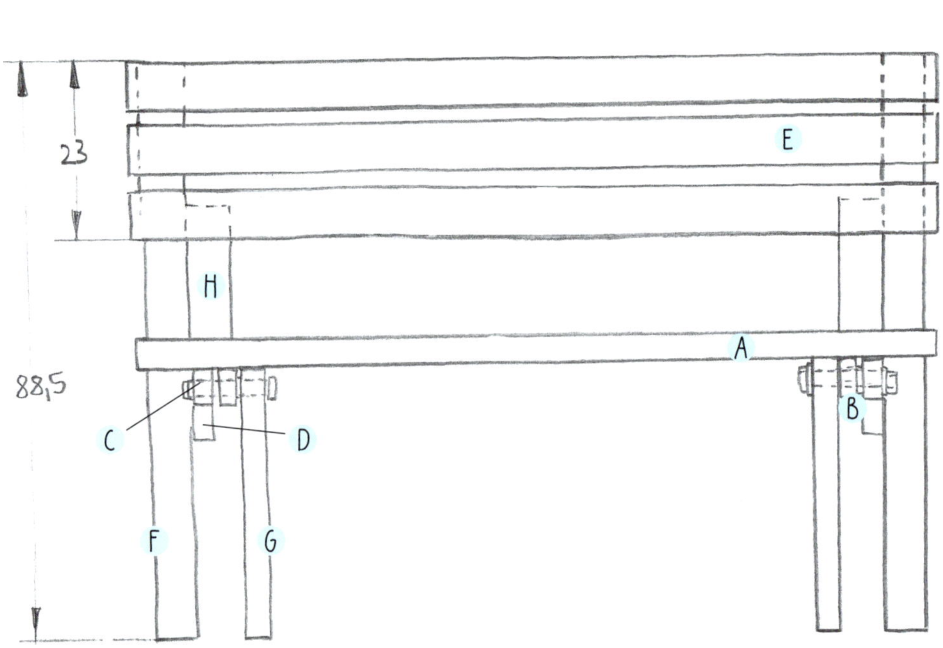

Vorderansicht

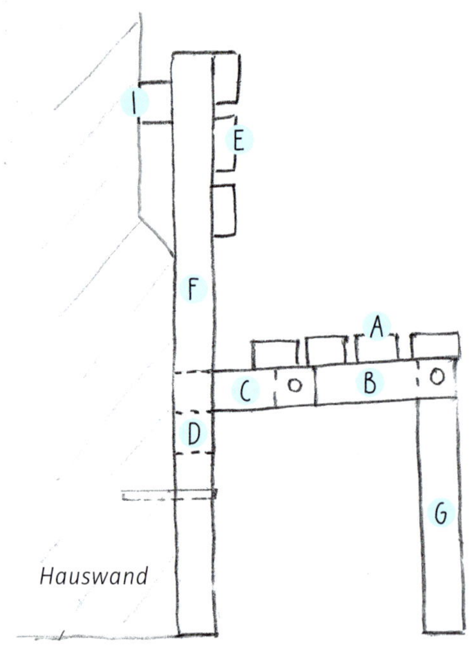

Seitenansicht

Material und Maße

Tropenholz

- A Sitzfläche: 4 Latten, 2,5 × 6 × 150 cm
- B Querstreben Sitzfläche: 2 Latten, 2,5 × 6 × 46 cm
- C Aufhängung Sitzfläche: 2 Latten, 2,5 × 6 × 20 cm
- D Aussteifung Aufhängung Sitzfläche: 2 Lattenreste, 2,5 × 6 × 8 cm
- E Rückenlehne: 3 Latten, 2,5 × 6 × 150 cm
- F hintere Beine/Stützen Rückenlehne: 2 Kanthölzer, 6,6 × 6,6 × 88,5 cm
- G vordere Beine: 2 Latten, 2,5 × 6 × 47 cm
- H Anschlag für Querstrebe Sitzfläche: 2 Kanthölzer, 6,6 × 6,6 × 20 cm
- I Abstand Fassadensockel: 1 Latte, 4 × 4 × 150 cm (wird nur bei Hauswand mit Fassadensockel benötigt, die Breite der Latte richtet sich dann nach dem Fassadensockel vor Ort)

4 Gewindestangen, ø 10 mm, 8 passende Unterlegscheiben und Muttern, Holzschrauben
Holzschrauben

49,5 cm Sitzhöhe
27,5 cm Sitztiefe
150 cm Sitzbreite
Baujahr 2011
Erbauer Andrew und Didi
Ort Amsterdam, NL
Datum 15.4.2018 SR

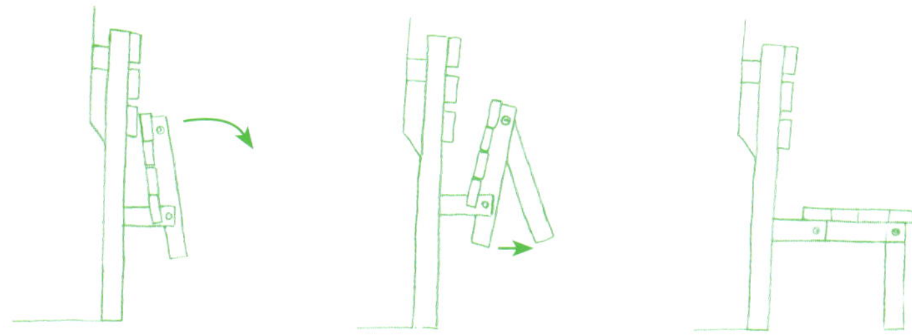

Werkzeug

Zollstock
Winkel
Stichsäge
Bohrmaschine
Schleifpapier
eventuell Raspel
Maulschlüssel
Eisensäge oder Flex

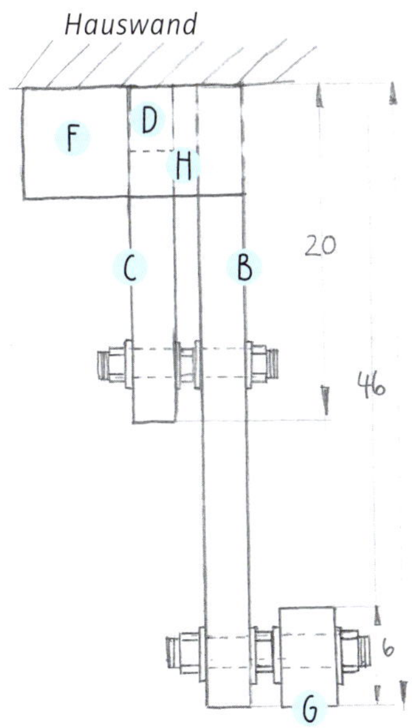

Detail Klappmechanismus
Draufsicht bei aufgeklappter Bank

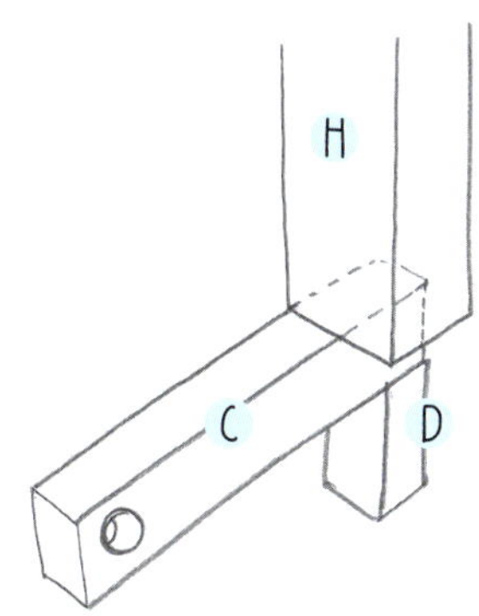

Detail Aussteifung

Bauen

- Ablängen der Latten für die Sitzfläche und Rückenlehne
- Ablängen der Latten für die Querstreben der Sitzfläche, Aufhängung der Sitzfläche, die vorderen Beine und die Wandbefestigung
- Ablängen der Kanthölzer für die Rückenlehnenstützen und den Anschlag der Querstreben
- Latten für die Rückenlehne auf die Rückenlehnenstützen schrauben, Rückenlehnenstützen an die Hauswand schrauben
- Anschlag für die Querstreben der Sitzfläche an die Rückenlehnenstützen schrauben
- Löcher für die Gewindestangen in die Querstreben, die Aufhängung der Sitzfläche und die vorderen Beine bohren
- Aufhängung der Sitzfläche an die Rückenlehnenstützen schrauben, zur Aussteifung zusätzlich Lattenrest unter die Aufhängung schrauben
- Ausklinkungen an der hinteren Sitzflächenleiste anreißen und ausarbeiten
- Sitzflächenleisten auf die Querstreben schrauben
- Hintere obere Kante der Vorderbeine abrunden, damit diese sich ohne zu klemmen unter die Sitzfläche bewegen lassen
- Vordere Beine mittels Gewindestangen, Unterlegscheiben und Muttern drehbar an den Querstreben der Sitzfläche befestigen
- Sitzfläche mittels Gewindestangen, Unterlegscheiben und Muttern an der Leiste für die Aufhängung befestigen

Hinweis: Die Maße der Bank sind vom Lichtschacht und dem Fassadensockel vor Ort abgeleitet.

Brennholz inklusive

Die Bank gehört zum Platzhaus Helmholtzplatz, einem Nachbarschaftstreff im Berliner Prenzlauer Berg. Eine anstehende Brennholzlieferung, die trocken und sicher verwahrt werden sollte, war für Markus und Dieter der Auslöser, den Bau der Bank in Angriff zu nehmen. Zwei schon vorhandene lange Bohlen, ein Geschenk von einer nahen Baustelle, gaben das Maß für die Länge der Sitzfläche vor. Der Rest des Baumaterials wurde im Baumarkt gekauft und die Platten wurden dort auch gleich zugeschnitten. Die Bank schafft Stauraum für das Brennholz und gleichzeitig kann man auf ihr gemütlich in der Sonne sitzen und den Blick in den Vorgarten genießen. (Mehr Informationen siehe S. 223.)

Einschätzung: Unkompliziert zu bauen. Wegen der Länge der Sitzflächenbohlen arbeitet es sich schöner mit einem Helfer.

Konstruktion: Ein an der Wand verschraubtes Lattengerüst trägt die Sitzfläche, zwei lange Bohlen. Aufgeschraubte Platten verschließen die Seiten. Die Vorderseite lässt sich mit zwei Klappen öffnen. Zu Lüftungszwecken gibt es zwischen den beiden Klappen einen etwa 10 cm breiten Spalt. Ein unbefugtes Öffnen der Klappen wird durch eine Gewindestange, die durch zwei Gewindeösen geschoben wird, verhindert. Die Gewindestange ist auf der einen Seite mit einer Mutter gesichert. Auf der anderen Seite wird ein Vorhängeschloss durch eine Bohrung in der Gewindestange gesteckt.

Stärken der Konstruktion: Die Bank ist nicht nur Sitzgelegenheit, sondern bietet nützlichen und diebstahlsicheren Stauraum für Brennholz.

44,5 cm	Sitzhöhe
49 cm	Sitztiefe
397 cm	Sitzbreite
Baujahr	2017
Erbauer	Markus Scherenberger, Dieter Gerzelka
Ort	Berlin, D
Datum	12.2.2018 AR

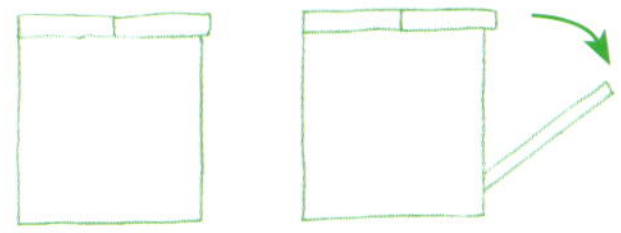

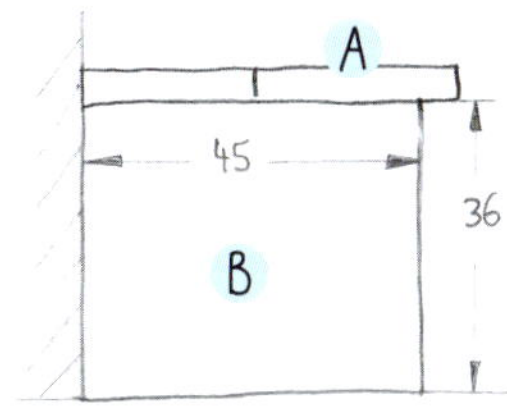

Seitenansicht

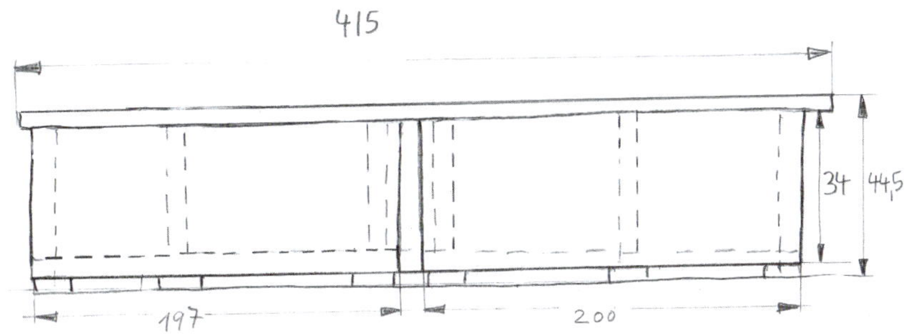

Vorderansicht

Werkzeug

Zollstock
Wasserwaage
Fuchsschwanz
Stichsäge
Schleifpapier
Feile
Bohrmaschine
Stemmeisen
Schraubzwingen
Pinsel

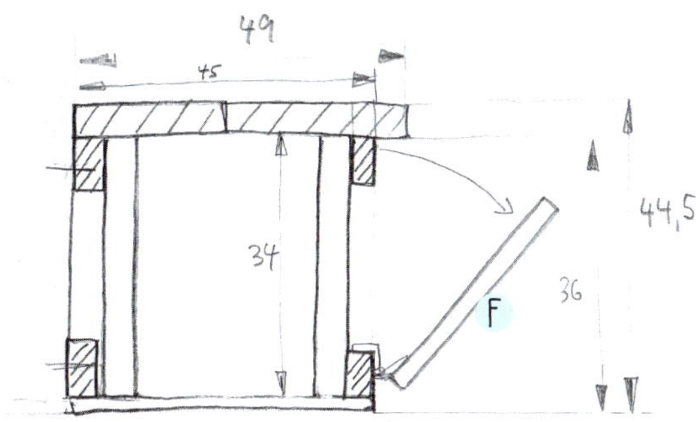

Schnitt der Seitenansicht

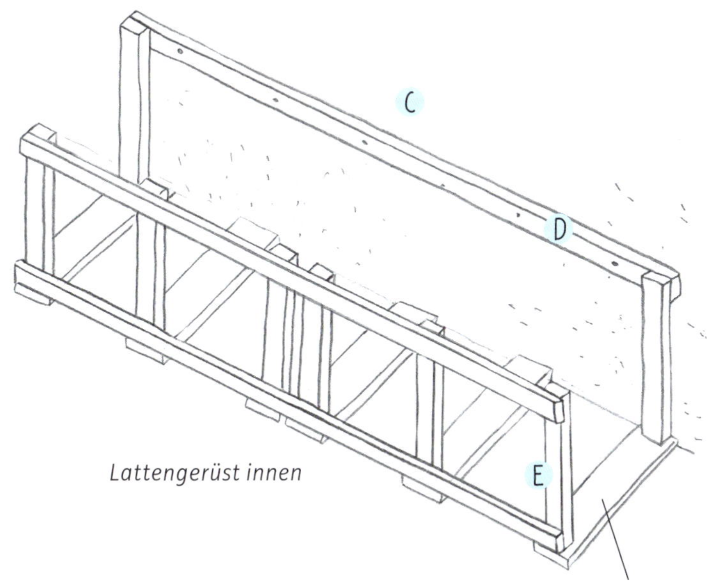

Lattengerüst innen

Unterlagen

Bauen

- Zum Ausgleichen von Bodenunebenheiten und als Verwitterungsschutz Brettstücke oder Steinplatten auslegen und mit Wasserwaage ausrichten
- Lattenkonstruktion darauf aufbauen und an der Hauswand verschrauben
- Vordere Klappen mit Scharnieren versehen und an das Lattengestell schrauben
- Für jede Klappe zwei Gewindeösen an das Lattengestell schrauben
- An entsprechender Stelle Langlöcher für die Gewindeösen in die Klappen bohren
- Bohlen von oben durch die Sitzfläche auf das Lattengestell schrauben, Schraubenlöcher mit Bienenwachs versiegeln
- Sitzfläche schleifen und mit Wetterschutz-Holzgel streichen

Material und Maße

A Sitzfläche: 2 Bohlen, 4 × 24,5 × 415 cm
B Seitenteile: 2 OSB-3-Platten*, 2,2 × 36 × 45 cm
C Lattengerüst innen:
D 4 Dachlatten, 4 × 6 × 400 cm
E 8 Dachlatten, 4 × 6 × 34 cm
F vordere Klappen: 2 OSB-3-Platten, 2,2 × 34 × 197 cm und 2,2 × 34 × 200 cm

2 Gewindestangen, ø 8 mm, 100 cm lang, mit je zwei Gewindeösen und Muttern, Mutter für die Gewindestange und passendes Vorhängeschloss
6 Scharniere mit passenden Schlosschrauben und Sicherheitsmuttern, Holzschrauben
Bienenwachs, Wetterschutz-Holzgel

Fremde Füße

Kapitel 5

In diesem Kapitel finden sich Bänke, die auf fremden Füßen stehen oder aufliegen. Das können zum Beispiel Steine, Mauern, Baumschutzbügel, Blumenkübel oder Metallrahmen sein.

Ein Brett

Diese Bank ist ein Brett, das auf zwei Steinen aufliegt. Einfacher lässt sich eine Bank fast nicht bauen. Es gibt sie in vielen Variationen überall in Bondo. Diese steht vor dem Haus von Patrizia und Tobias.
Die Steine wurden 1828 hier gesetzt, das Brett der Sitzfläche wurde im Laufe der Zeit immer wieder erneuert. (Mehr Informationen siehe S. 223.)

Einschätzung: Granit ist in Bondo das Material vor der Haustür und dort leicht zu bekommen. Man kann aber auch auf einen anderen Stein oder Betonsteine aus dem Baumarkt ausweichen.

Konstruktion: Auf zwei in die Erde eingegrabenen Steinen liegt die Sitzfläche, ein Brett, einfach auf.

Stärken der Konstruktion: Granit ist nahezu unverwüstlich und hält ewig. Die einfach eingegrabenen Steine sind sehr stabil. Das unbehandelte Lärchenholz ist im Bergklima sehr witterungsbeständig.

46 cm	Sitzhöhe
37 cm	Sitztiefe
210 cm	Sitzbreite
Baujahr	1828/2014
Erbauer	Tobias Eichelberg
Ort	Bondo, CH
Datum	1.8.2017 SR

Werkzeug

Säge
Spitzhacke
Schaufel
Spaten
Zollstock
Wasserwaage
eventuell Gummihammer

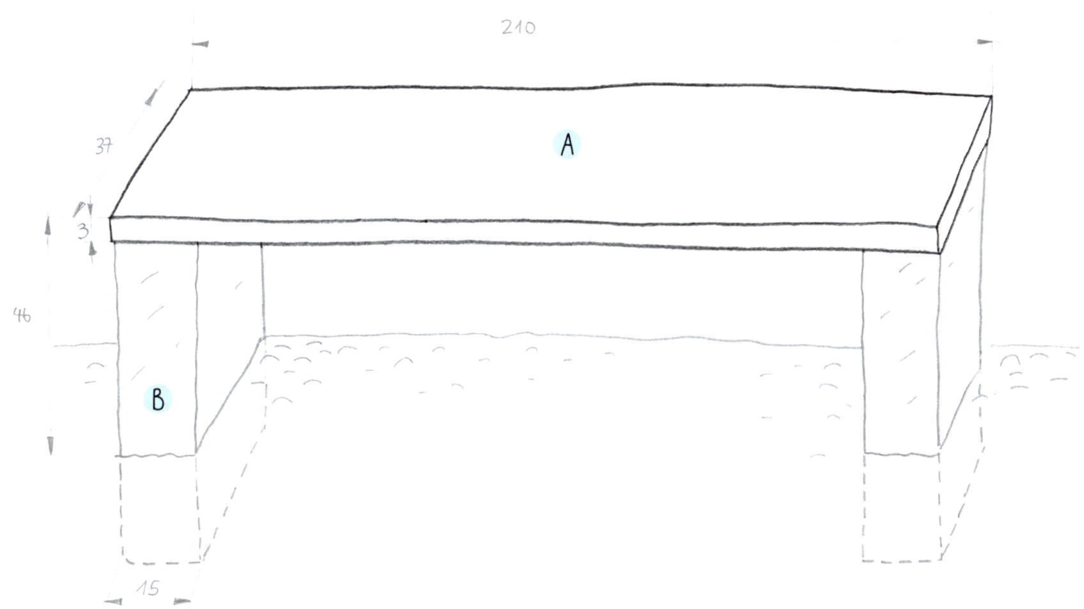

Bauen

- Am Standort der Bank Löcher ausheben, dabei mit dem Zollstock Abstand und Tiefe der Löcher prüfen (bzgl. Sitzhöhe)
- Steine einsetzen und mit Wasserwaage deren Höhe prüfen
- Löcher verfüllen, Boden feststampfen und eventuell entfernte Pflastersteine wieder einsetzen (auch die Fugen zwischen den Pflastersteinen wieder füllen)
- Sitzbrett zusägen, schleifen und auflegen

Material und Maße

A Sitzfläche: 1 Lärchenholzbrett, 3 × 37 × 210 cm
B Beine: 2 Granitblöcke, ca. 10 × 35 × 70 cm

Bank auf Feldbahnschienen

Diese Bank steht an einem Wanderweg im Wald. Die Erbauer konnten der Verlockung nicht widerstehen, diese Stelle mit wunderbarem Meeresblick zum Aussichtspunkt und Rastplatz für alle zu machen. Dafür haben sie einige Mühe auf sich genommen, denn der Ort ist nur zu Fuß erreichbar.

Einschätzung: Wenn Sie diese Bank exakt baugleich nachbauen wollen, besteht die Herausforderung vermutlich darin, ausgediente Feldbahnschienen zu bekommen. Es eignen sich neben Feldbahnschienen noch U-Profile, Doppel-T-Profile und eventuell auch Rohre, wenn Sie diese dort, wo die Flacheisen sitzen, zu Ovalen zusammenstauchen können.

Konstruktion: Ein Halbstamm wird von zwei in den Boden gegrabenen Eisen getragen. Auf die beiden breiten Innenseiten der Schienenstücke sind Flacheisen geschraubt. Am oberen Ende des Schienenprofils sind die Flacheisen zu einem Halbrund aufgebogen und dienen so als Halterung für den Kiefern-Halbstamm.

Stärke der Konstruktion: Die in den Boden eingegrabenen Eisen sind stabile Beine. Der Halbstamm ist von allen Seiten gut belüftet.

53 cm	Sitzhöhe
37 cm	Sitztiefe
240 cm	Sitzbreite
Baujahr	2007
Erbauer	anonym
Ort	Rügen
Datum	17.4.2017 AR

Werkzeug

Zollstock
Wasserwaage
Eisensäge oder Trennschleifer
Bohrmaschine
Metallbohrer
Schraubstock
2 Hämmer (je 800g oder schwerer)
Spitzhacke
Spaten
Schaufel
Schleifmaschine
Schnitzmesser
Pinsel

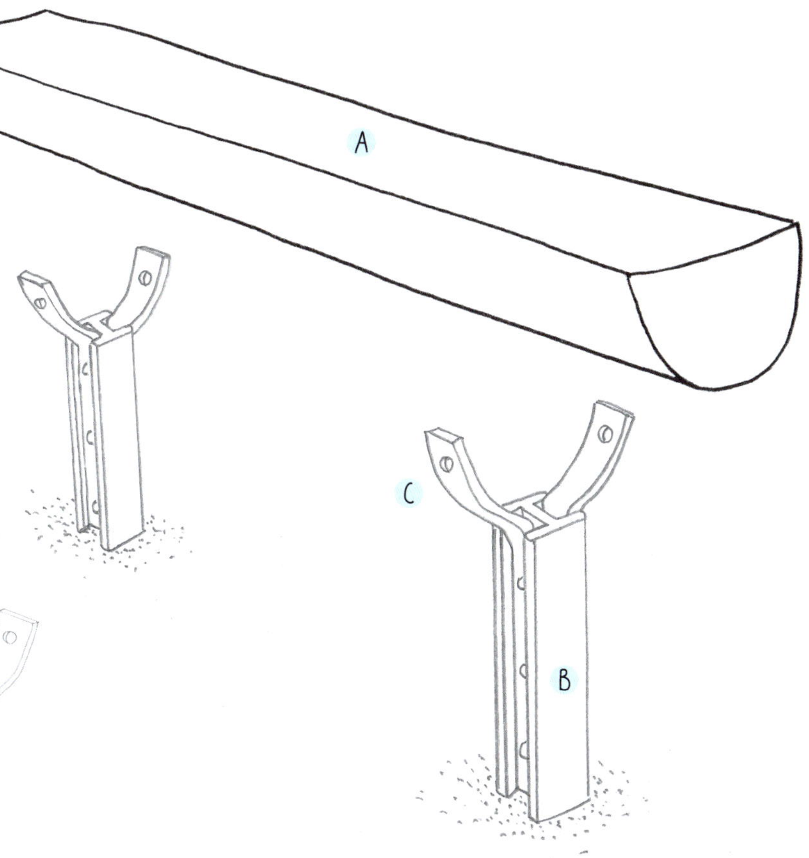

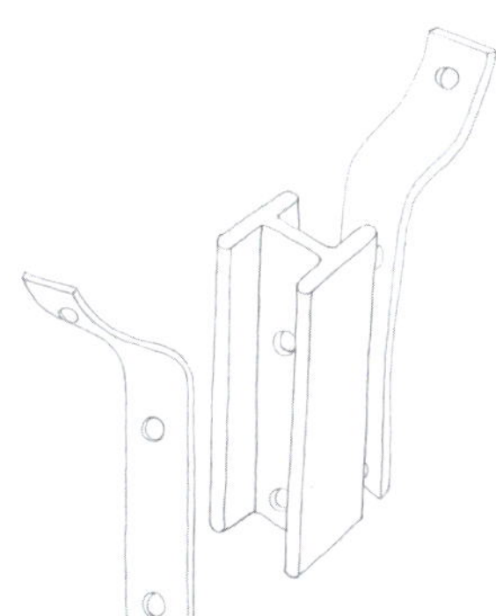

Detail Bein

Bauen

- Zusägen und bohren der Eisenprofile
- Eisenprofile mit Rostschutzfarbe streichen
- Aufschrauben der Flacheisen auf die Innenseiten des Schienenprofils
- Aufbiegen der Flacheisen mit zwei Hämmern
- Passung der Flacheisen an der Unterseite des Halbstammes prüfen, eventuell nachbiegen
- Am Standort Löcher für die Eisen ausheben, die Eisen einsetzen, mit Zollstock und Wasserwaage ausrichten und Sitzhöhe und Neigung prüfen
- Löcher verfüllen, Boden feststampfen
- Eisen auf die Unterseite des Halbstammes schrauben
- Sitzfläche schleifen, mit Schnitzmesser Kanten fasen

Material und Maße

A Sitzfläche: 1 Kiefern-Halbstamm, 37 × 240 cm
B Beine: 2 Doppel-T-Profile (Feldbahnschienen), ca. 100 cm lang
C Halterung Sitzfläche: 4 Flacheisen, ca. 40 cm lang
Sechskant-Holzschrauben, Unterlegscheiben und Muttern
Rostschutzfarbe

Bank mit Winkeleisen

Diese Bank steht an einem schönen Aussichtspunkt im Wald. Er ist nicht mit dem Auto, sondern nur über einen schmalen Fußweg zu erreichen. Die Erbauer haben ihr Werkzeug und Material vermutlich in einem Rucksack oder Handwagen mitgebracht.

Einschätzung: Die größte Herausforderung beim Bau dieser Bank ist das Schweißen der Aluminiumwinkeleisen. Die Wenigsten werden die dafür nötige Technik zur Hand haben. Sie können die Winkeleisen aber vorbereiten und fertig gebogen zum Schweißen in eine Schlosserei geben.

Konstruktion: Die Sitzfläche ist auf zwei rechtwinklig U-förmig gebogene Winkeleisen aufgeschraubt. Diese sind, mit der offenen Seite nach unten weisend, in die Erde eingegraben.

Stärken der Konstruktion: Die Aluminiumwinkeleisen sind witterungsbeständig. Bei Bedarf lässt sich die Sitzfläche, ist das Holz verwittert, einfach abschrauben und austauschen. Die Bank eignet sich gut zum Aufbau in schwer erreichbarem Gelände, da die vorgefertigten Einzelteile relativ leicht zu transportieren und einfach zusammenzubauen sind.

45 cm	Sitzhöhe
41 cm	Sitztiefe
147 cm	Sitzbreite
Baujahr	2008
Erbauer	anonym
Ort	Rügen, D
Datum	17.4.2017 AR

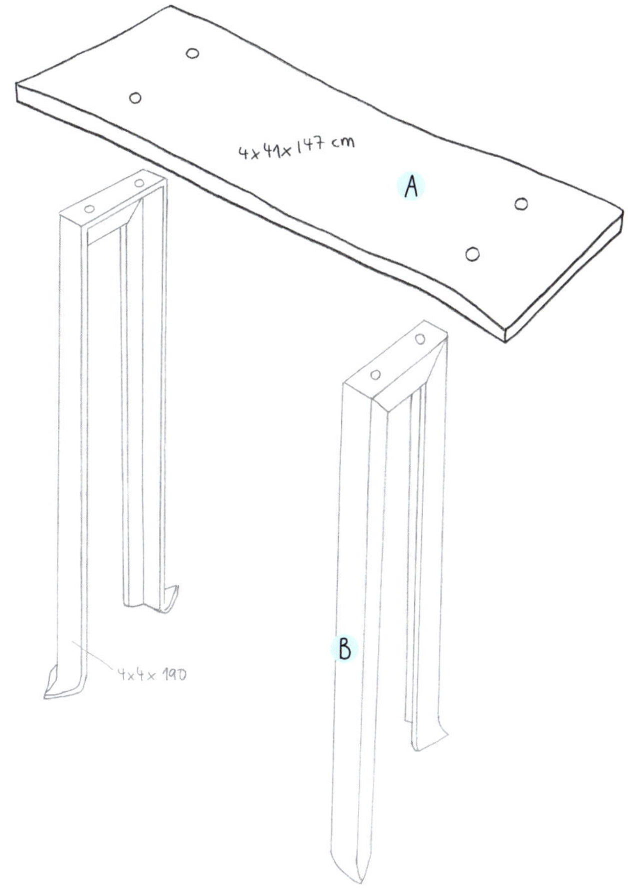

Werkzeug

Zollstock
Schraubstock
Eisensäge
Bohrmaschine
Metallbohrer
Holzbohrer
Maulschlüssel
Spitzhacke
Spaten
Schleifpapier
Schnitzmesser

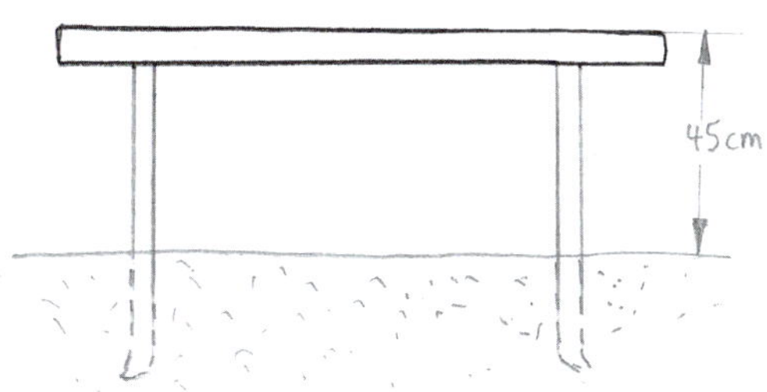

Bauen

- Zusägen und biegen der Winkeleisen
- Winkeleisen in einer Schlosserei schweißen lassen
- Untere Enden der Winkeleisen im Schraubstock umbiegen, damit diese sich nicht so leicht aus der Erde ziehen lassen. Dazu jeweils einen Schenkel des Winkeleisens etwa im 45°-Winkel in den Schraubstock einspannen und zum Körper hin ziehen
- Löcher für die Verschraubung der Sitzfläche in die Winkeleisen und die Kiefernbohle bohren
- Am Standort etwa 40 cm tiefe Löcher für die Beine ausheben, mit Zollstock Abstand und Tiefe (bzgl. Sitzhöhe) prüfen
- Sitzfläche und Winkeleisen mit Schlossschrauben, Unterlegscheiben und Muttern verschrauben
- Winkeleisen in die Löcher stellen, dabei leichte Neigung der Sitzfläche für guten Wasserablauf bedenken
- Löcher verfüllen, Boden gut feststampfen
- Eventuell Sitzfläche schleifen und mit Schnitzmesser die Kanten fasen

Material und Maße

A Sitzfläche: Kiefernbohle, ca. 4 × 41 × 147 cm
B Beine: 2 Aluminium-Winkeleisen, ca. 4 × 4 × 190 cm
4 Schlossschrauben mit Unterlegscheiben und Muttern

Olivenbaumbank

In der hellen Sonne mit den zwei Olivenbäumchen ist die Bank vor dem Restaurant „Forno" ein Stück Italien mitten in Amsterdam. Unkompliziert, einfach und gut. Mit Pizzateig an den Händen erklärt Lodewijk, der die Bank gebaut hat, hier treffen sich Nachbarn und Gäste. In der Küche wird gewirbelt, der Ofen befeuert und Gemüse geschnippelt, während draußen die Bank in Siesta-Stimmung ist.

Einschätzung: Diese Bank ist leicht und schnell gebaut. Einzige Herausforderung könnte die Ausklinkung für das Dachrinnenfallrohr sein. Steht Ihrer Bank keine Dachrinne im Weg, entfällt dieser Arbeitsschritt.

Konstruktion: Zwei mit Erde gefüllte und mit je einem Olivenbäumchen bepflanzte Plastikkübel bilden die Beine dieser Bank. Die beiden Kübel stehen vor die Hauswand geschoben in einem Abstand von etwa 1,50 m auseinander. Auf den Plastikkübeln liegen, mittig Platz für den Baumstamm lassend, zwei Gerüstbohlen auf. Diese sind durch drei Querstreben miteinander verschraubt. Die hintere Gerüstbohle hat eine Ausklinkung für das Fallrohr der Dachrinne.

38,5 cm	Sitzhöhe
45 cm	Sitztiefe
250 cm	Sitzbreite
Baujahr	unbekannt
Erbauer	Lodewijk
Ort	Amsterdam, NL
Datum	16.4.2018 SR

Werkzeug

Zollstock
Stichsäge (für die Ausklinkung)
Schraubzwingen
Akkubohrschrauber
Holzbohrer
Maulschlüssel

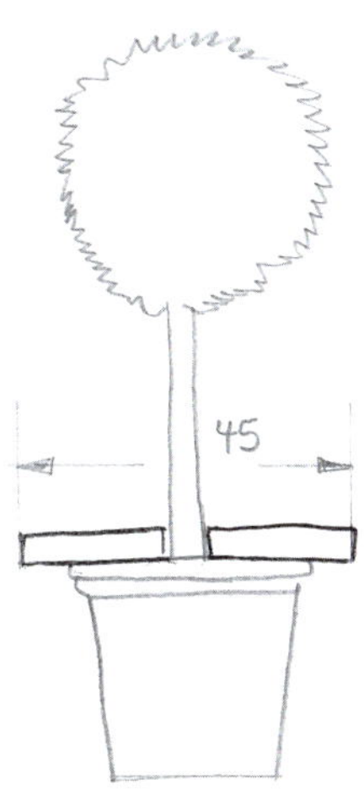

Seitenansicht

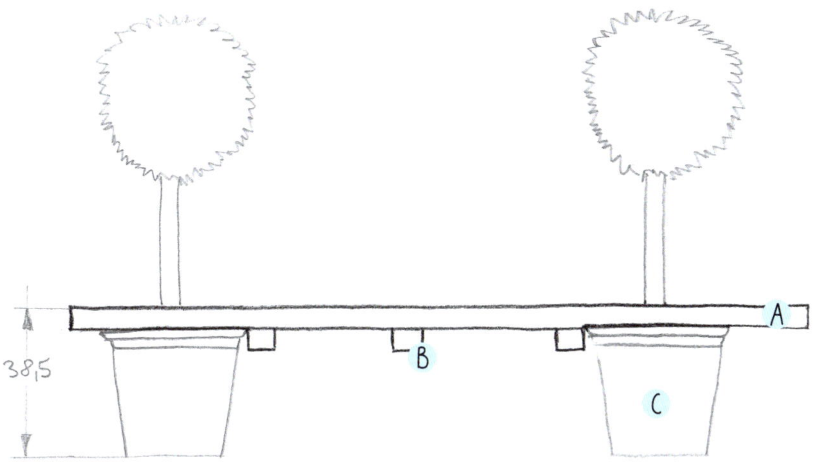

Vorderansicht

Bauen

- Ausmessen und zusägen der Sitzflächenbretter und Querstreben
- Ausmessen und zusägen der Ausklinkung für das Dachrinnenfallrohr
- Sitzflächenbretter auf die Pflanzkübel auflegen und ausrichten, Querstreben mit Schraubzwingen unter die Sitzfläche heften
- Von oben durch die Sitzfläche Löcher für die Schlossschrauben bohren
- Sitzflächenbretter und die drei Querstreben mittels Schlossschrauben verbinden

Material und Maße

A Sitzfläche: 2 Gerüstbohlen, 3 × 19 × 250 cm
B Querstreben Sitzfläche: 3 Leisten, 3,5 × 4 × 43 cm und 6 Schlossschrauben mit Muttern und Unterlegscheiben
C Beine: 2 Blumenkübel, ø ca. 46 cm, 35,5 cm hoch, gefüllt mit Blumenerde und je einem Olivenbäumchen

Bank am Baumschutzbügel

Baumschutzbügel schützen den Baum auf der Baumscheibe vielleicht gegen rückwärtsfahrende Autos – angelehnte Fahrräder oder sich erleichternde Hunde verhindern sie jedoch nicht. Diese Bank schon. Sie ist aus Recyclingholz mit wenig Aufwand entstanden, damit der Verlust, sollte sie vom Ordnungsamt entfernt werden, nicht zu groß ist.

Einschätzung: Leicht und ohne großen Aufwand zu bauen. Das Holz wird so verbaut, wie es zur Verfügung steht, exakte Sägeschnitte sind dafür nicht nötig.

Konstruktion: Zwei an den Baumschutzbügeln festgeschraubte Träger halten die Sitzfläche. Die Rückenlehne steht auf dieser auf und ist mit Rohrschellen an den Bügeln befestigt.

Stärke der Konstruktion: Die Bank nutzt eine bereits vorhandene Konstruktion, ohne diese zu beschädigen.

43,5 cm	Sitzhöhe
35 cm	Sitztiefe
161 cm	Sitzbreite
Baujahr	unbekannt
Erbauer	anonym
Ort	Berlin, Prenzlauer Berg, D
Datum	31.12.2017 AR

Werkzeug

Zollstock
Akkubohrschrauber
Holzbohrer (10 mm)
Säge
Schraubzwingen
Hammer
Maulschlüssel

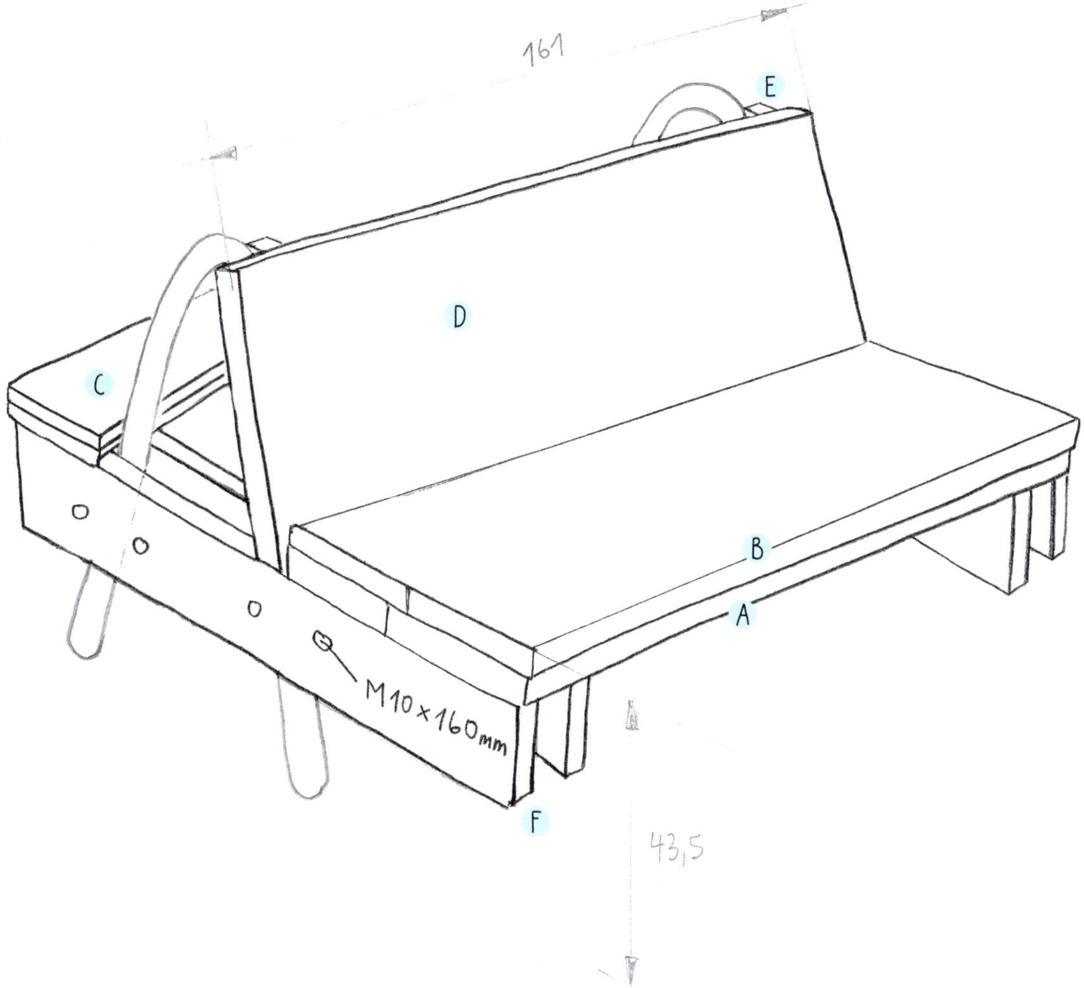

Bauen

- Ablängen der Bretter für die Querträger
- Jeweils zwei Bretter mit Schraubzwingen von vorn und hinten auf der gewünschten Höhe am Baumschutzbügel fixieren
- Dicht am Baumschutzbügel links und rechts vorbei Löcher bohren, Schrauben durchstecken und Muttern anziehen
- Rohrschellen um die Baumschutzbügel anbringen, Stockschrauben eindrehen
- Rückenlehne auf die Querträger stellen, Position der Rohrschellen und Stockschrauben prüfen und Löcher für die Stockschrauben auf der Rückseite der Rückenlehne markieren
- Löcher für die Stockschrauben vorbohren
- Stockschrauben anziehen, Rohrschellen anziehen
- Sitzflächenbretter auf die Querträger schrauben

Material und Maße

Recyclingholz
Sitzfläche vorne
A untere Schicht: 1 Brett, 3 × 16 × 161 cm und 1 Brett, 3 × 19 × 161 cm
B obere Schicht: 2 Bretter, 1,6 × 16 × 161 cm
C Sitzfläche hinten: 2 Bretter (übereinander), 2,2 × 16 × 161 cm
D Rückenlehne: 1 Brett, 1,8 × 41 × 160 cm
E Querstreben Rückenlehne: 2 Latten, 2,4 × 4,8 × 35 cm
F Querträger: 4 Bretter, 2,3 × 15 × 115 cm
2 Rohrschellen verzinkt mit Einlage, dazu 2 Stockschrauben, 8 Sechskant-Holzschrauben M 10 × 160 mm mit passenden Unterlegscheiben und Muttern, Holzschrauben

„Il banc porta"

Typisch für ein Engadiner Bauernhaus des 15. und 16. Jahrhunderts sind die beiden halbgeschossig versetzten Eingangstore. Das obere Tor führt in den Wohnbereich und die Scheune, das untere in den Stall. Der Höhenunterschied zwischen den beiden Zugangswegen muss durch eine Stützmauer gesichert werden. Aus der notwendigerweise vorhandenen Mauer wird eine Bank: „il banc porta" – die Bank neben der Tür. Sie wurde beim Bau der Mauer vermutlich gleich mitbedacht. Denn in die Mauer sind Querbalken eingelassen, die als Halterungen für die Rückenlehne der Bank dienen. Es gibt verschiedene Formen dieser Bank, die aber alle auf dem gleichen Prinzip beruhen. Die hier abgebildete Bank steht in Guarda an der originalen Schellen-Ursli-Tür und wurde von dem Schreiner Jon Walter etwa 1974 gebaut. (Mehr Informationen siehe S. 223.)*

Einschätzung: Diese Bank erfordert handwerkliches Geschick und Erfahrung.

Konstruktion: Auf der Mauerkrone liegt die Sitzfläche, ein breites Brett auf. Die Rückenlehne, zwei geschweifte Bretter, ist an Stützen geschraubt. Diese stecken durchgehend gezapft in Querbalken, die in die Mauer eingelassen sind.

Stärken der Konstruktion: Geschickt nutzt diese Bank die Stabilität der Mauer und wird so wahrscheinlich niemals wackelige Beine bekommen. Die Konstruktionsweise stammt aus dem späten Mittelalter und scheint sich bis heute bewährt zu haben. Sie beruht auf der Klemmwirkung der Rückenlehnenstützen in den Querbalken und der Querbalken im Mauerwerk. In die Zapfen der Rückenlehnenstützen sind an den Stirnseiten Keile eingesetzt. Diese verstärken die Klemmwirkung der Zapfen zusätzlich. Unter das Sitzflächenbrett gelegte, schmale Holzstückchen verhindern den direkten Kontakt von Holz und Mauerwerk und sorgen für eine gute Durchlüftung. An den abgerundeten Stirnflächen der Stützen kann das Wasser ablaufen.

30 – ca. 90 cm	Sitzhöhe
50 cm	Sitztiefe
355 cm	Sitzbreite
Baujahr	1974
Erbauer	Jon Walter
Ort	Guarda, CH
Datum	25.11.2017 AR

Werkzeug

Zollstock
Winkel
Säge
Stichsäge
Stemmeisen und Knüpfel
Schraubzwingen
Wasserwaage
Bohrmaschine
Schleifpapier
eventuell Spachtel
Maurerkelle
Glättbrett

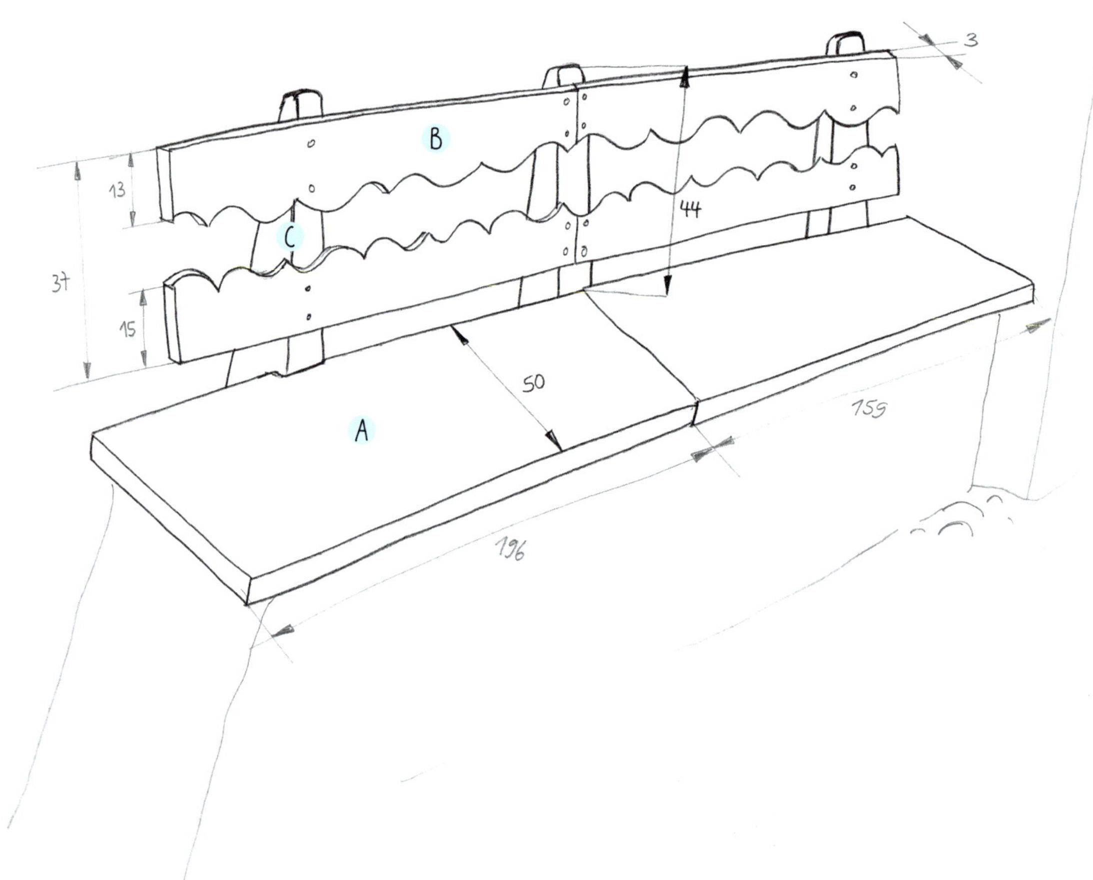

Material und Maße

Lärchenholz

A Sitzfläche: 1 Brett, 4 × 50 × 196 cm und 1 Brett, 4 × 50 × 159 cm
B Rückenlehne: 2 Bretter oben, 3 × 13 × 175 cm und 3 × 13 × 159 cm
2 Bretter unten, 3 × 15 × 175 cm und 3 × 15 × 159 cm
C Rückenlehnenstützen: 3 Balkenstücke, ca. 8 × 6 × 75 cm
D Querbalken in der Mauer: 3 Balkenstücke, ca. 7 × 5 × 75 cm
E Unterlage Sitzfläche: 4 Bretter, ca. 1 × 7 × 25 cm
eventuell Mörtelputz, Holzschrauben

Hinweis: Die Maße der Bank hängen natürlich von der Länge und Breite der vorhandenen Mauer ab. Die Maße hier können deshalb nur exemplarisch sein.

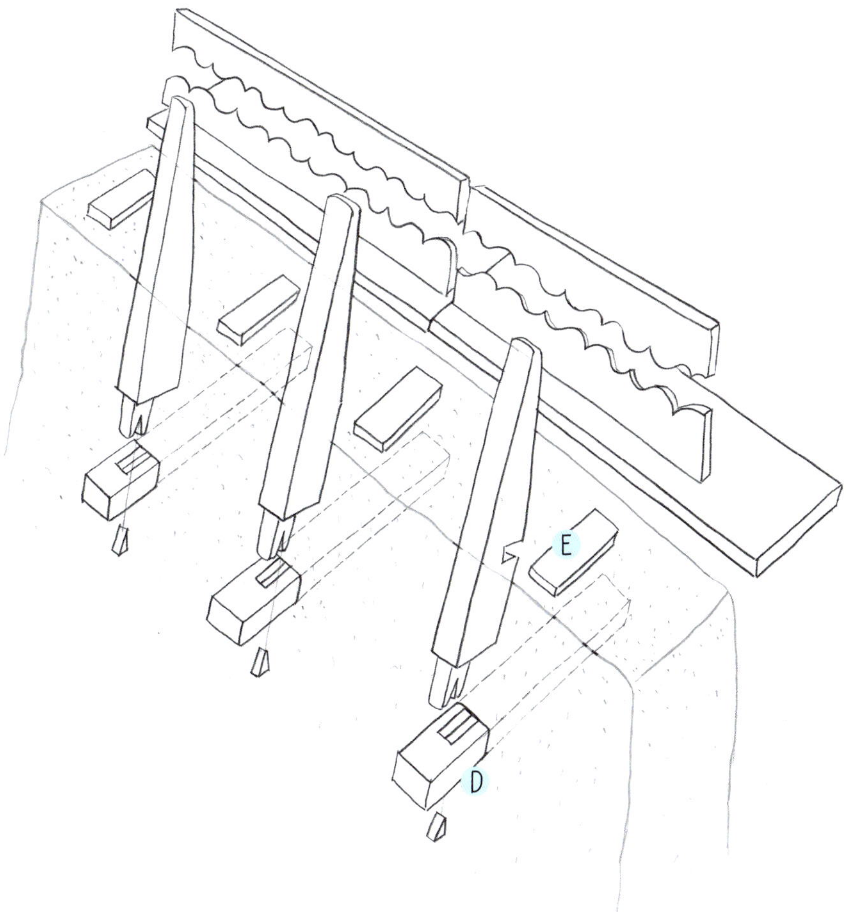

Bauen (Vorschlag)

- Zusägen der Sitzfläche nach den Maßen der vorhandenen Mauer
- Zusägen der Querbalken, die als Maueranker dienen
- Ausstemmen der durchgehenden Zapfenlöcher in den Querbalken
- Zusägen von Rückenlehenstützen und Zapfen am unteren Ende der Rückenlehnenstützen
- Zapfen an den Stirnseiten keilförmig aufsägen, passende Keile zusägen
- Schweifung der Rückenlehnenbretter sägen, dabei wird ein breites Brett mittig in zwei Teile gesägt, damit der „Sägerest" ebenfalls leicht versetzt verwendet werden kann. Erst nachdem die Schweifungen gesägt sind, werden die Bretter abgelängt
- Einsetzen und ausrichten der Querbalken in der Mauer
- Rückenlehnenstützen in Zapfenlöcher der Querbalken setzen und verkeilen
- Rückenlehnenbretter an die Stützen schrauben
- Sitzfläche auflegen, Holzstückchen unterlegen, Sitzfläche mit Schrauben durch die Rückenlehnenstützen fixieren
- Eventuelle Löcher oder Spalten um die Querbalken in der Mauer mit Mörtel verputzen

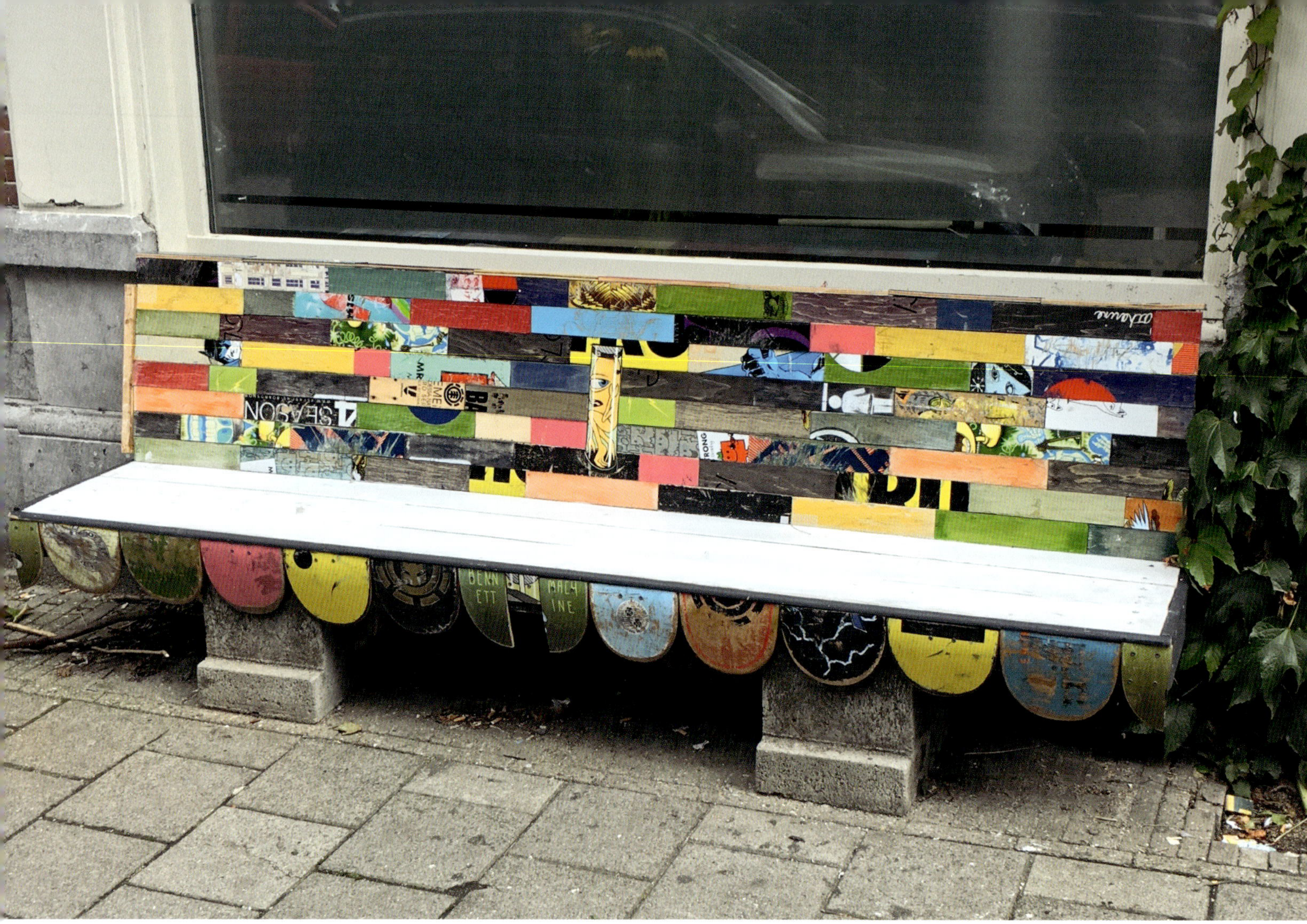

Skateboardbank

Die bunte Bank aus alten Skateboards fällt sofort ins Auge. Auch wenn nur Skateboardfreaks erkennen dürften, dass hier einer der ihren am Werk war. Nicht zufällig steht, die Anordnung und den Rhythmus unterbrechend, in der Mitte der Rückenlehne ein Brettchen senkrecht. Es zeigt eine Figur von Ed Templeton, einem Heroen in der Skateboardwelt. Wir Uneingeweihten staunen, wie man so viele Skateboards zusammen bekommen kann. Die Bank ist in zwei Etappen entstanden. Zuerst hat Marco aus Nut-und-Federbrettern von der alten Deckenverkleidung seines Badezimmers eine Bank auf die schon vorhandenen Betonfüße gebaut. Doch er wollte der Straße etwas Buntes hinzufügen und seine alten Skateboards verwenden. Auch Bekannte mit einem Skateboardladen steuerten kaputte Bretter bei. So kam er auf stattliche 40 Stück (!) für seine Rückenlehne. (Mehr Informationen siehe S. 223.)

Konstruktion: Auf schon vorhandene Betonfüße wurde eine Lattenkonstruktion aufgeschraubt. Die Lattenkonstruktion trägt die Sitzfläche, drei Nut-und-Federbretter. Zwei auf dem Boden stehende und gegen die Hauswand lehnende Latten bilden die Unterkonstruktion für die farbenprächtige Rückenlehne. Diese besteht aus vier Nut-und-Federbrettern, die mit alten Skatboarddecks verkleidet sind.

Stärke der Konstruktion: Die Bank nutzt die Stabilität der schon am Standort vorhandenen Betonfüße und auch deren Witterungsbeständigkeit.

Einschätzung: Es könnte möglicherweise eine Herausforderung werden, 40 kaputte Skateboards aufzutreiben.

39 cm	Sitzhöhe
42 cm	Sitztiefe
242 cm	Sitzbreite
Baujahr	2017
Erbauer	Marco Grandia
Ort	Amsterdam, NL
Datum	7.3.2018 SR

Werkzeug

Heißluftfön
Spachtel
Schleifmaschine
Kreissäge
Bohrmaschine
Meterstab
Winkel
Stichsäge
Pinsel

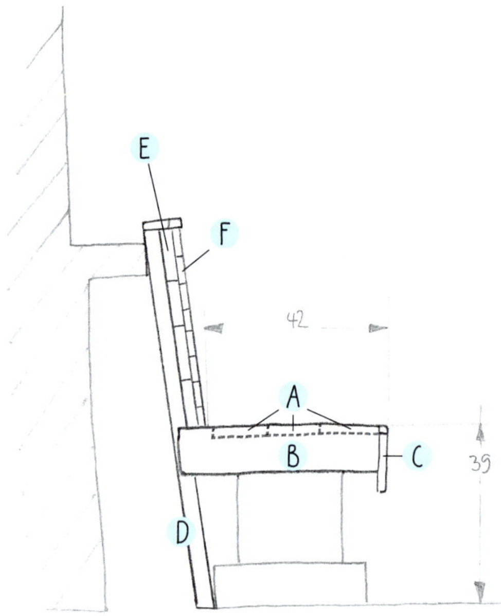

Seitenansicht

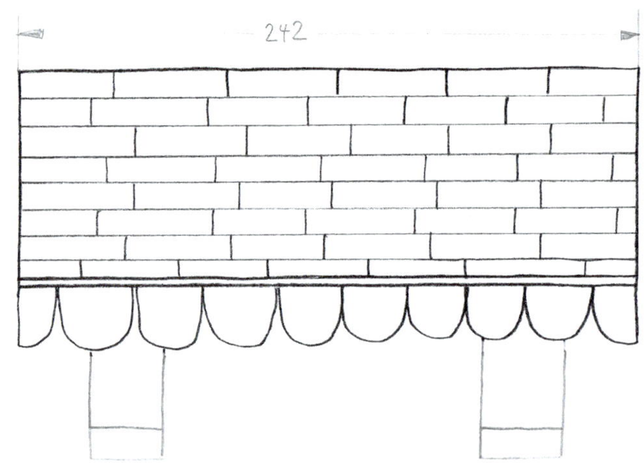

Vorderansicht

Material und Maße

A Sitzfläche: 3 Nut-und-Federbretter, 2,2 × 12,1 × 238 cm
B seitliche Verkleidung der Sitzfläche: 2 Bretter, 2 × 11 × 42 cm
C vordere Kante Sitzfläche: 12 Skateboard-Deck-Tails (hochgebogene hintere Enden der Decks, Viertelrundleiste, 2 × 2 × 242 cm)
D Stützen Rückenlehne: 2 Latten, 4 × 6 × ca. 90 cm
E Rückenlehne: 4 Nut-und-Federbretter, 2,2 × 12,1 × 242 cm
F 40 Skateboard-Decks (aus einem Deck kann man drei 6 cm breite, gerade Streifen gewinnen)
G Unterkonstruktion Sitzfläche: 2 Latten, 4 × 6 × 242 cm, 5 Latten, 4 × 6 × 30 cm
H Auflage für die Lattenkonstruktion: 2 Betonsockel, etwa 8 × 30 × 37 cm
UV-abweisender Lack, Bootslack, wasserfester Epoxidkleber, Torx-Holzschrauben

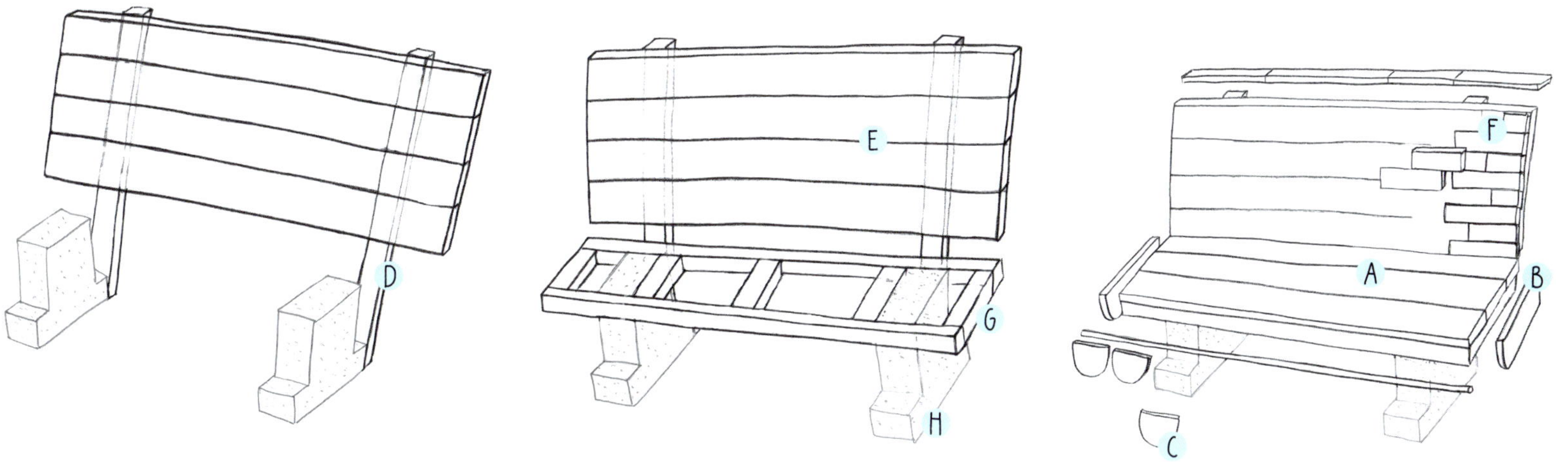

Bauen

- Ausmessen und zusägen der Latten und Bretter für die Unterkonstruktion
- Unterkonstruktion für die Sitzfläche mit Betonfüßen verschrauben
- Bretter für die Sitzfläche auf die Unterkonstruktion schrauben. Die Vorderkante mit den Deck-Tails und der Leiste, die Seiten mit den Brettern verkleiden
- Bretter für die Rückenlehne auf die Unterkonstruktion schrauben
- Fertige Rückenlehne hinter die Sitzfläche stellen, gegen die Hauswand und die hintere Kante der Betonfüße lehnen, dann mit Sitzfläche verschrauben
- Mit Heißluftfön und Schleifmaschine die Griptapes (rauer und rutschfester Belag der Trittfläche) des Skateboards entfernen, da diese sonst das Sägeblatt ruinieren würden
- Mit der Kreissäge Brettchen aus dem Mittelstück zwischen den Rädern sägen
- Brettchen auslegen und gewünschte Farbverteilung ausprobieren, Brettchen auf Maß sägen und auf die Rückenlehne kleben
- Zum Schutz vor Ausbleichen der Farben die Rückenlehne mit UV-abweisendem Lack streichen

020-3031046

UNVERGESSEN
OPA ♥ EBI

Fensterbänke

Die Bänke in diesem Kapitel nutzen die baulichen Gegebenheiten einer Fensternische und damit die schon vorhandene Stabilität der Architektur.

Kapitel 6

Berliner Fensterbank

Auf dem Heimweg von der Schule haben sich die Grundschüler oft auf das geflieste Fensterbrett gesetzt, um noch ein bisschen zu trödeln. Herr Friedemann, hinter der Scheibe arbeitend, fand die Fliesen für die Kinder zum Sitzen viel zu kalt und beschloss deshalb, ein Holzbrett auf den Fenstersims zu legen. Sein Kollege Steffen Knauf, im Erstberuf Tischler, sägte die Bohle aus einer alten Türzarge zu. Nun entdeckten auch Kollegen und Klienten die Vorzüge des Fenstersitzplatzes und die Bank ist inzwischen Warte-, Pausen-, Straf-, und Raucherbank für alle geworden. Sie ist Begegnungsstätte und öffnet den Arbeitsraum nach draußen.

Einschätzung: Superleicht zu bauen.

Konstruktion: Ein Sitzflächenbrett mit sechs Füßchen liegt auf dem Fenstersims auf. Die Füßchen sorgen für eine gute Belüftung von unten. Das Brett kann abgenommen werden, hält aber durch die Nut auf der linken Seite und das Gewicht des Rolladens so fest, dass es nicht einfach herausgezogen werden kann.

Stärke der Konstruktion: Die Bank nutzt die Stabilität der Fensternische auf perfekte Art aus.

46 cm	Sitzhöhe
34, 5 cm	Sitztiefe
157 cm	Sitzbreite
Baujahr	2003
Erbauer	Steffen Knauf
Ort	Berlin, Prenzlauer Berg, D
Datum	27.4.2018 AR

Werkzeug

Zollstock
Säge
Stemmeisen
Schleifpapier
Akkubohrschrauber
Pinsel

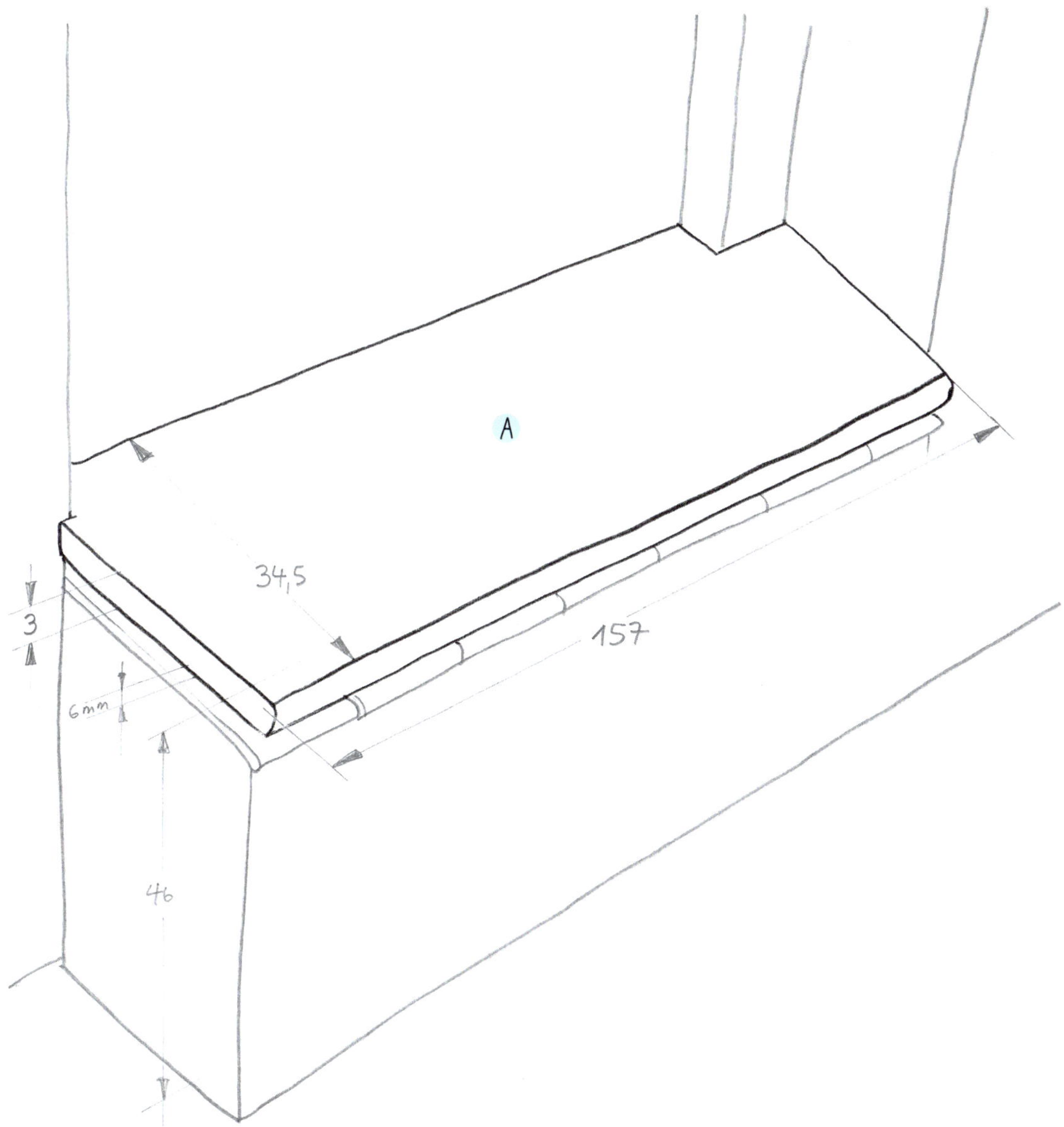

Bauen

- Ausmessen der vorhandenen Fensterbank
- Ablängen der Sitzfläche
- Anreißen der Ausklinkung für Rolladenschienen und Fensterrahmen
- Ausklinkung sägen und ausstemmen
- Brett einsetzen, Sitz prüfen und eventuell nacharbeiten
- Plastikfüßchen als Abstandshalter unter die Sitzfläche schrauben
- Sitzfläche schleifen und streichen

Material und Maße

Stück einer alten Türzarge, vermutlich Kieferholz
A Sitzfläche: 1 Brett, 3 × 34,5 × 157 cm
6 Plastikfüßchen oder Fußkappen mit Schrauben als Abstandshalter
Holzlasur

Hinweis: Die Maße Ihrer Fensterbank richten sich natürlich nach den Maßen Ihrer Fensternische vor Ort.

Schlicht und schön

Bei einem flüchtigen Blick im Vorbeigehen könnte man diese Bank glatt übersehen, so gekonnt fügt sie sich in ihre Umgebung ein. Gebaut hat sie ein Bewohner des Hauses. Ursprünglich befand sich neben der Treppe ein schmiedeeisernes Blumengitter. Bei der Haussanierung wurde es entfernt und auch ein neues Fenster eingesetzt.
Auf dem neuen Fensterbrett aus Zinkblech entstand eine Sitzbank aus einer verleimten Buchenholzküchenplatte. Als diese Bank kaputt ging, wurde sie durch die jetzige Bank aus wasserfest verleimtem Sperrholz ersetzt. Die Bank ist für die Bewohner des Hauses ein Ort der Begegnung und es vergeht kaum ein Abend, wo nicht jemand auf ihr sitzt.

Einschätzung: Das Einpassen der Sitzfläche in die verwinkelte Fensterleibung erfordert exaktes Ausmessen und passgenaues Zusägen.

Konstruktion: Die Sitzfläche liegt auf dem Fensterbrett auf, ist mit diesem verklebt und wird zusätzlich von zwei Seitenteilen gestützt. Ein eingenuteter Steg verhindert das Durchbiegen der Sitzfläche.

Stärken der Konstruktion: Unaufdringlich schmiegt sich die Bank an die vorhandene Architektur und macht sich deren Stabilität zunutze.

44 cm Sitzhöhe
40 cm Sitztiefe
224 cm Sitzbreite
Baujahr 2008
Erbauer Andreas
Ort Berlin, D
Datum 12.2.2017 AR

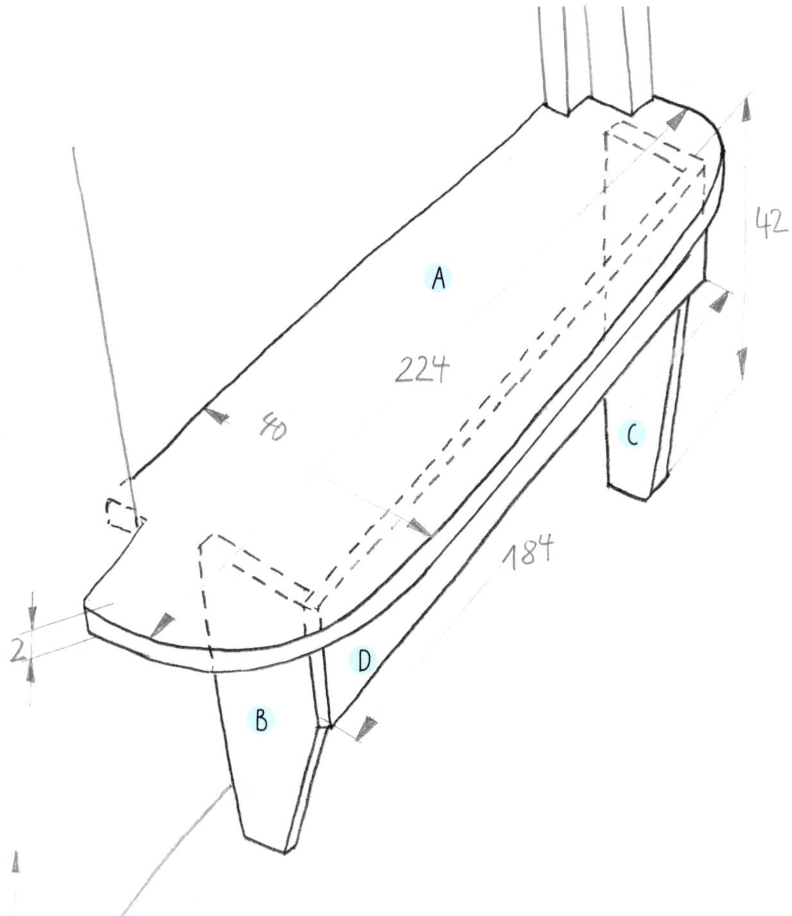

Werkzeug

Maßband
Handkreissäge mit Schiene
Stichsäge
Handoberfräse
Schleifpapier
Schleifmaschine
Akkubohrschrauber
Stemmeisen
Knüpfel
Schraubzwingen
Heißluftfön
Farbroller

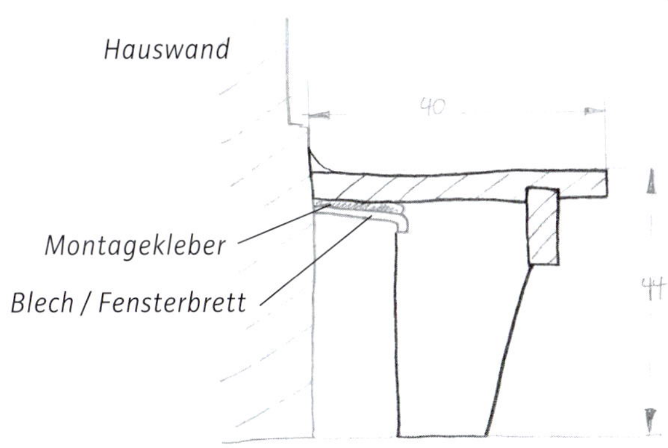

Seitenansicht

Bauen

- Ausmessen und zusägen der Teile
- Auf Unterseite der Sitzfläche Nut für den Steg fräsen
- Schleifen mit 80er-, 120er- und 180er-Körnung
- Auf allen Flächen erste Schicht Leinöl großzügig auftragen und mit Heißluftfön einarbeiten
- Steg in Nut setzen und verkleben
- Sitzfläche auf Fensterbrett kleben
- Seitenteile verkleben und verschrauben
- Teile noch mindestens zweimal mit Zwischenschliff von Hand ölen

Material und Maße

wetterbeständig verleimtes Baufurniersperrholz (BFU 100)
A Sitzfläche: 2 × 40 × 224 cm
B linke Stütze (Treppe): 2 × 18 × 22 cm (fallende Breite)
C rechte Stütze: 2 × 18 × 42 cm (fallende Breite)
D Unterzug: 2 × 7,5 × 184 cm
Montagekleber, Leinöl, Holzschrauben

Palette im Fenster

Matze, Besitzer eines Piercing-Studios, hat die Fensterbank in einer Abendaktion gebaut, als im Nachbarladen gerade eine Palette übrig war. Weil ihm schon zwei Bänke entwendet wurden, wollte er diesmal diebstahlsicher bauen. Deshalb ist die Palette am Fensterrahmen eingepasst und festgeschraubt. Die Fensterbank ist Raucherinsel für ihn und seine Kunden. Und wenn seine Mutter zu Besuch ist, dann sitzt sie gerne auf der Bank, um dem Treiben auf der Straße zuzusehen.

Einschätzung: Das Ausmessen und Anreißen der Ausklinkungen für die Fensterprofile ist vermutlich der anspruchsvollste Arbeitsschritt beim Bau dieser Bank. Das Fixieren der Beine an der Sitzfläche mit Heißkleber und Silikon ist eine etwas unorthodoxe Lösung. Stattdessen kann man die Beine auch von oben durch die Sitzfläche mit dieser verschrauben oder Winkel verwenden.

Konstruktion: Ein Stück von der Längsseite einer Europalette ist mit zwei Schrauben am Fensterrahmen verschraubt. Drei untergeschobene Balkenstücke stehen mit ihren Stirnseiten auf dem niedrigen Fensterbrett auf, stützen die Palette von unten ab und bilden somit die Beine der Bank.

45,5	Sitzhöhe
32,5	Sitztiefe
102 – 120 cm	Sitzbreite
Baujahr	Herbst 2017
Erbauer	Matthias Thiele
Ort	Berlin, Prenzlauer Berg, D
Datum	12.2.2017 AR

Werkzeug

Zollstock
Stichsäge
Akkubohrschrauber
Heißklebepistole
Kartuschenpistole

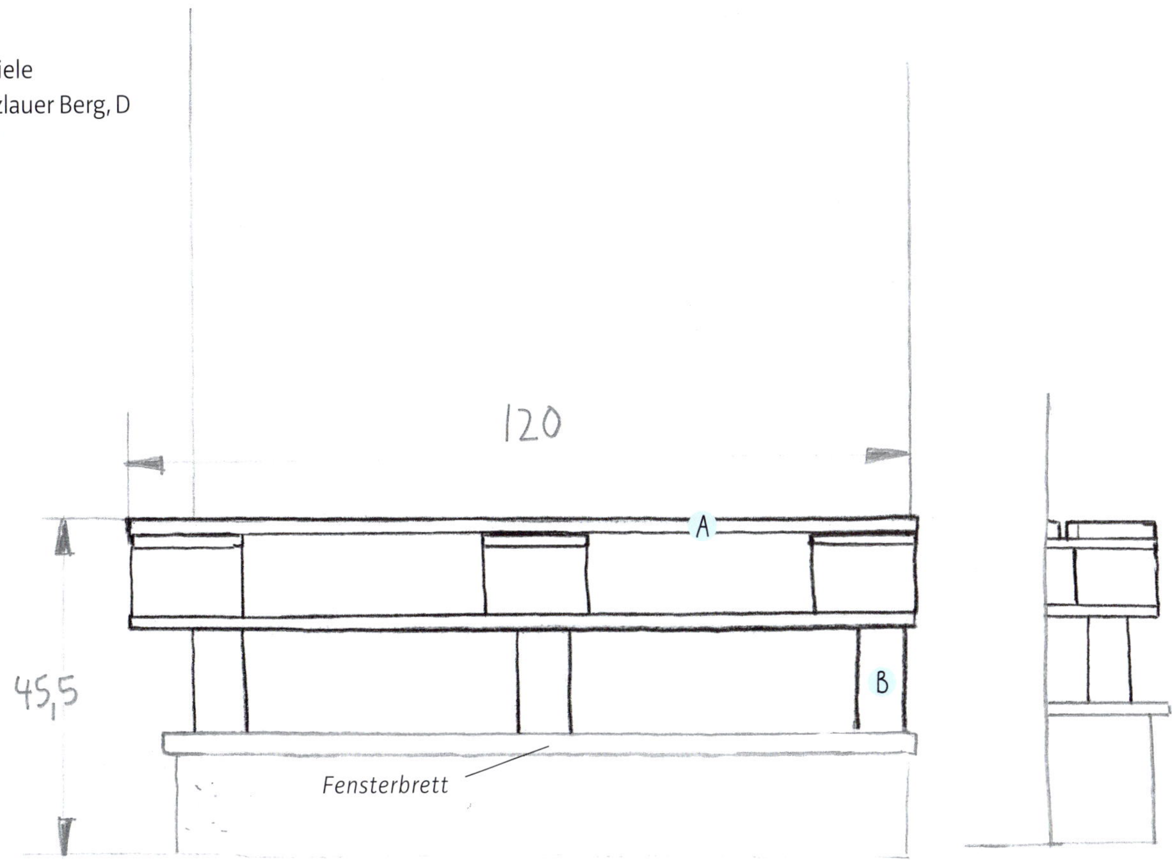

Vorderansicht Seitenansicht

Bauen

- Europalette längs etwa bei 32,7 cm (vor den mittleren Klötzen) absägen
- Ausmessen der Fensterrahmenprofile, Ausklinkungen anreißen und mit Stichsäge aussägen
- Zusägen der Beine
- Beine aufstellen und ausrichten, mit Heißklebepistole Klebepunkt auf die Stirnflächen setzen und Sitzfläche auflegen
- Sitzfläche mit zwei Schrauben am Fensterrahmen sichern

Material und Maße

Europalette, 14,4 × 80 × 120 cm

A Sitzfläche: ca. 35 cm breites Stück von der Längsseite einer Europalette

B Beine: 3 Balken oder Leistenstücke, ca. 5 × 5 cm, 27 cm hoch

2 Holzschrauben, Silikonkartusche, Heißkleber

Engawa-Bank

Yoichi Osaki hat eine Bank gebaut, deren Sitzfläche sich zusammenrollen lässt. Die Bambusmatte, mit der das Maki-Sushi gerollt wird, hat ihn dazu inspiriert. Wir treffen uns vor dem Restaurant, sitzen auf seiner Baumscheibenbank und warten darauf, dass seine Bank entrollt wird. Wir sehen eine Lattenrolle vor einer Hausfassade. Dann kommt Leben in die Szenerie. Rollläden werden hochgezogen, Fenster und Tür geöffnet. Angestellte bringen Teile der Unterkonstruktion, sieben Querbalken je mit einem Bein. Drei werden einfach auf das Fensterbrett gelegt, vier in Halterungen gesteckt. Gurte werden gelöst, und die Sitzfläche entrollt. Rasch sind Polster und Lampen verteilt. Die Bank steht. Das Ganze dauert nicht länger als zwei Minuten. Und ist ein Schauspiel, welches sich zweimal am Tag wiederholt. Denn wenn das Restaurant zur Nachmittagspause schließt, wird die Bank eingerollt. Das funktioniert schon seit vielen Jahren. Die Konstruktion hat sich offensichtlich bewährt. Als Architekt ist Yoichi Osaki bei seinem Entwurf von der Fassade ausgegangen. Er wollte den Innenraum des Restaurants über die Fenster nach außen öffnen und hat dabei an den Engawa, einen Holzbalkon, der die traditionellen japanischen Wohnhäuser umgibt, gedacht. Aus architektonischer Sicht ist der Engawa eine bewusste Zwischenzone, die weder zum Innen- noch zum Außenraum gehört und keinesfalls mit Straßenschuhen betreten wird. Mit seiner Bank hat Yoichi Osaki ein Stück Japan nach Berlin gebracht.

Einschätzung: Der Standort und die Anzahl der Beine und Querträger sind nach der Fassadenansicht ausgerichtet. Das zu entwerfen, ist für Architekten am Computer ein Kinderspiel, für alle anderen aber vielleicht etwas mühsamer. Die Holzarbeiten sind jedoch ohne großen Aufwand zu bewerkstelligen.

Konstruktion: Mit Lkw-Gurtband verbundene Leisten bilden die Sitzfläche und liegen auf sieben L-förmigen Trägern auf. Vier Träger stecken in festen Halterungen, die übrigen drei liegen einfach auf dem Fensterbrett auf.

Stärke der Konstruktion: Die Bank lässt sich mit wenigen Handgriffen blitzschnell auseinander- und zusammenrollen.

32,5 cm Sitzhöhe
106 cm Sitztiefe
621 cm Sitzbreite
Baujahr 2002
Erbauer Yoichi Osaki
Ort Berlin, Prenzlauer Berg, D
Datum 12.2.2017 AR

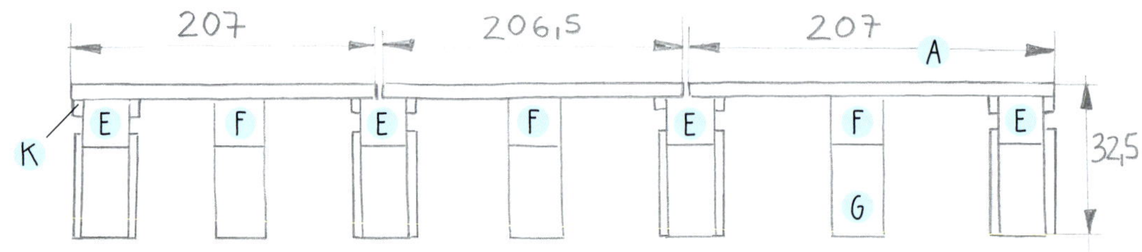

Vorderansicht

Werkzeug

Zollstock
Winkel
Japansäge
Schleifmaschine
Schleifpapier
Bohrmaschine
Betonbohrer
Holzbohrer
Akkubohrschrauber
Bits
Pinsel
Schere

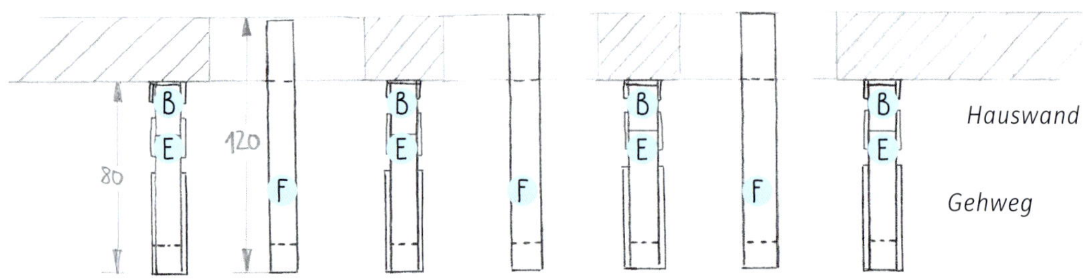

Draufsicht auf die Anordnung der Querträger

Material und Maße

Kiefernholz

A Sitzfläche: 40 Leisten, 2,8 × 4,3 × 207 cm, 20 Leisten, 2,8 × 4,3 × 206,5 cm
B mit der Hauswand verschraubte kurze Querträger: 4 Kanthölzer, 7 × 9 × 30 cm
C dazu 4 Balkenschuhe* mit passenden Schrauben und Dübeln
D hintere Beine:
 H 4 Kanthölzer, 7 × 9 × 21 cm, dazu
 I je 2 seitliche Bretter, 1,8 × 14,5 × 30 cm und
 J je ein linker und rechter Sparren-Pfettenanker*
E Querträger passend in die Halterungen der hinteren Beine: 4 Kanthölzer, 7 × 9 × 80 cm
F Querträger auf dem Fensterbrett aufliegend: 3 Kanthölzer, 7 × 9 × 120 cm
G vordere Beine: 7 Kanthölzer, 7 × 9 × 21 cm
K seitliche Leisten an den Querträgern: 7 Leisten, 2,8 × 4,3 × 70 cm

Insgesamt sind es:
14 Sparren-Pfettenanker für die Vorderbeine (7 rechte, 7 linke)
8 Sparren-Pfettenanker für die Hinterbeine (4 rechte, 4 linke)
Lkw-Gurtband, 6 cm breit, 110 cm lang
Holzschutzfarbe für den Außenbereich, Holzschrauben

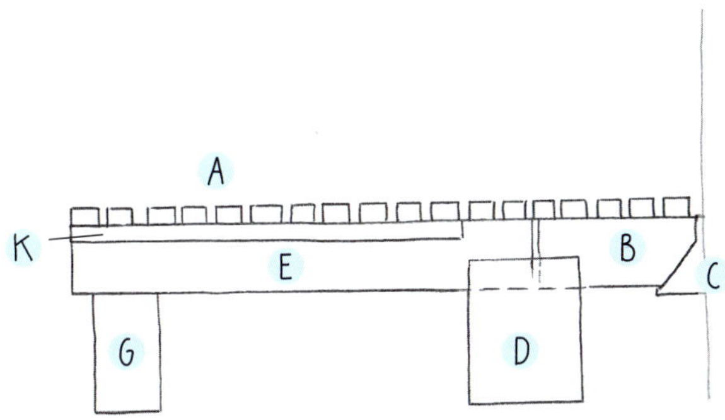

Seitenansicht

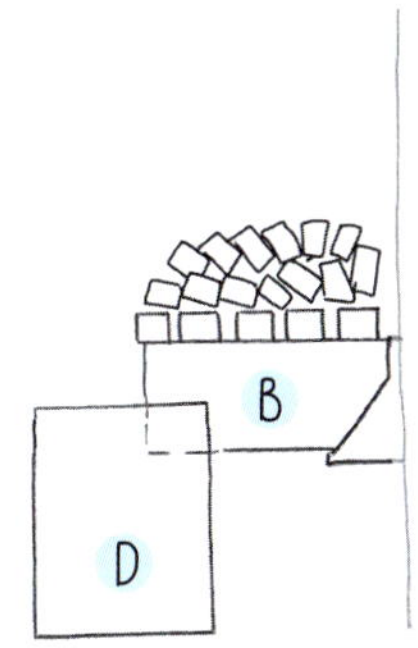

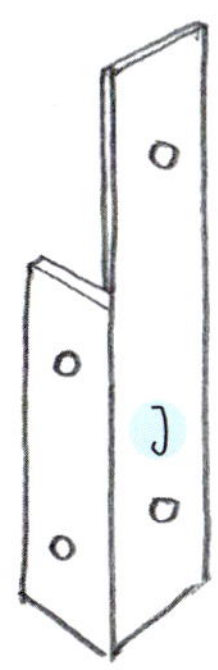

Sparren-Pfettenanker

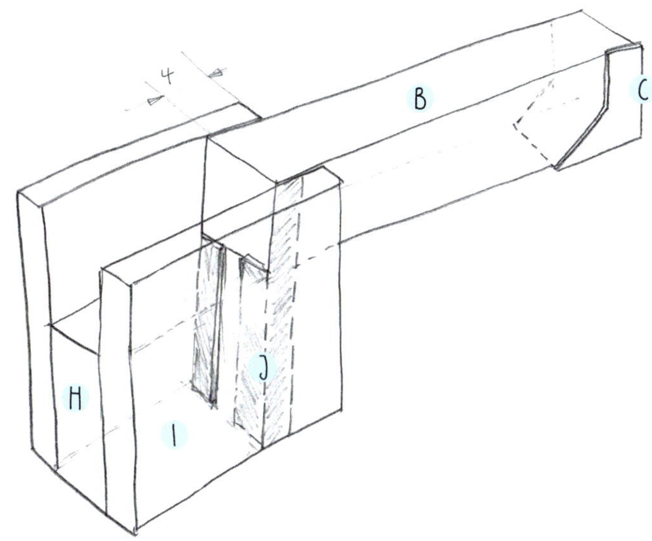

Detail hinteres Bein D

D = H + I + J

Bauen

- Ausmessen der Fensterhöhe und Fensterabstände vor Ort, für die Beinlängen mögliche Höhenunterschiede oder Straßengefälle vor Ort berücksichtigen
- Nach ermittelten Maßen Konstruktion anpassen und Zuschnitte anreißen
- Ablängen der Kanthölzer für die Querträger und Beine
- Ablängen der Bretter für die hinteren Halterungen der Querträger an den hinteren Beinen
- Querträger und Bretter gründlich streichen
- Hintere Beine mit seitlichen Brettern verschrauben
- Mit beidseitigen Sparren-Pfettenankern* hintere Beine und kurze hintere Querträger verbinden
- Balkenschuhe* an die Hauswand schrauben, hintere Querträger einlegen und verschrauben
- Mit beidseitigen Sparren-Pfettenankern alle Vorderbeine mit Querträgern verbinden
- Querträger aufstellen; sie liegen abwechselnd auf den hinteren Beinen oder dem Fensterbrett auf
- Seitliche Leisten an die Querträger schrauben
- Ablängen der Leisten für die Sitzfläche
- Leisten schleifen und gründlich streichen
- Leisten auf den Querträgern auslegen, ausrichten und von oben mit Lkw- Gurtband verschrauben
- Die hinteren fünf Leisten jeweils auf die Querträger (B) schrauben

PICTUREBOOKS
and TOYS
also ENGLISH
CHILDRENSBOOKS

Baumscheibenbänke

Die Bänke in diesem Kapitel sind nach ihrem Standort benannt: der freien Bodenfläche um den Stammfuß, die jeder Baum zum Überleben braucht. In Städten werden Baumscheiben mit Metallbügeln oder Stoßkanten geschützt. Engagierte Anwohner rüsten mancherorts nach und bauen: Baumscheibenbänke. (Mehr Informationen siehe S. 223.)

Kapitel 7

Bank und Blumenkorb

Diese Amsterdamer Bank schützt eine Baumscheibe. Ein dazugehöriger wuchtiger Blumenkübel schirmt die Konstruktion zur Straßenseite hin ab. Gebaut wurde sie vom Verein Stadtshout mit dem Holz von gefällten Amsterdamer Stadtbäumen.

Einschätzung: Das Schlitzen der Pfosten erfordert vielleicht etwas Geschick beim Sägen.

Konstruktion: Vier Pfosten mit Zapfenschlitz in der Hirnholzfläche bilden die Eckpunkte eines Quadrates. Quer zum Gehweg sind jeweils zwei Pfosten durch in die Zapfenschlitze gesteckte Bohlen miteinander verbunden. Auf der straßenabgewandten Seite, längs zum Gehweg, liegt die Sitzfläche auf den Pfosten und Bohlen auf. Auf der der Straße zugewandten Seite liegt ein Blumenkübel, ebenfalls aus Bohlen, auf den Pfosten und Bohlen auf.

41,5 cm	Sitzhöhe
ca. 35 cm	Sitztiefe
180 cm	Sitzbreite
Baujahr	ca. 2014
Erbauer	Stadshout Amsterdam
Ort	Amsterdam, NL
Datum	14.3.2018 SR

Werkzeug

Säge
Stemmeisen
Knüpfel
Akkubohrschrauber
Holzbohrer
Rohrsteckschlüssel
Tacker

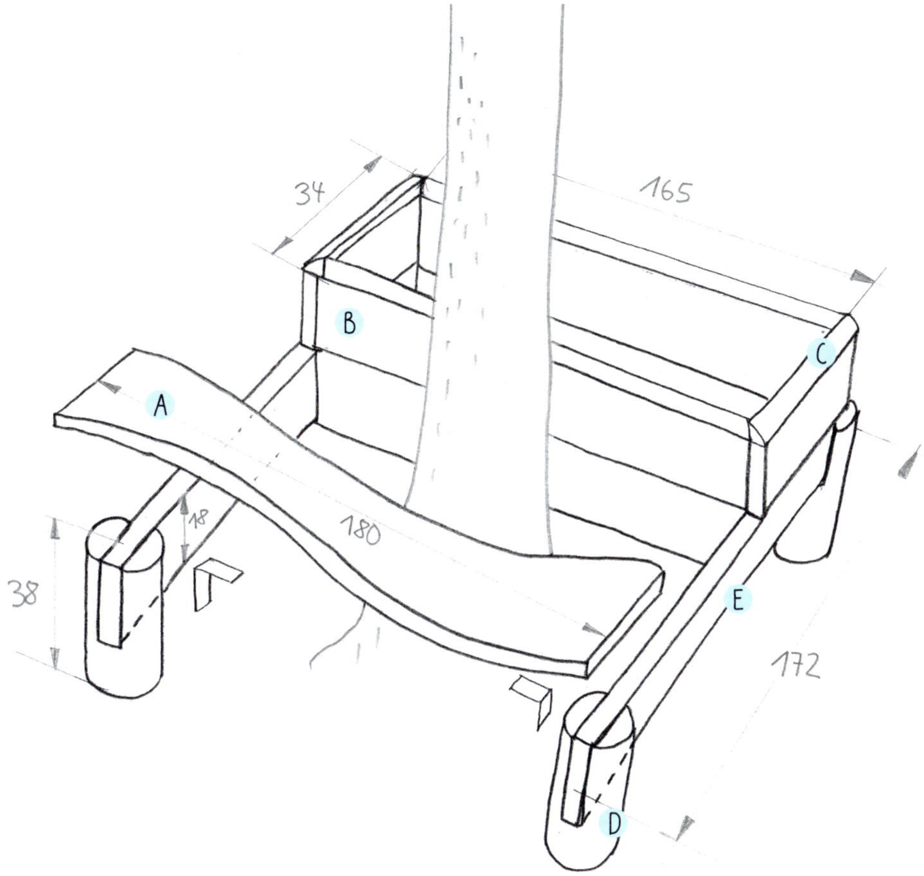

Bauen

- Ausmessen und zusägen der Teile
- Zapfenschlitze in den Hirnholzflächen der Pfosten ausarbeiten
- Jeweils zwei Pfosten mit einer Bohle verbinden
- Pfosten aufstellen und ausrichten
- Sitzfläche auflegen und von unten mit Winkeln an den Pfosten verschrauben
- Blumenkübel verschrauben, Folie einlegen und am Rand festtackern
- Leisten auf Kübelrand schrauben

Material und Maße

A Sitzfläche: 1 Bohle, 11 × 35 × 180 cm
B Blumenkübel: 4 Bohlen, 5,5 × 18 × 165 cm
2 Bohlen, 5,5 × 18 × 34 cm
C Umrandung: 2 Leisten, 3 × 5,5 × 34 cm
2 Leisten, 3 × 5,5 × 165 cm
D Eckpfosten: 4 Aststücke, ø ca. 13 cm, 38 cm lang
E seitliche Verbindung: 2 Bohlen, 5,5 × 18 × 172 cm
2 Winkel, 16 Sechskant-Holzschrauben, Folie zum Ausschlagen des Kübels

Bilderrahmenbank

Wie ein Bilderrahmen umschließt die Bank die Baumscheibe und schützt so ein in Großstädten stark strapaziertes Stückchen nackte Erde. Da der durch Eigeninitiative errichteten Bank die Beseitigung durch das Ordnungsamt droht, wollten die Erbauer, Conny und Felix, eine schlichte und kostengünstige Konstruktion. Sie haben sich an einer in der Straße schon vorhandenen Bank orientiert und mit dem im Inneren der Bank angelegten Beet eine kleine Oase geschaffen. (Mehr Informationen siehe S. 223.)

Einschätzung: Die auf Gehrung gesägten Sitzflächenbretter erfordern einiges Geschick und Genauigkeit beim Anreißen und Sägen.

Konstruktion: Die Sitzfläche, vier auf Gehrung gesägte Bretter, bildet ein geschlossenes Rechteck um einen Baum. Vier Pfosten an jeder Ecke tragen die Sitzfläche. Die Pfosten werden durch vier Stege gesichert.

Stärken der Konstruktion: Die auf Gehrung gesägten Ecken sind nicht nur optisch schön, sondern ermöglichen die Auflage von zwei Sitzflächenbrettern auf einem Pfosten. Das bedeutet geringen Materialaufwand für maximale Sitzfläche und gute Stabilität. Die Halt gebenden Stege dienen zusätzlich als Beeteinfassung und verhindern, dass das Blumenbeet abgetragen oder verunreinigt wird.

47 cm	Sitzhöhe
19,5 cm	Sitztiefe
518 cm	Sitzbreite (aus 2 × 139 cm und 2 × 120 cm)
Baujahr	Frühjahr 2017
Erbauer	Constanze Goltz, Felix Löwe
Ort	Berlin, Prenzlauer Berg, D
Datum	31.12.2017 AR

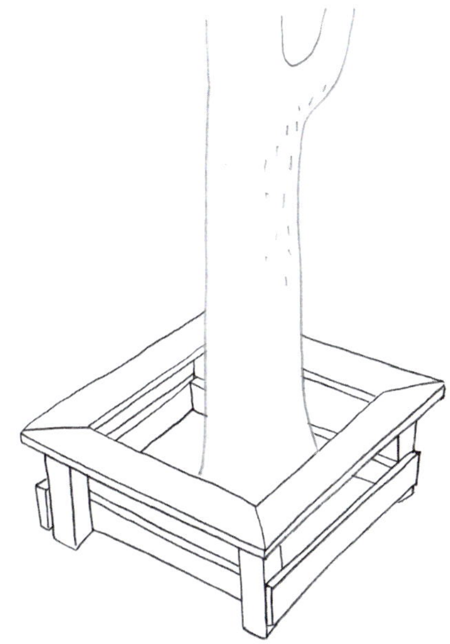

Werkzeug

Zollstock
Winkel
Gehrmaß
Schmiege
Geodreieck oder
Winkelmesser
(zum Anreißen der
Gehrung)
Säge
Akkubohrschrauber

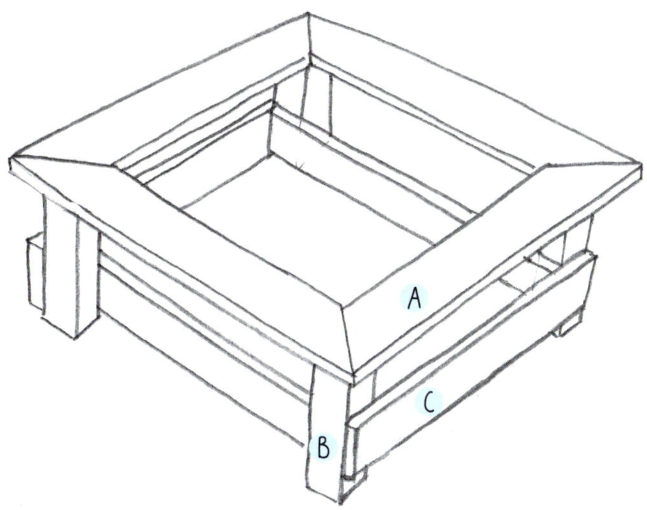

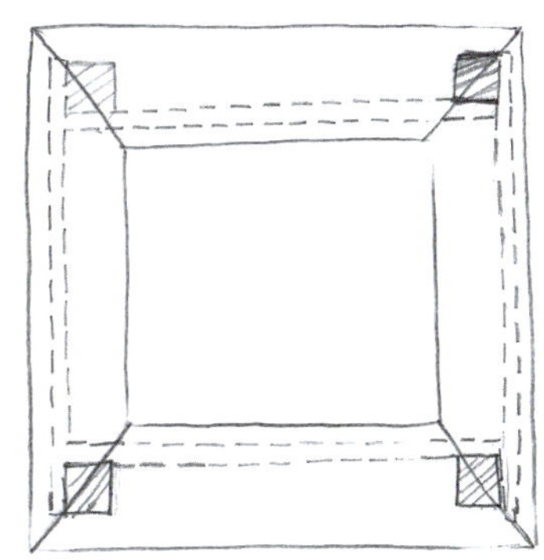

Draufsicht

Bauen

- Aus den Balkenstücken Pfosten zusägen
- Zusägen der Sitzflächenbretter und Stege
- Jeweils zwei Pfosten mit einem der längeren Stege verschrauben
- Pfosten aufstellen und ausrichten; die beiden langen Stege liegen einander gegenüber und weisen nach innen zum Baum hin
- Sitzflächen auflegen, ausrichten und von oben durch die Sitzfläche mit den Pfosten verschrauben
- Beide kurzen Stege auf die Pfosten schrauben

Material und Maße

Kiefernholz
A Sitzfläche: 2 Bretter, 2,8 × 19,6 × 160 cm
2 Bretter, 2,8 × 19,6 × 139 cm
B Beine: 4 Balkenstücke, 8,8 × 8,8 × 45 cm
C Steg unten: 2 Bretter, 2,3 × 15 × 148 cm
2 Bretter, 2,3 × 15 × 125,5 cm
Holzschrauben

Überdachte Baumscheibe

Sie ist Töpferwerkstatt und Freiluftatelier in einem, als ich diese Baumscheibenbank zum ersten Mal entdecke. Es ist Februar und frisch, doch Isao Sasaki lässt sich davon nicht beeindrucken. Ihn stören weder die Autos noch die Passanten auf dem Gehweg. Er ist völlig in seine Arbeit versunken und reibt seine Töpfe ab. Dass er das wegen des Staubs lieber im Freien macht, ist verständlich. Die Bank bietet ihm dafür genügend Platz. Die Sitzfläche ist tief genug, um darauf mit untergeschlagenen Beinen sitzen zu können. Ihr Erbauer, Yoichi Osaki, sitzt auch genau so, als wir uns dort treffen. Genial an dieser Bank finde ich, dass sie wirklich sehr konsequent die Baumscheibe schützt und gleichzeitig soviel Sitz- und Arbeitsfläche bietet.

Einschätzung: Das exakte Zusägen der vielen Balkenstücke für die Beine erfordert von Hand etwas Sägegeschick.

Konstruktion: Eine Holzpritsche deckt die gesamte Baumscheibe ab und hat in der Mitte ein Loch für den Baum. Jeweils zwei Beine sind über ein auf ihren Stirnseiten aufliegendes Balkenstück miteinander verbunden und bilden einen Querträger. Die Sitzfläche, einzelne Leisten, liegt auf fünf dieser Querträger auf.

38,5 cm	Sitzhöhe
94 cm	Sitztiefe
388 cm	Sitzbreite
Baujahr	2002
Erbauer	Yoichi Osaki
Ort	Berlin, Prenzlauer Berg, D
Datum	31.12.2017 AR

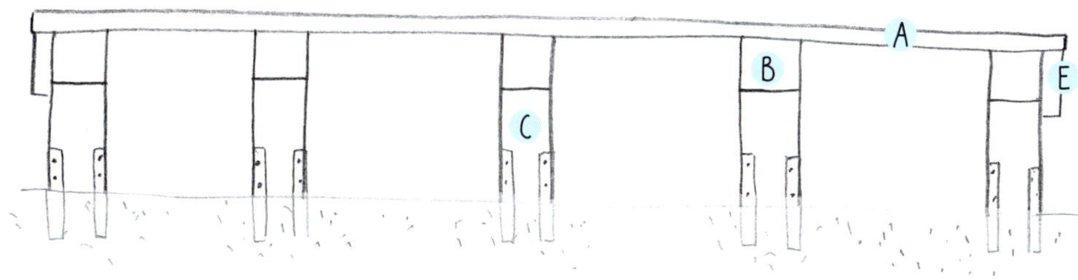

Vorderansicht

Werkzeug

Zollstock
Winkel
Japansäge
Akkubohrschrauber
Pinsel

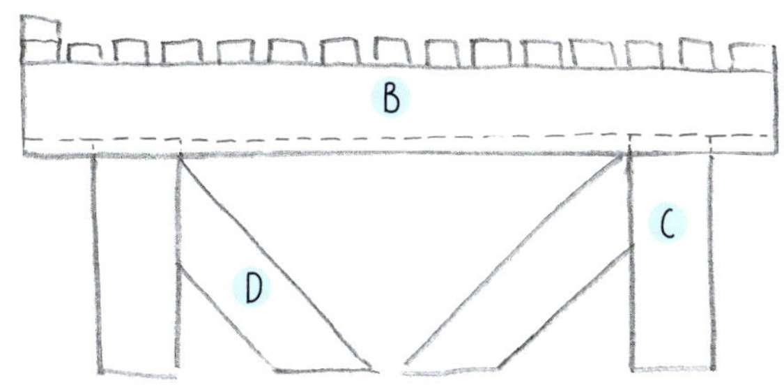

zweites und viertes Beinpaar

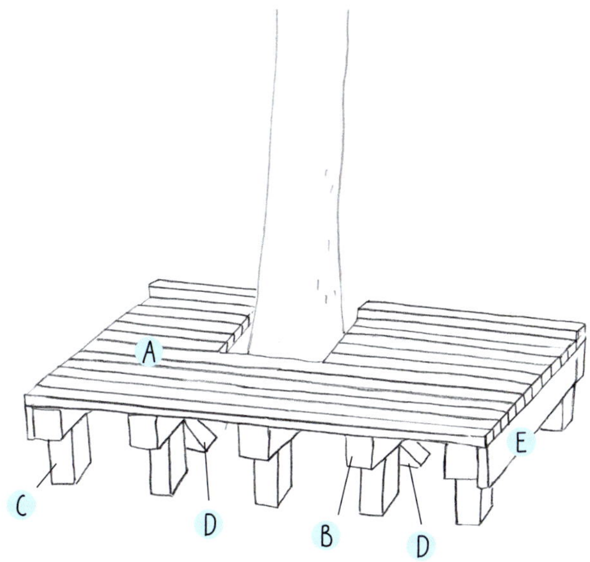

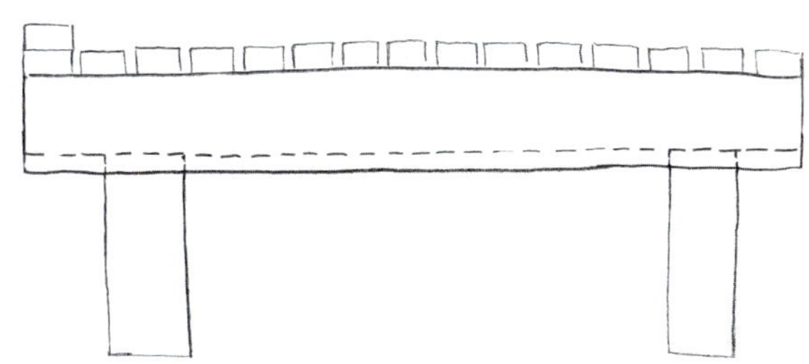

Bauen

- Zusägen der Balkenstücke für Beine und Querstreben
- Jeweils zwei Beine mit einer Querstrebe verschrauben
- Zweites und viertes Beinpaar durch jeweils zwei schräge Stützen verstärken
- Zwei Winkeleisen als Erdanker an die Beine schrauben
- Beinpaare auf der Baumscheibe aufstellen und ausrichten
- Leisten für die Sitzfläche zusägen, dabei Aussparung für den Baum bedenken
- Leisten auf die Querstreben auflegen und verschrauben
- Seitenbretter anschrauben
- Alles streichen

Material und Maße

Kiefernholz
A Sitzfläche: 16 Leisten, 3,5 × 5,5 × 388 cm
B Querstreben: 5 Balken, 8 × 10 × 100 cm
C Beine: 10 Balken, 8 × 10 × 27 cm
D schräge Stützen für 2 Beinpaare: 4 Balken, 8 × 10 × etwa 40 cm
E Querzargen / Seitenbretter: 2 Bretter, 1,8 × 15 × 100 cm
20 Winkeleisen
Farbe
Holzschrauben

Überseetransportkiste

Diese Bank war schon in Amerika und in Spanien. Allerdings war sie damals noch eine Kiste. Eine Überseetransportkiste für Kunst. Dann wurde die Kiste verschenkt. Und ihr neuer Besitzer, Heiner Funken, hat aus ihr diese Baumscheibensitzbank gebaut. Sie steht in einer Berliner Straße, in der es auffällig viele selbstgebaute Baumscheibenbänke gibt. (Mehr Informationen siehe S. 223.)

Einschätzung: Wer zufällig eine ähnliche Kiste besitzt, kann diese Bank leicht nachbauen. Alle anderen können statt der Kistenteile Bretter, Bohlen oder Plattenmaterial verwenden.

Konstruktion: Die Seitenteile der Kiste werden zu den Seitenteilen der Bank. Auf diese wird die Sitzfläche aufgeschraubt

44,8 cm	Sitzhöhe
25 cm	Sitztiefe
952 cm	Sitzbreite (aus 2 × 315 cm und 2 × 161 cm)
Baujahr	um 2008
Erbauer	Heiner Funken
Ort	Berlin, Prenzlauer Berg, D
Datum	26.4.2018 AR

Werkzeug

Zollstock
Handkreissäge
Akkubohrschrauber
eventuell Schleifpapier
Pinsel
Tacker

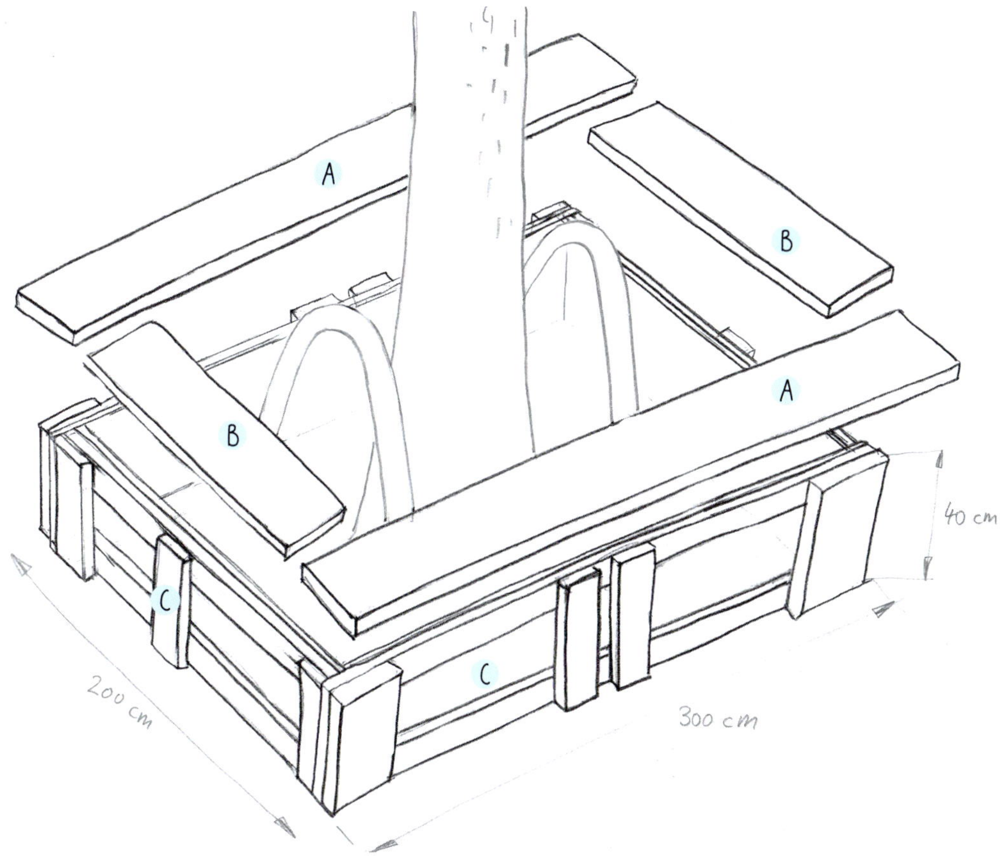

Bauen

- Kiste in einzelne Seitenteile zerlegen
- Seitenteile um die Baumscheibe auf das Pflaster stellen, ausrichten und miteinander verschrauben
- Innenseiten der Seitenteile mit Folie verkleiden
- Sitzflächenbretter zusägen, auflegen und von oben durch die Sitzfläche mit Seitenteilen verschrauben, bei Bedarf schleifen
- Alles streichen

Material und Maße

Sitzfläche:
A 2 Baudielen, 4,8 × 25 × 315 cm
B 2 Baudielen, 4,8 × 25 × 161 cm
Unterbau:
C Überseetransportkiste: 40 × 200 × 300 cm
Holzschrauben, Gartenfolie, Farbe

Bauen

Dieses Kapitel gibt eine kleine Übersicht über die Techniken und Werkzeuge, die Sie beim Bau einer Bank benötigen.

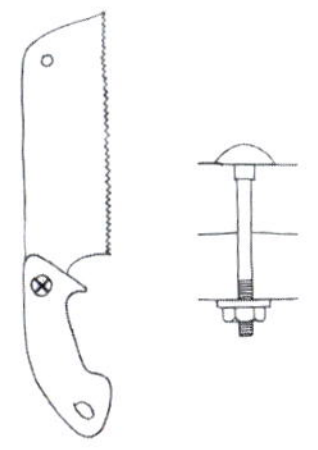

Kapitel 8

Maße ermitteln

Sitzhöhe, Sitztiefe und Sitzbreite bestimmen, wie man auf einer Bank sitzt. Wenn Sie Ihre Bank nach den Körpermaßen eines bestimmten Menschen ausrichten wollen, dann wählen Sie die Länge der Unterschenkel für die Sitzhöhe und die Länge der Oberschenkel für die Sitztiefe.

Sitzmaße

Verschiedene Bahnen	Sitzhöhe vordere Sitzkante	Sitzhöhe hintere Sitzkante	Sitztiefe	Sitzbreite
Amsterdamer Metro	45,5	40,5	39	43
Deutsche Bahn, ICE	43	43	45	46
Flixbus-Zug	43	43	43	50
Berliner Straßenbahn	49	51	40	42

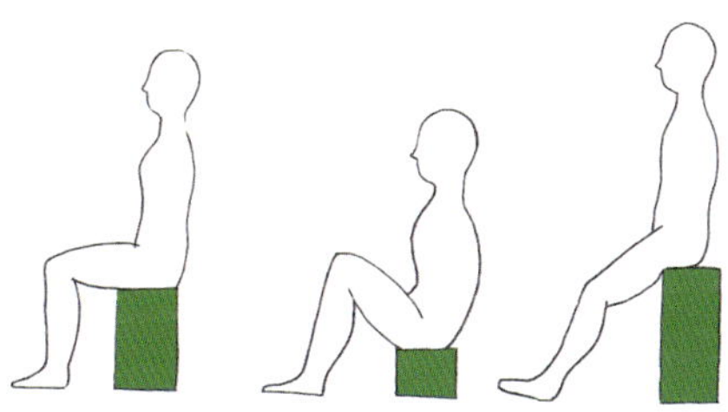

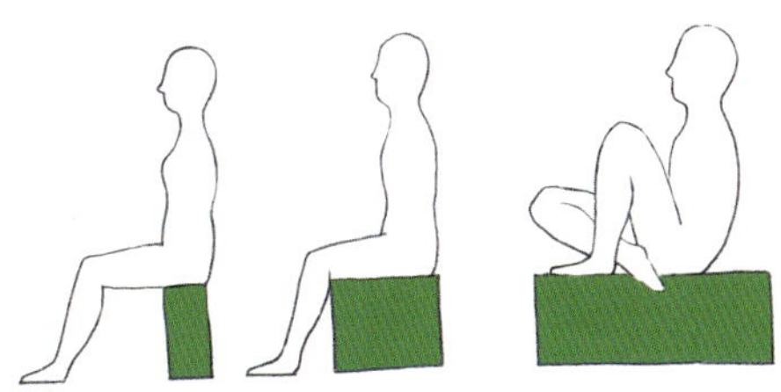

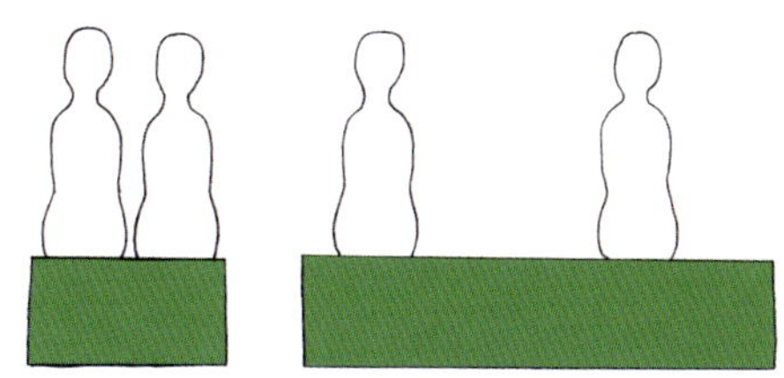

Sitzhöhe

Mit der Sitzhöhe legen Sie fest, welchen Winkel Ober- und Unterschenkel beim Sitzen bilden können. Wenn Sie eine Bank bauen wollen, die für viele Menschen passt, dann hilft der Richtwert der DIN-Norm ISO 5970: Sie legt eine durchschnittliche Körpergröße von 173 cm zugrunde und schlägt eine Sitzhöhe von 46 cm für Sitzmöbel vor. Wenn Sie auf Ihrer Bank eher ruhen und nicht wie an einem Schreib- oder Esstisch sitzen möchten, sind 43 cm ein gutes Maß. Ist die Sitzhöhe deutlich niedriger, können vor allem ältere Menschen oder Wanderer mit schwerem Rucksack schlecht wieder aufstehen.

Sitztiefe

Mit der Sitztiefe legen Sie fest, wie weit Oberschenkel und Po auf der Sitzfläche aufliegen können. Für Bänke ohne Rückenlehne sind etwa 30–45 cm ein gängiges Maß. Hat die Bank eine Rückenlehne, sollte die Sitztiefe 45 cm oder mehr betragen, damit Sie nicht das Gefühl haben, dass die Lehne Sie von der Bank schiebt. Wollen Sie auf der Bank wie auf einem Sofa lümmeln können, dann wählen Sie eine Sitztiefe von mindestens 50–60 cm.

Sitzbreite

Die Sitzbreite legt fest, wie viele Menschen nebeneinander auf Ihrer Bank sitzen können. Etwa 50–60 cm sollten Sie pro Person rechnen. Da kein Mensch dem anderen hinsichtlich Größe, Figur und Statur genau gleich ist, können diese Maße allerdings nur als grobe Richtschnur dienen.

Als Vergleichsmöglichkeit sind bei allen Bänken hier im Buch Sitzhöhe, Sitztiefe und Sitzbreite aufgeführt.

Konstruktionstipps

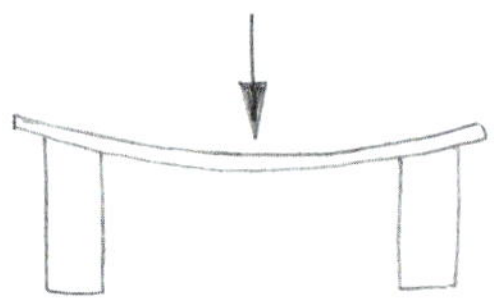

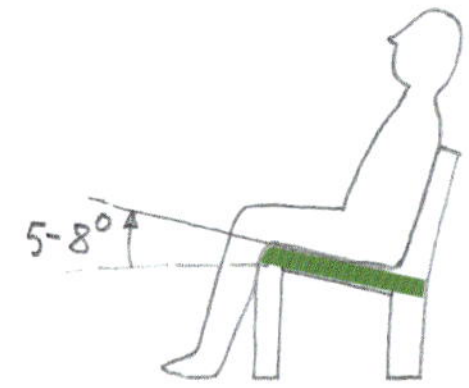

Sitzfläche

Die Sitzfläche wird tragfähig, wenn Sie ihren Querschnitt genügend groß wählen oder für zusätzliche Auflagen sorgen. Eine zur Rückenlehne hin leicht abfallende Sitzfläche mit etwa 5–8° Neigung sorgt für bequemes Sitzen und guten Wasserablauf.

Ausgehend von einer tragfähigen Sitzfläche gibt es verschiedene Möglichkeiten, wie die Beine einer Bank stabil werden können:

① durch ihre schiere Masse und Proportion
② durch Eingraben in die Erde
③ durch Aussteifen der Verbindung mit Dreiecken oder Querleisten
④ durch Verbinden der Beine mit Zargen und einem Steg

①

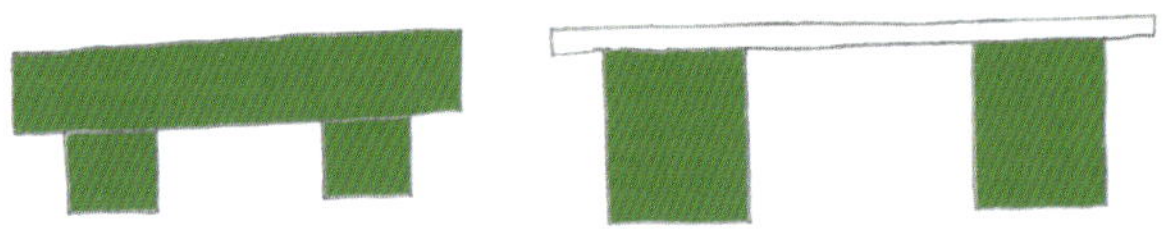

②

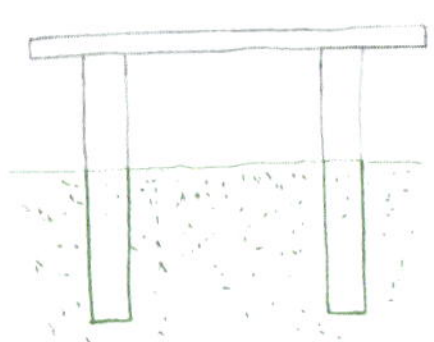

③

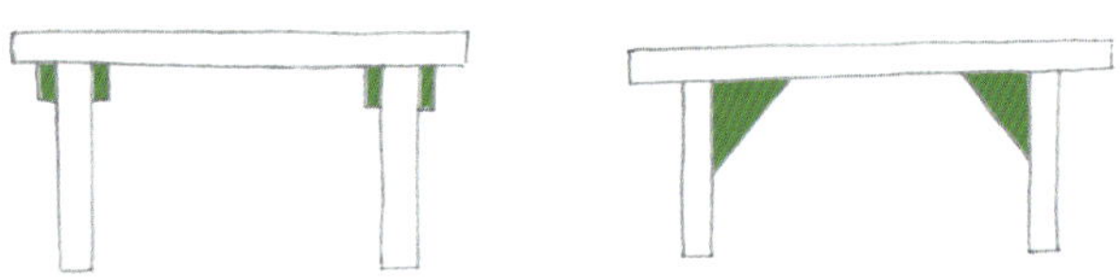

④

Beine

Der Querschnitt der Beine sollte genügend groß gewählt werden, damit diese die Last der Sitzfläche tragen können. Leicht schräg nach außen gestellte Beine vergrößern die Standfläche der Bank und machen sie kippsicherer.

Die Wasseraufnahme über die Standflächen der Beine kann man verhindern durch:

① ein untergesetztes, sogenanntes Opferholz in Faserlängsrichtung
② untergesetzte Möbelfüße oder eingedrehte Schrauben, die für eine gute Belüftung sorgen
③ die Wahl der Faserrichtung der Standflächen (besser: Faserlängsrichtung als Stirnfläche)

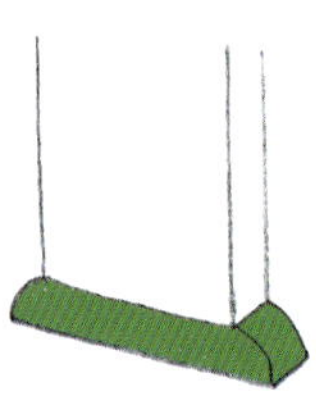

①

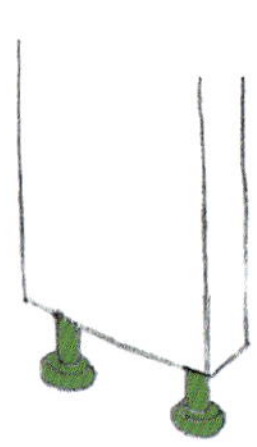

②

③

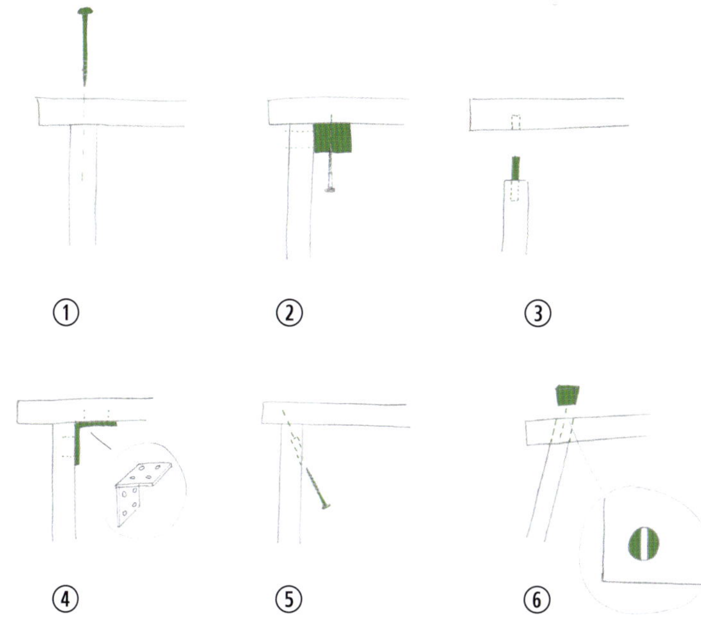

Dazu gibt es noch verschiedene Möglichkeiten, wie Sie die Beine mit der Sitzfläche verbinden können:

① Sparrennagel oder Schraube von oben durch die Sitzfläche ins Bein
② Schraube von unten in die Sitzfläche
③ Holzdübel von unten in die Sitzfläche
④ Winkel
⑤ Taschenbohrung mit Schraube, die schräg durch das Bein in die Sitzflache geht
⑥ Keil von oben in das eingezapfte Bein verklemmt dieses in der Sitzfläche

Rückenlehne

Meist ist die Rückenlehne um einen Winkel von 10 bis 15° geneigt. Eine etwa 10-20 cm breite Rückenlehne, ca. 15-18 cm über der Sitzfläche angebracht, stützt ergonomisch korrekt vor allem den mittleren Bereich des Rückens, die Lendengegend.
Rückenlehnen, die direkt an die Hauswand geschraubt werden oder aus der Formgebung der Seitenteile entstehen, lassen sich relativ einfach konstruktiv umsetzen und werden sehr stabil.
Liegt der Schwerpunkt der Bank durch die Rückenlehne außerhalb der Standfläche der Beine, neigt die Bank zum Kippen.

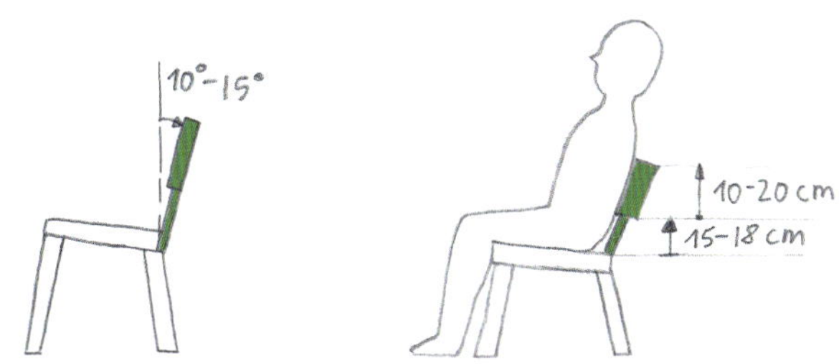

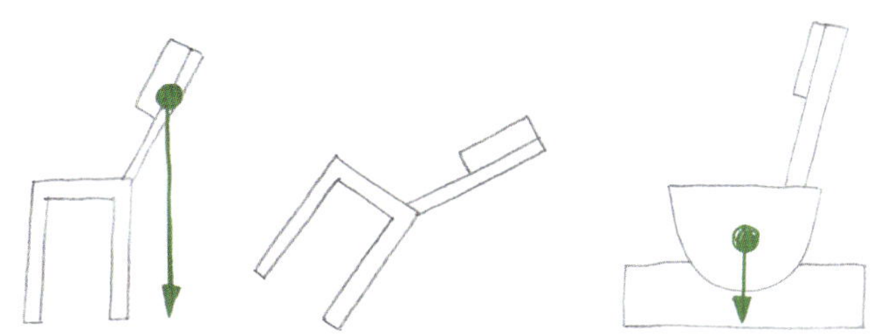

Armlehnen

Die Armlehnen sollten etwa 20-25 cm über der Sitzfläche liegen. Eine leichte Neigung lässt Regenwasser ablaufen. Breite Armlehnen können als Abstellfläche dienen.

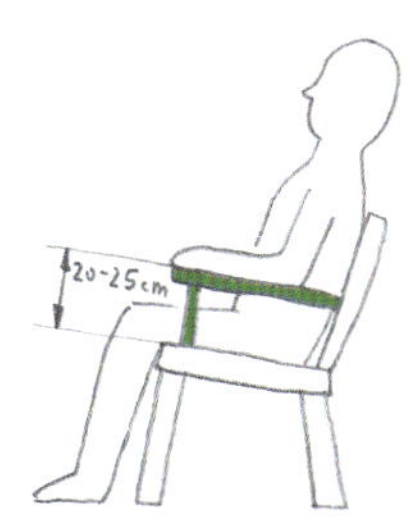

Unabhängig davon, welche Art von Bank Sie bauen möchten, werden Sie vermutlich bis auf einige Ausnahmen auf irgendeine Art Holz trennen und Holz fügen müssen. Wie Sie diese Arbeiten ausführen, hängt von Ihrem handwerklichen Geschick, Ihrem Holz, Ihrem Werkzeug und Ihren eigenen Ansprüchen an die fertige Bank ab. Hier eine kleine Übersicht der möglicherweise anfallenden Bearbeitungstechniken und die dafür geeigneten Werkzeuge:

Holz trennen

Sägen

Ich säge am liebsten von Hand mit **Japansägen**. Diese arbeiten auf Zug und sägen mit einer Bewegung zum Körper hin; werden also gezogen. Dieses Sägeprinzip erlaubt ein sehr dünnes Sägeblatt, mit dem sich leicht und ohne Kraftaufwand sägen lässt. Die Schnittfuge ist entsprechend schmal und fein.
Profihandwerker suchen die **Zahnung der Säge** nach der **Schnittrichtung** aus: Trapezverzahnung für Schnitte quer zur Faser, Dreiecksverzahnung für Schnitte längs zur Faser oder eine Universalverzahnung, die beide Schnittrichtungen erlaubt. Meine Lieblingssäge, die Kataba-Mini*, ist vor allem für Sägeschnitte quer zur Faser geeignet, etwa zum Ablängen von Brettern. Für Schnitte längs zur Faser, zum Beispiel beim Zusägen von Zapfen, verwende ich die Ryoba Seiun 210. Die Bänke auf Seite 42 und 114 sind mit diesen beiden Sägen gesägt.

Nicht ganz so leicht wie mit einer Japansäge sägt es sich mit einem **Fuchsschwanz**. Fuchsschwanzsägen haben häufig eine Universalverzahnung. Damit können Sie längs und quer zur Faserrichtung sägen. Der Fuchsschwanz sägt, je nach Blatt, auf Stoß und Zug oder nur auf Stoß. Bei einer Säge, die auf Stoß arbeitet, wird Druck auf das Sägeblatt ausgeübt. Damit es sich dabei nicht verbiegt, muss das Sägeblatt entsprechend dick und starr sein. So ergibt sich eine breitere und rauere Schnittfuge als bei der Japansäge und ein höherer Kraftaufwand. Bei der Bank auf Seite 76 wurde mit einem Fuchsschwanz gesägt.

Wer nicht von Hand sägen möchte, kann zwischen elektrischer Stichsäge, Kreissäge oder Motorkettensäge wählen.
Die **elektrische Stichsäge** eignet sich nicht nur für gerade Sägeschnitte sondern bietet sich vor allem an, wenn Sie Aussparungen, geschwungene Schnitte und Kurven sägen möchten.
Für Kurven wählen Sie am besten ein Kurvensägeblatt.
Kurven mit sehr kleinem Radius können Sie mit einem Bohrer im entsprechenden Durchmesser vorbohren und anschließend mit der Säge bis an den Rand des Loches und von dort weiter entlang Ihrer Anrisslinie sägen.
Auch für Aussparungen bohren Sie vorher ein Loch, dass Ihre Anrisslinie berührt und groß genug ist, um das Sägeblatt Ihrer Stichsäge einführen und wenden zu können.
Achten Sie darauf, dass der Sägeschuh beim Führen der Säge vollflächig aufliegt.

Sie können leichter und präziser sägen, wenn Ihre Hand beim Führen der Säge möglichst über dem Sägeblatt liegt.
Für gerade Sägeschnitte sind Sägeblätter mit breiten Zahnrücken besonders geeignet, da sie eine bessere Längsführung haben.
Beim Bau der Bank auf Seite 50/51 wurde zum Beispiel mit einer elektrischen Stichsäge gearbeitet.

Natürlich können Sie gerade Sägeschnitte auch mit einer **Kreissäge** sägen. Ich finde diesen Sägetyp zu laut und die Verbindung von hoher Drehzahl und scharfem Sägeblatt potentiell gefährlich. Da das Holz für einige Bänke in diesem Buch aber auch mit Kreissägen gesägt wurde, hier eine kleine Übersicht: Die **Kappsäge** ist eine stationäre Kreissäge und eignet sich vor allem zum Ablängen (Kappen) von Balken, Leisten und Brettern. Neben rechtwinkligen Schnitten sind Winkelschnitte meist bis 45° möglich.
Auch die **Tischkreissäge** ist eine stationäre Kreissäge und das Werkstück wird von Hand, aus Arbeitsschutzgründen mit einem Schiebestock, auf das Sägeblatt zu geschoben.
Im Gegensatz dazu wird beim Sägen mit der **Handkreissäge** die Säge mit dem Sägeblatt von Hand über das Werkstück geführt.
Zum Ablängen von Baumstämmen oder Bauholz mit großem Durchmesser bietet sich eine **Motorkettensäge** an. Auch wenn Sie nur gelegentlich Holz mit einer Motorsäge schneiden wollen, ist der vorherige Erwerb eines Motorsägescheins äußerst ratsam. Denn selbst bei vermeintlich einfachen Arbeiten kann es durch unsachgemäße Handhabung der Säge schnell zu schweren Verletzungen kommen.
Kurse zum Erwerb eines Motorsägescheins bieten Forstämter, Baumärkte oder auch die verschiedenen Sägehersteller an.

Wollen Sie einen Baumstamm längs aufschneiden, um diesen zu halbieren oder um Bohlen zu schneiden, verwenden Sie für die Kettensäge eine Längsschnittkette und eine Längsschnittschiene. Für die im Buch abgebildeten Bänke auf den Seiten 28, 86, 158 und 160 wurden Baumstämme mit einer Logosol*-Halterung für Motorkettensägen auf einem Eigenbaugestell längs geteilt.
Für die Bänke auf den Seiten 58 und 192 wurden Baumstämme mit dem mobilen Sägewerk Woodmizer* LT 40 vom Verein *Stadtshout* gesägt (siehe gegenüberliegende Seite, Foto oben).

Spalten

Statt zu sägen, können Sie einen Baumstamm auch durch Spalten teilen.
Ich spalte Baumstämme bis 15 cm Durchmesser und einer Länge von etwa 1 m mit der Axt. Dazu stelle ich den Stamm auf, säge die Stirnfläche etwa 5 mm ein, setze die Axt in den Sägeschnitt und treibe sie mit dem Knüpfel. Die hinteren Beine der Bank auf Seite 114 sind so entstanden.

Baustämme mit umfangeicherem Durchmesser kann man, außer mit der Kettensäge, auch mit einem oder mehreren Keilen längs spalten. Dann entsteht zwar eine sehr grobe Bruchfläche, die Sie aber mit der Axt, dem Stemmeisen oder dem Hobel glätten können. Voraussetzung ist, daß der Stamm ohne Verdrehungen und astfrei gewachsen ist. Ansonsten entsteht eine so unregelmäßige Bruchfläche, dass ein Glätten nur schwer möglich ist.

Stemmen

Zum Ausstemmen von Zapfenlöchern, Ausklinkungen, Vertiefungen oder zur Formgebung von Holz verwende ich Stemmeisen und Knüpfel*. Wenn Sie keinen Knüpfel haben, können Sie das Stemmeisen zum Abtragen von Material auch einfach von Hand treiben. Wenn Sie leicht schräg zur Faser arbeiten, schneidet das Stemmeisen am besten.

Bohren

Beim Bau einer Bank werden vor allem die Schrauben vorgebohrt. Dazu wählen Sie einen Holzspiralbohrer*, der einen etwas geringeren Durchmesser als die Schraube hat.
Für flache Bohrungen von 10–35 mm Durchmesser, zum Beispiel zum Versenken von Sechskantschrauben und Muttern, eignet sich ein Forstner-Bohrer.
Tiefere Bohrlöcher, etwa Zapfenlöcher oder Löcher zum Einsetzen von Beinen, lassen sich besser mit einem Schlangenbohrer bohren. Um einen Forstner-Bohrer oder einen Schlangenbohrer anzutreiben, benötigen Sie einen leistungsstarken Akkubohrschrauber oder eine Handbohrmaschine.
Mit einem Stangenschlangenbohrer können Sie wunderbar ohne motorisierten Antrieb von Hand bohren.

Holz fügen

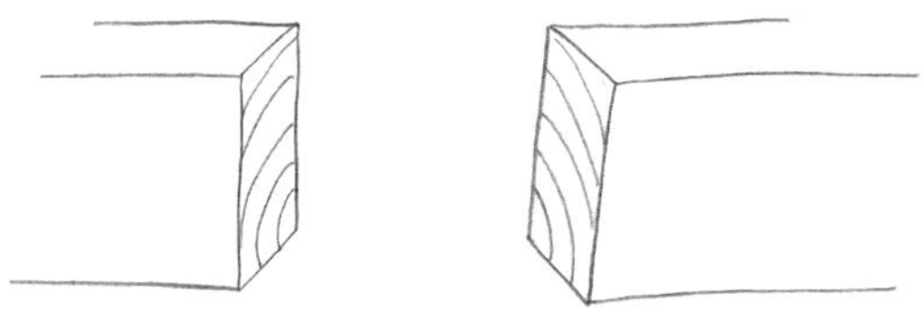

ungünstig, weil wenig stabil:
die Verleimung von Stirnholz

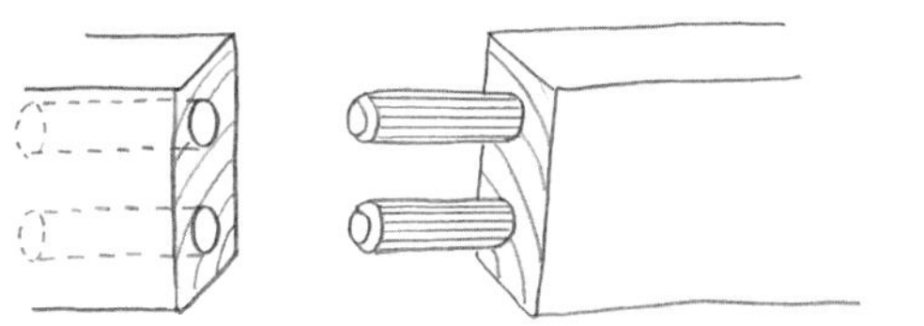

besser: mit Dübeln wird das Holz
längs zur Faster verleimt

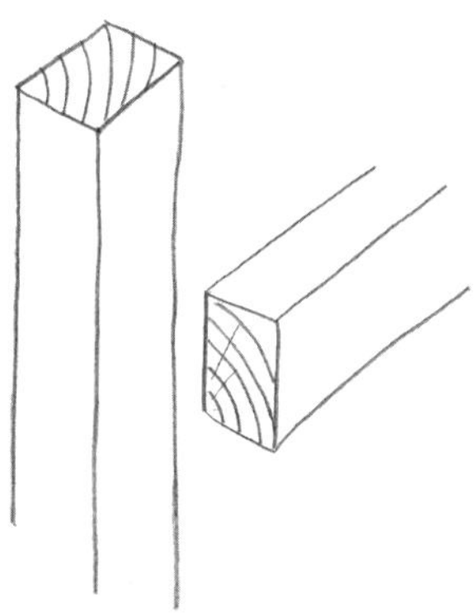

ungünstige Verleimung
von Stirnholz

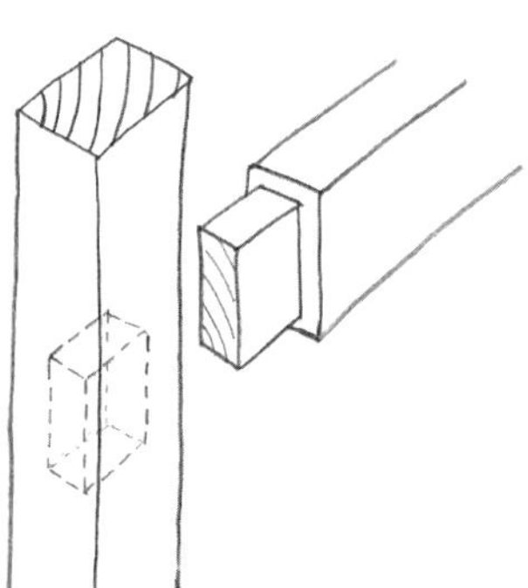

besser: mit einem Zapfen wird das
Holz längs zur Faster verleimt

Leimen

Holzleime sind genormt und werden in verschiedene Beanspruchungsgruppen eingeteilt. Soll Ihre Bank dauerhaft bei jedem Wetter im Freien stehen, verwenden Sie für Ihre Leimverbindungen unbedingt einen wasserfesten Leim der höchsten Beanspruchungsgruppe: D4.*
Bei den im Buch beschriebenen Bänken kommen zwei unterschiedliche Holzleime zum Einsatz: PU-Leim und Weißleim.

PU-Leim, auch Polyurethanleim oder PUR-Leim, ist ein Reaktionsklebstoff, der mit Hilfe von Luftfeuchtigkeit aus der Umgebung aushärtet. Beim Aushärten schäumt der Leim auf und füllt somit kleine Fugen oder Spalten. Damit der aufschäumende Leim die zu verbindenden Teile nicht auseinandertreibt, müssen diese gut fixiert werden. PU-Leim ist nicht für Leimungen in Hohlräumen wie zum Beispiel Dübellöchern geeignet. Man kann mit ihm aber nahezu alle klebbaren Materialien kleben, zum Beispiel Metall auf Holz.
PU-Leim ist im nicht ausgehärteten Zustand beim Einatmen und bei Hautkontakt gesundheitsschädlich. Er sollte mit Handschuhen und, wenn keine ausreichende Belüftung vorhanden ist, mit Atemschutzmaske verarbeitet werden.
Bei der Bank auf Seite 142 wurde mit diesem Leim gearbeitet.

Weißleim, auch PVCA-Leim oder PVA-Leim genannt, ist ein Kunststoffleim auf Dispersionsbasis und der wahrscheinlich gebräuchlichste Holzleim.
Vereinfacht gesagt, ist der Kunststoff in Wasser gelöst. Der Leim bindet ab, indem das Wasser verdunstet oder vom Holz aufgesogen wird. Weißleim ist im nicht ausgehärteten Zustand weiß und ausgetrocknet farblos.
Dieser Leim ist für die Leimung von Holzübeln sehr gut geeignet.
Die Wollbank auf Seite 46 wurde mit Weißleim geleimt. Sie ist die einzige Bank in diesem Buch, deren Verbindungen ausschließlich geleimt wurden.

Wichtig für die Stabilität einer Leimverbindung sind nicht nur die Sorgfalt ihrer Ausführung und die Qualität des verwendeten Leims, sondern vor allem in welcher Richtung die Holzfasern aufeinander treffen. Problematisch zu verleimen sind Stirnholzflächen. Hier sollten Sie für eine gute Festigkeit der Verbindung mit Dübeln oder Zapfen arbeiten.

Nageln

In diesem Buch finden Sie Nagelverbindungen bei den einfachen Bänken auf den Seiten 26 und 28. Hier wurden Sparrennägel genutzt, um die Sitzfläche mit den Füßen zu verbinden. Vor dem Einschlagen der Sparrennägel muss vorgebohrt werden. Die Länge der Vorbohrung sollte etwa so lang wie der gerillte Schaftteil des Nagels sein. Zum Einschlagen der Nägel verwenden Sie am besten einen Vorschlaghammer.

Gewöhnliche Nagelverbindungen sind oft nicht sehr stabil, wenn sie auf Zug in Richtung der Nagelachse belastet werden ①. Eine größere Festigkeit hat eine Nagelverbindung, die quer zur Nagelachse belastet wird ②.

- Als Faustregel gilt: Zwei Drittel des Nagels sollen im haltenden Holz sitzen.
- Nageln Sie eine Verbindung immer mit mindestens zwei Nägeln, da ein einzelner Nagel wie ein Gelenk wirkt und sich das Holz um ihn herum drehen lässt.
- Vermeiden Sie nach Möglichkeit, in das Stirnholz zu nageln ③. Eine solche Verbindung wird nicht genügend fest. Auf keinen Fall darf eine in das Stirnholz genagelte Verbindung auf Zug in Richtung der Nagelachse belastet werden. Hier wird der Nagel mit der Zeit herausgezogen (außer, Sie verwenden Sparrennägel).
- Bohren Sie Nägel in Hartholz wie Robinie oder Eiche immer vor.
- Das Spalten von Bauteilen können Sie verhindern, wenn Sie Ihre Holzteile genügend dick wählen und die Nagelstellen nicht zu nah am Rand sitzen oder wenn Sie das Holz mit einer Zwinge zusammenpressen.
- Bei mehreren Nägeln versetzen Sie die Nagelstellen, damit nicht alle Nägel in die gleiche Holzfaser getrieben werden. Auch das verhindert ein Spalten des Holzes.

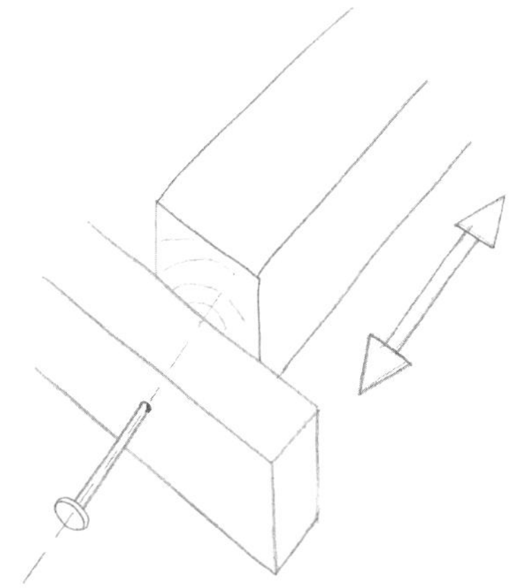

ungünstig: Nagel wird auf Zug in Richtung der Nagelachse belastet

①

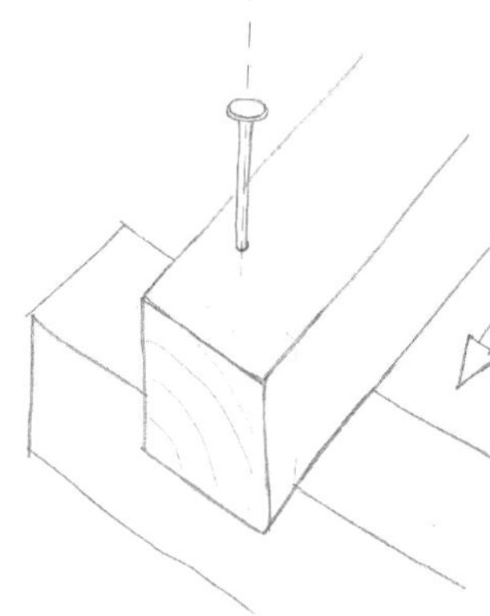

besser: Nagel wird quer zur Nagelachse belastet

②

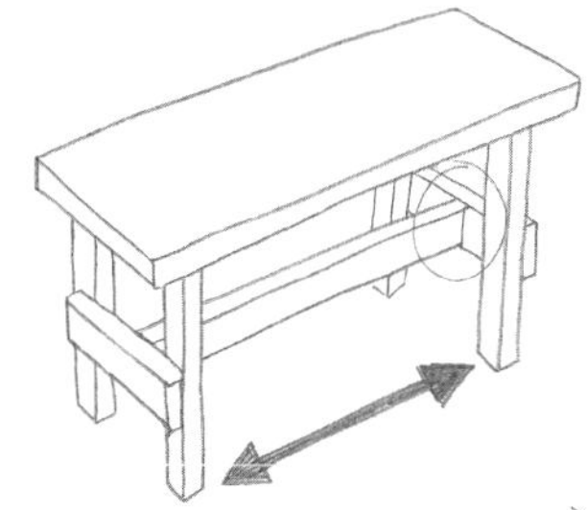

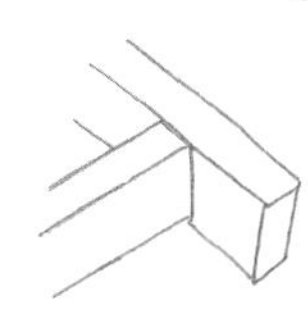

ungünstig: in Stirnseite genagelt oder geschraubt

③

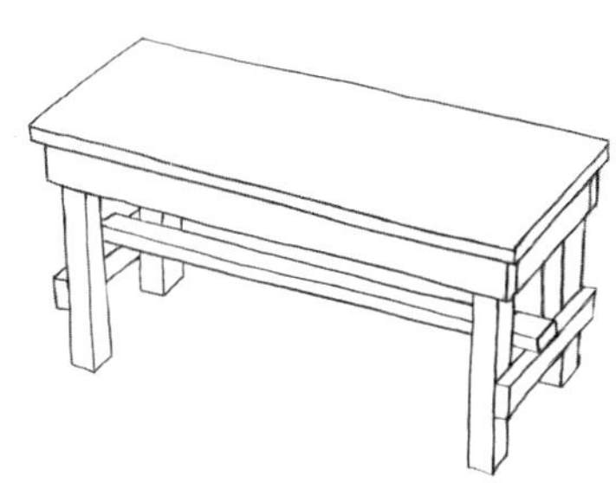

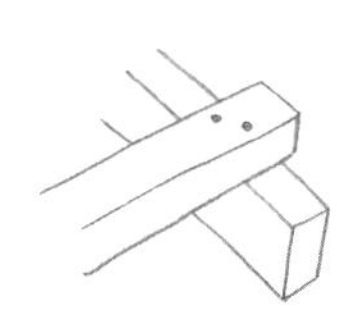

besser: hier wurde nicht in die Stirnseite genagelt

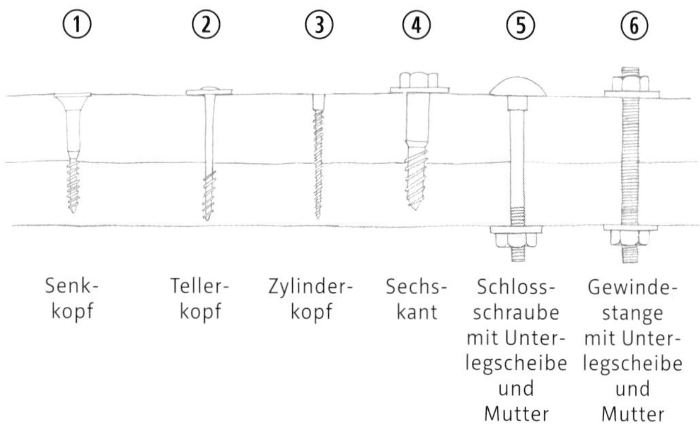

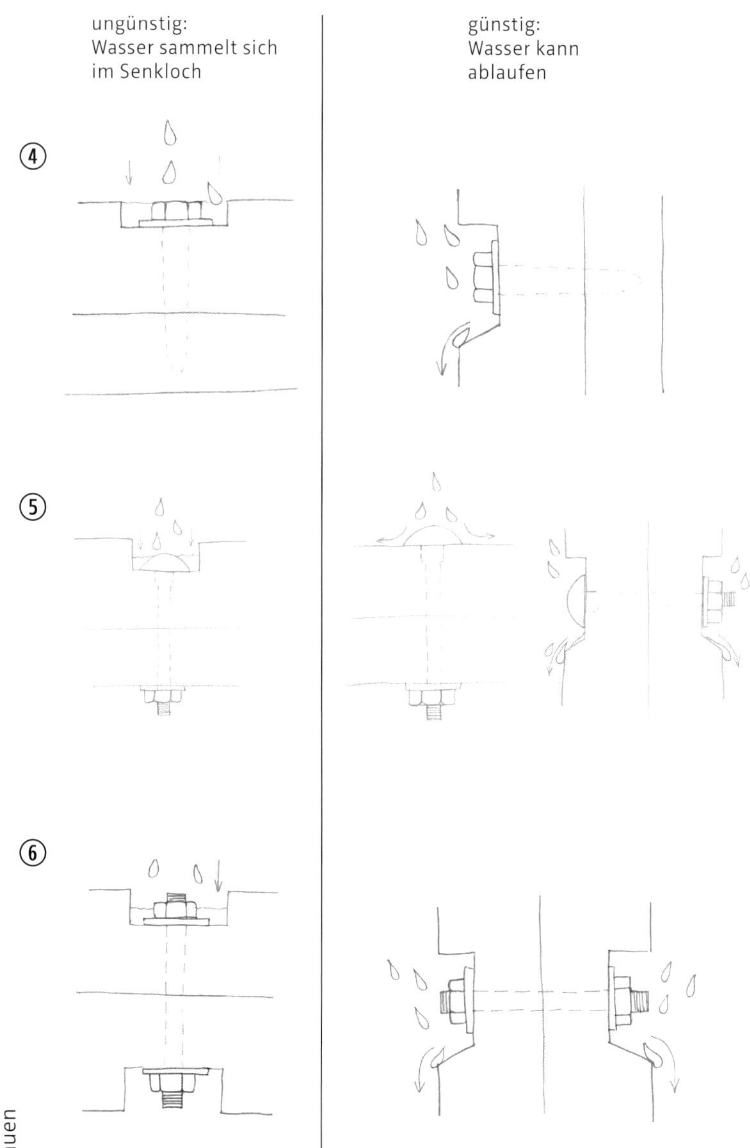

Schrauben

Die meisten Bänke in diesem Buch sind geschraubt. Dabei kommen sehr unterschiedliche Schrauben zum Einsatz. Sie unterscheiden sich vor allem in der Art des Schraubenkopfantriebs in Kreuzschlitz-, Pozidrive-, Außensechskant*- und Torx-Schrauben.

Torx-Schrauben, auch als Sternchen-Schrauben bekannt, sind inzwischen die gängigste Antriebsart für Holzschrauben.

Generell sollten Sie Holzschrauben mit Teilgewinde verwenden. Mit diesen lassen sich zwei Holzstücke ohne Spaltbildung miteinander verbinden, wenn Sie die Schraube so wählen, dass der gewindefreie Teil der Stärke des oberen Holzstückes entspricht.

Die häufigste Kopfform bei Holzschrauben ist der **Senkkopf** ①. In der Regel schließen Senkkopfschrauben bündig mit der Holzoberfläche ab. Bei Hartholz sollten Sie die Löcher vorsenken.

Mit **Tellerkopfschrauben** ②, wie sie bei der Bank auf Seite 140 verwendet wurden, erreichen Sie ein noch besseres Dichtziehen der Verbindungen als mit Senkkopfschrauben. Dabei muss der gewindefreie Teil komplett durch das obere Bauteil reichen. Allerdings sind die Schraubenköpfe sehr auffällig.

Zylinderkopfschrauben ③ hingegen lassen sich dank ihres kleinen Kopfdurchmessers leicht im Holz versenken und damit beinahe unauffällig verschrauben. Durch die geringe Spaltwirkung beim Versenken des Kopfes sind sie beim Terrassenbau sehr beliebt.

Bei den Bänken auf Seite 58, 97, 118, 142, 158, 164 unf 192 werden **Holzschrauben mit Sechskantkopf** ④ verwendet. In Verbindung mit einer Unterlegscheibe können Sie mit diesen Schrauben eine hohe Flächenpressung erzielen. Allerdings schließt der Schraubenkopf nicht bündig mit der Holzoberfläche ab, sondern ragt über diese hinaus. Wenn Sie den Schraubenkopf deshalb versenken möchten, sollten Sie darauf achten, dass sich in dem Senkloch kein Wasser sammeln, sondern gut ablaufen kann. Für waagerechte Sitzflächen sind diese Schrauben nicht geeignet. Sie sollten bei diesen Schrauben immer vorbohren.

Schlossschrauben ⑤ werden bei den Bänken auf Seite 62, 78, 86, 136, 160 und 162 verwendet. Die Schlossschraube hat einen Linsenkopf mit unterseitigem Vierkant. Der Vierkant, das Schloss, ist etwas größer als der Schraubendurchmesser und hält die Schraube beim Aufdrehen der Mutter fest. Dazu wird die Schraube durch ein Bohrloch gesteckt und die Mutter angezogen. Eine Unterlegscheibe unter der Mutter sorgt für eine bessere Kraftverteilung.

Der Rundkopf der Schlossschraube liegt auf der Holzoberfläche auf. Sie sollten ihn auf waagerechten Flächen, wie etwa der Sitzfläche, auf keinen Fall versenken und nicht zu fest anziehen, da in dem Senkloch oder dem eingezogenen Holz das Wasser stehen bleibt. Beim Sitzen ist der Rundkopf keineswegs störend.

Wenn Sie Dachbalken, wie bei der Bank auf Seite 30, miteinander verbinden wollen, empfiehlt sich eine **Gewindestange mit Unterlegscheiben und Muttern** ⑥. Ähnlich wie bei der Schlossschraube tritt auch hier ein Stück des Gewindes aus der Rückseite des unteren Bauteils aus und wird mit einer Mutter gesichert. Als Schraubenkopf dient eine Mutter auf der gegenüberliegenden Seite. Anders als Schlossschrauben können Sie Gewindestangen mit einer Eisensäge auf die gewünschte Länge zusägen. Mit beiden Schraubverbindungen erreichen Sie eine sehr hohe Festigkeit. Außerdem können Sie die Muttern bei Bedarf immer wieder nachziehen.

- Bohren Sie für Schlossschrauben und Gewindestangen ein durchgehendes Bohrloch mit dem Durchmesser des Gewindes.
- Auch wenn die meisten Holzschrauben ein selbstschneidendes Gewinde haben, bohren Sie bei Hartholz besser immer vor.
- Bohren Sie auch vor, wenn das Holz beim Eindrehen der Schraube reißt oder die Schraube auf halbem Weg stecken bleibt.
- Vermeiden Sie nach Möglichkeit das Schrauben in Stirnholzflächen. Hierbei werden immer die selben Fasern mehrfach von der Schraubenschneide verletzt, das Holz droht zu spalten und die Verbindung wird nicht genügend fest.
- Sollten Sie es überhaupt nicht vermeiden können, in die Stirnholzfläche zu schrauben, können Sie durch einen rechtwinklig zum Schraubenloch eingeleimten, möglichst dicken Holzdübel eine höhere Festigkeit der Verbindung erreichen ⑦.

Bank an die Hauswand schrauben

So können Sie Ihre Bank mit **Stockschraube*** und **Verbundmuffe*** elegant an die Hauswand schrauben:

- Für die Verbundmuffe mit 15-mm-Bohrer ein ca. 25 mm tiefes Loch in die Rückseite der Beine und vom Grund des Loches noch weiter in das Holz hinein ein 11-mm-Loch bohren, das die aus der Verbundmuffe austretende Stockschraube aufnehmen kann. ①
- Verbundmuffe ins Loch schrauben und metrische Seite der Stockschraube bis zum Anschlag hineindrehen.
- Bank an Hauswand schieben, um Sitz des Dübels zu markieren, Dübelloch bohren und Dübel einsetzen.
- Bank an Hauswand schieben, sodass Stockschraube mit der Holzgewindeseite im Dübel steckt.
- Mit Maulschlüssel die Stockschraube von der Seite anziehen und in den Dübel ziehen. ②

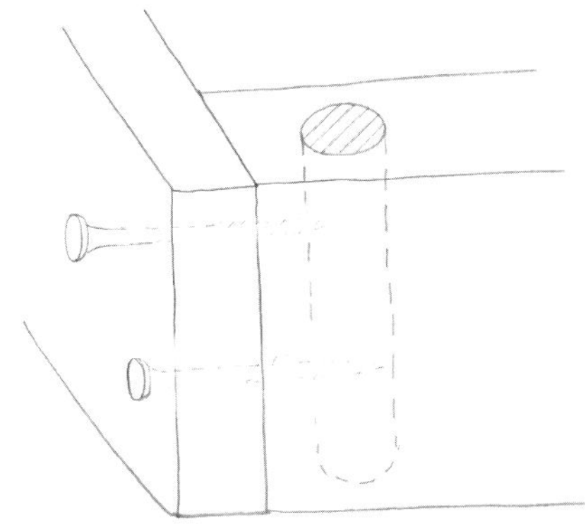

eingeleimter Holzdübel

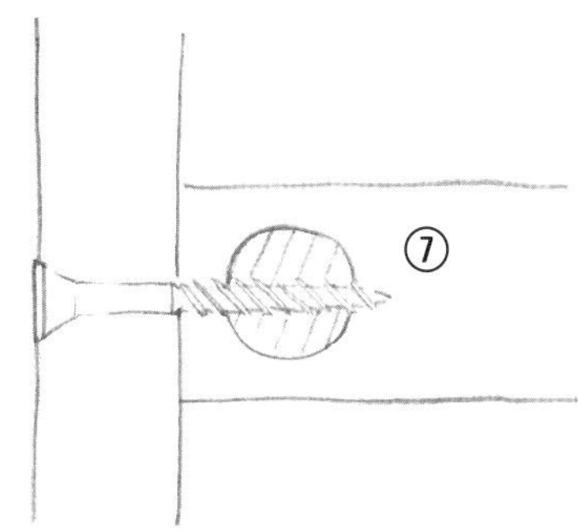

⑦

①

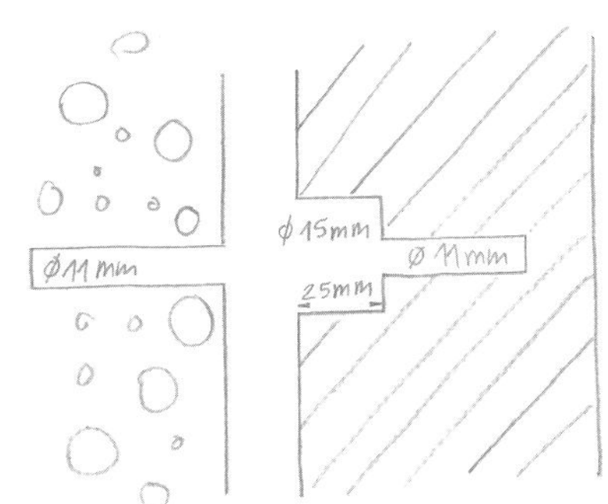

Hauswand Bank

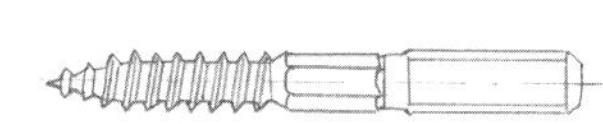

Stockschraube, M10 × 100 mm, Schlüsselweite 8 mm

②

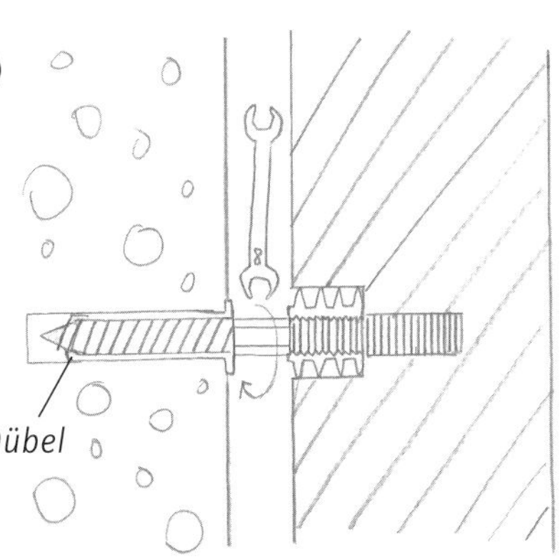

Schnitt

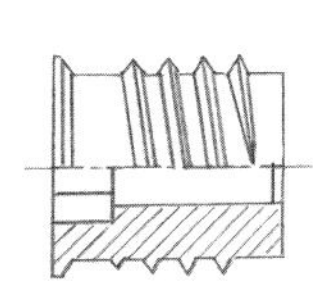

Verbundmuffe, Typ SK, M10, 18,5 mm Außendurchmesser, 25 mm Länge

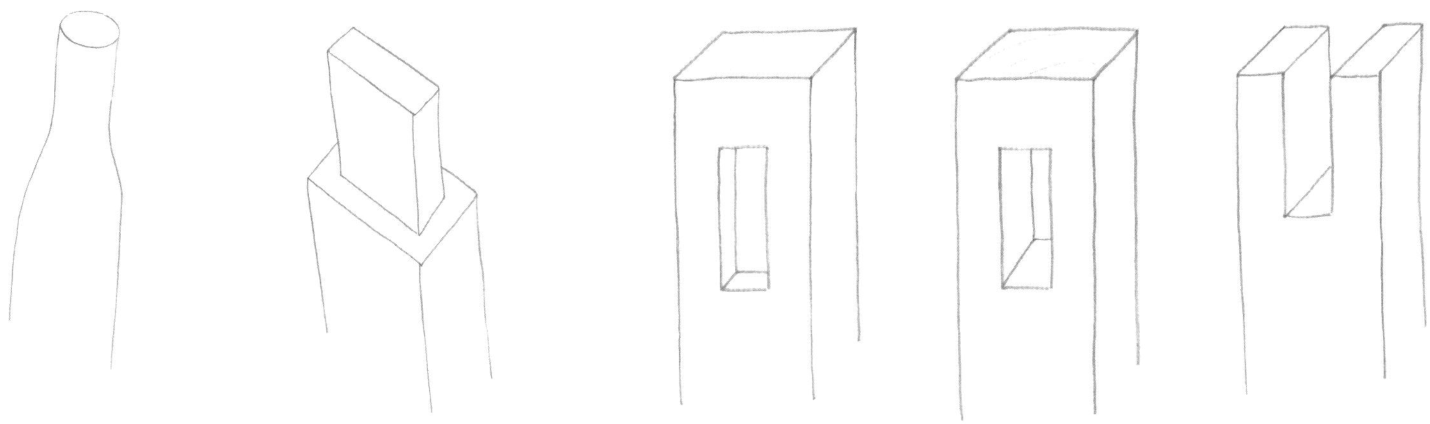

① ② ③ ④ ⑤

Zapfenverbindungen

Mit einer Zapfenverbindung können Sie zwei aufeinanderstoßende Holzteile verbinden. Zapfen und Zapfenloch sind entweder rund oder eckig gestaltet. Diese Art der Holzverbindung ist schon seit der römischen Antike bekannt.

Rundzapfen ① haben den Vorteil, dass Sie das Zapfenloch einfach bohren können. Nach meiner Erfahrung bieten sich Rundzapfen vor allem bei der Verbindung von unregelmäßig geformten Ästen an. Sie lassen sich leichter anreißen und ausarbeiten. Ich schnitze den Rundzapfen einfach mit einem Schnitzmesser. Er wird nie exakt rund und keilt sich dadurch im Zapfenloch fest.

Kantzapfen ② sind viereckig geschnitten und haben den Vorteil, dass sie ein Verdrehen der verbundenen Hölzer verhindern. Diese Zapfenform eignet sich vor allem für Bretter und Balken. Kantzapfen säge ich mit der Japansäge Ryoba, da sie zwei unterschiedliche Zahnungen für die beiden unterschiedlichen Schnittrichtungen längs und quer zur Faser hat.

Zudem unterscheiden sich die Zapfenverbindungen nach der Ausbildung der Zapfenlöcher in blindes Zapfenloch ③, durchgängiges Zapfenloch ④ und Zapfenschlitz ⑤.

- Fertigen Sie immer zuerst das Zapfenloch und passen Sie diesem dann den Zapfen an. Denn der Zapfen lässt sich leichter korrigieren als das Zapfenloch.
- Profis verwenden für das Ausstemmen eines Zapfenlochs von Hand einen Lochbeitel, ich verwende Stemmeisen und Knüpfel. Wenn Sie beides nicht zur Hand haben, können Sie das Zapfen-

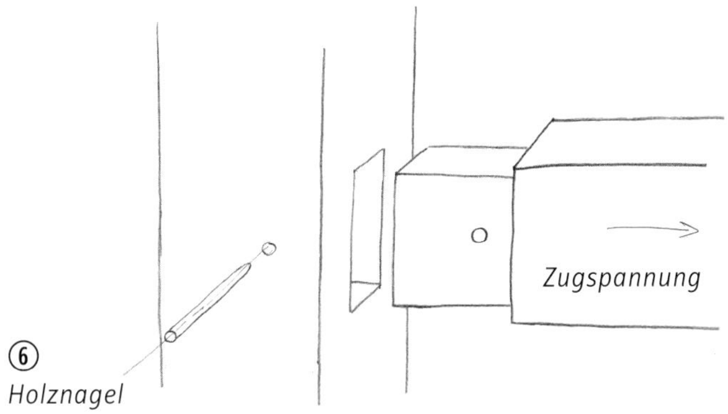

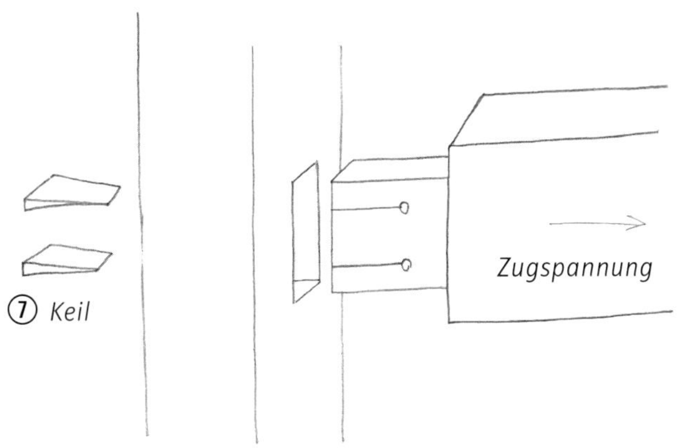

Zapfenverbindungen, die auf Zugspannung belastet werden, können Sie mit Holznagel, Dübel oder Keil sichern

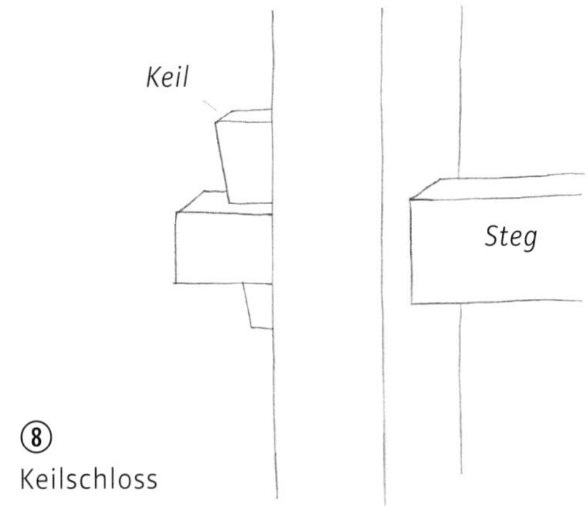

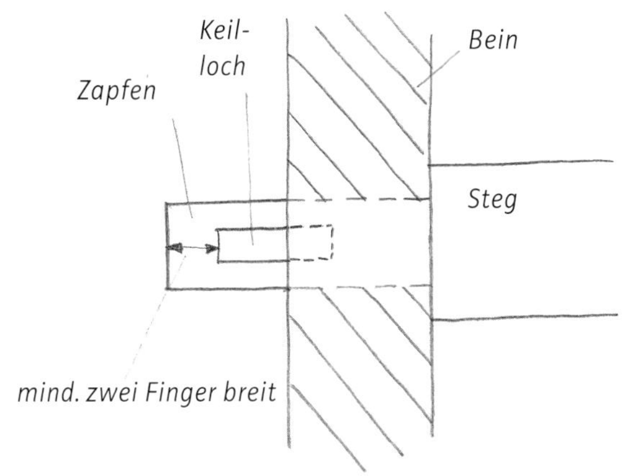

Ansicht von oben: durchgestoßener Zapfen mit Keilloch. Das Keilloch ragt etwas in die Materialdicke des Beines hinein

loch auch mit mehreren dicht auf einer Linie hintereinander gesetzten Bohrungen, die anschließend mit Raspel und Feile geglättet werden, ausarbeiten. Für ein blindes Zapfenloch geht auch eine Oberfräse.

- Die Breite des Zapfenlochs sollte etwa ein Drittel der Materialbreite betragen, praktisch ist es, sie genau so breit wie die Breite des Lochbeitels oder Stemmeisens wählen zu können.
- Bei einem blinden Zapfenloch ist die Länge des Zapfens etwas geringer als die Zapfentiefe. Ein von Hand gestemmtes Zapfenloch ist am Grund nicht vollständig eben. Das ist auch nicht nötig, da die Stirnfläche des Zapfens nicht als Klebefläche dienen soll.
- Wenn die Zapfenverbindung auf Zugspannung belastet wird, dann sichern Sie diese zusätzlich mit einem Holznagel ⑥, Dübel oder Keil ⑦.

Einen durchgestoßenen Zapfen können Sie zudem auch durch ein **Keilschloss** ⑧ sichern.

- Fertigen Sie dafür einen ausreichend langen Zapfen an. An der Stirnseite des Zapfens muss hinter dem Keilloch mindestens zwei Finger breit Holz stehen bleiben, damit das Holz beim Einsetzen des Keils nicht reißt.
- Das Keilloch ragt etwas in die Materialdicke des Beines (fachmännisch: den Stollen) oder Seitenteils hinein, damit der Keil die verbundenen Teile auch noch fest zusammendrückt, wenn das Holz schwindet.

Dübelmarkierer

Holzdübel

Holzdübel sind eine schnelle Alternative zu einer Zapfenverbindung. Sie müssen im Prinzip nur bohren und leimen. Die Dübellöcher sollten exakt gerade sein und etwas tiefer als die halbe Dübellänge gebohrt werden. Profis reißen Dübellöcher mit einem Streichmaß an. Sie können sich mit Zollstock und Winkel behelfen oder Dübelmarkierer verwenden. Holzdübel können Sie fertig im Baumarkt kaufen oder aus Buchen-Riffelstäben selbst auf die benötigte Länge zusägen. Fasen Sie anschließend die Stirnflächen Ihrer Dübel, damit der Leim gut ablaufen kann.
Die Verbindungen der Kanthölzer bei der Freischwingerbank auf Seite 88 wurden mit Holzdübeln verleimt.

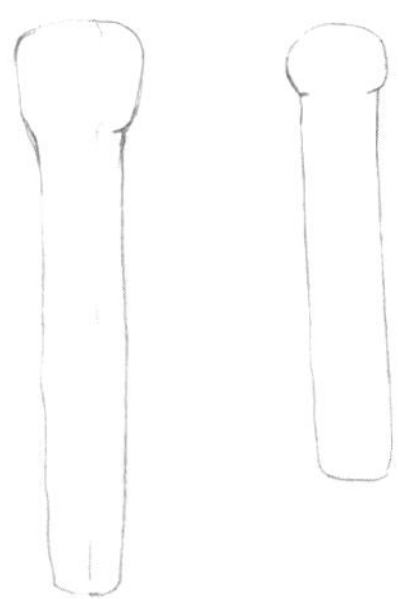

Holznägel

Ich verwende Holznägel, um eine Zapfenverbindung zusätzlich gegen Auseinanderziehen zu sichern. Die Holznägel schnitze ich von Hand, am liebsten aus einem beständigen und robusten Holz wie Robinie oder Eiche. Handgeschnitzte Nägel werden nicht perfekt rund. Ihre unregelmäßige Form hilft, dass sie sich in die Verbindung verkeilen und nicht locker werden können. Bei der Bank auf Seite 114 wurden Holznägel verwendet.

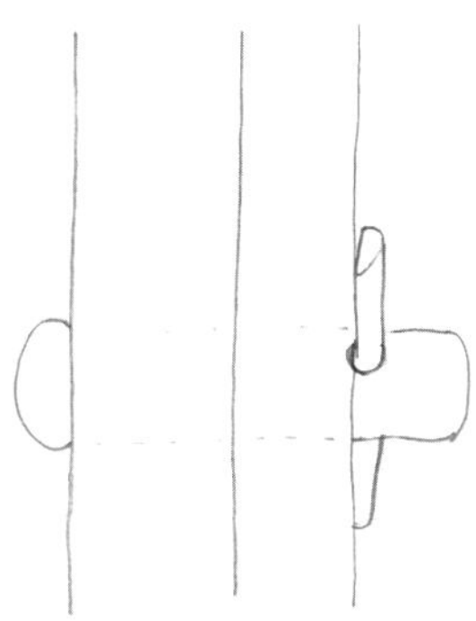

Splintbolzen

Eine weitere Holzverbindung, die auf Klemmwirkung beruht, ist der Splintbolzen. Ein Splintbolzen ist im Prinzip ein etwas dickerer Holznagel mit einer Querbohrung, in der ein Splint steckt und so das Herausziehen des Nagels verhindert. Auch die Splintbolzen und Splinte schnitze ich von Hand. Ihren Durchmesser richte ich nach meinen vorhandenen Bohrern. Er beträgt aber für den Bolzen mindestens 22 mm, damit noch genügend Platz für einen etwa 5 mm starken Splint ist. Bohren Sie das Splintloch so, dass der Splint möglichst eng an der Austrittseite des Bolzens anliegt. Der Splint sollte etwa doppelte Splintlochlänge haben.
Die Rückenlehne und Sitzfläche der Bank auf Seite 114 wurden mit Splintbolzen befestigt.

Oberflächenbehandlung

Die Bank ist fertig – und nun: Streichen ja oder nein? Da gehen auch die Expertenmeinungen auseinander. Im Handel wird eine Vielzahl von Holzschutzmitteln, Lasuren und Lacken angepriesen.
Wir bevorzugen dennoch die pure, ursprüngliche Holzoberfläche. Die ältesten Bänke, die wir entdeckt haben, waren aus unbehandeltem Holz und in Würde ergraut. Das Vergrauen von Holz ist ein natürlicher Alterungsprozess. Warum sollte er durch Auftragen von Pestiziden aufgehalten werden? Holz ist ein lebendiger Werkstoff, der sein Volumen und seine Form bei Feuchtigkeitsschwankungen unablässig ändert. Holz schwindet und dehnt sich aus.
Ein Anstrich sollte diese Bewegung mitmachen können und ist nur so lange wirkungsvoll, wie er vollständig intakt ist. Das bedeutet, er muss ständig erneuert werden.
Wofür auch immer Sie sich entscheiden, bedenken Sie, dass unbehandeltes Holz auf dem Kompost entsorgt oder im Ofen verbrannt werden kann, gestrichenes ist womöglich Sondermüll.
Oder, wie Paul Bonorand, ein Schreiner aus dem Schweizer Bergdorf Guarda sagte: „Ja, Holz verrottet irgendwann, aber schließlich wollen die Nachunskommenden auch noch etwas zu bauen haben."

Glossar

Ablängen
Bezeichnet das exakte Kürzen der Länge von Brettern oder Latten.

Außensechskant bezeichnet die Kopfform einer Holzschraube. Sie wird auch Sechskantschraube, Wiener Schraube oder Schlüsselschraube genannt, weil sie mit einem Maulschlüssel festgezogen wird.

Balken – Balken, Latte, Kantholz, Brett oder Bohle?
Die korrekte Bezeichnung der verschiedenen Bauschnitthölzer Brett, Bohle, Kantholz, Latte oder Balken richtet sich nach den Maßen ihrer Querschnitte. Was umgangssprachlich oft als Balken bezeichnet wird, ist meistens ein Kantholz.

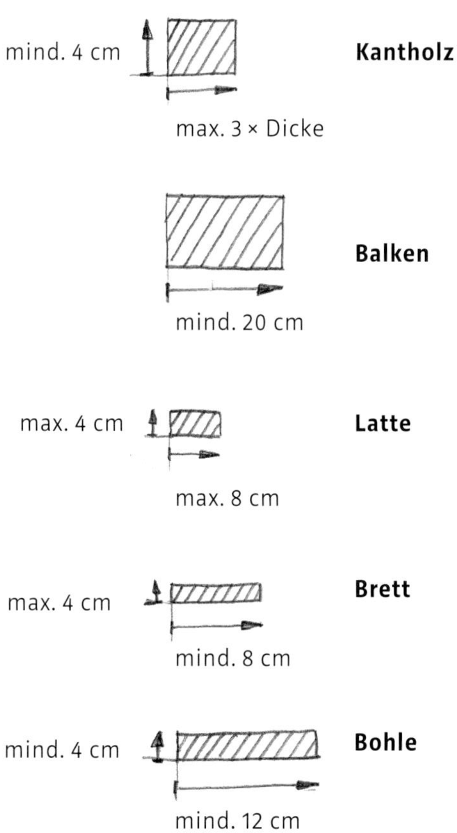

Ein **Kantholz** hat eine Mindestmaß von 4 cm und ein maximales Dicken-Breiten-Verhältnis von 1 : 3.
Bei einem **Balken** beträgt die längere Seite des Querschnitts mindestens 20 cm.
Latten sind bis zu 4 cm dick, dürfen aber nicht breiter als 8 cm sein.
Ein **Brett** hat eine maximale Dicke von 4 cm und eine Breite von mindestens 8 cm.
Eine **Bohle**, eigentlich ein starkes Brett, ist mindestens 4 cm dick und mindestens 12 cm breit.
(Quelle: www.zimmerei-deischl.de)

Balkenschuh
Ein Balkenschuh dient der Verbindung einer Holzkonstruktion mit Beton, Stahl oder Mauerwerk.

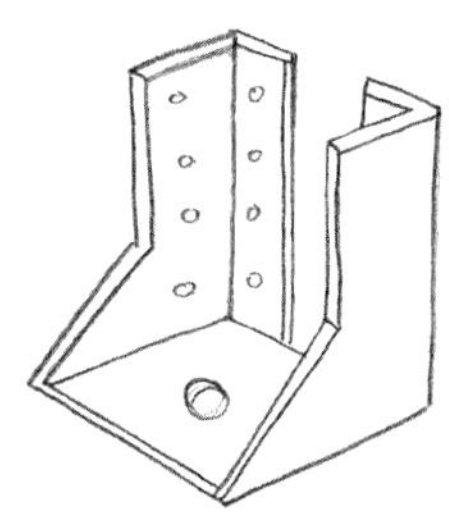

Baumscheibe
Bezeichnet die Fläche um den Stammfuß eines Baumes, die der Baum als Lebensraum beansprucht. Die Pflege der Baumscheibe und eine angemessene Größe sind für Bäume lebensnotwendig. Sie brauchen die freie Bodenfläche zur Aufnahme von Wasser und Nährstoffen und für das Wurzelwachstum.

Bolzenriegel
Auch Schubriegel oder Türriegel, wird zum Beispiel im Möbelbau verwendet, um eine Tür geschlossen zu halten. Dazu wird der bewegliche Riegel, der in einer Schiene oder Buchse läuft, in eine Aussparung im Holz oder in ein Gegenstück geschoben.

Dauerhaftigkeitsklassen
In der europäischen Norm EN 350 (Ausgabe 2016) sind alle gängigen Holzarten in Dauerhaftigkeitsklassen von 1 (sehr dauerhaft) bis 5 (nicht dauerhaft) eingeteilt. Die Dauerhaftigkeitsklassen beschreiben die Widerstandsfähigkeit des Kernholzes gegen einen Befall durch Holz zerstörende Pilze. Hier einige Beispiele:

Holzart	Dauerhaftigkeitsklasse
Ipé	1
Robinie	1–2
Bankirai	2
Sibirische Lärche	3
Europäische Lärche	3–4
Douglasie	3–4
Kiefer	3–4

(Quelle: Gesamtverband des deutschen Holzhandels, www. holzvomfach.de)

D4-Leim
Holzleime werden in verschiedene Beanspruchungsgruppen eingeteilt. Diese ordnen die Leime nach ihren Scherfestigkeitswerten und ihrem Verhalten unter Feuchtigkeit und Wassereinwirkung. Die veralteten Bezeichnungen B1-B4 wurden durch D1-D4 ersetzt. Auf einigen Leimetiketten finden sich beide nebeneinander: B4 / D4.
D4 eignet sich für den Innenbereich mit häufig und lange anhaltender Einwirkung von abfließendem Wasser bzw. Kondenswasser sowie im Außenbereich und der Witterung ausgesetzt mit angemessenem Oberflächenschutz.

Fasen
Oder anfasen nennt man das Abschrägen von scharfen Kanten bei Brettern, Latten oder Kanthölzern.

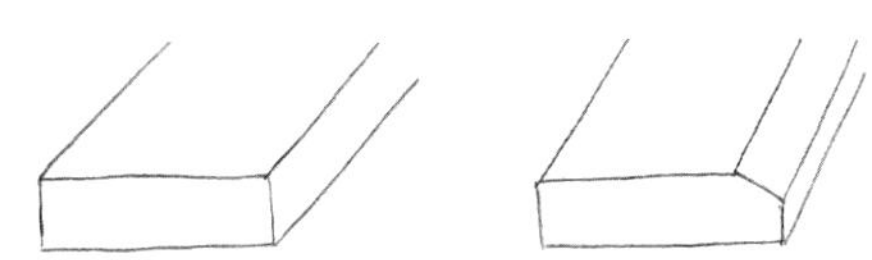

Fibonacci-Folge

Unendliche Folge natürlicher Zahlen, nach dem italienischen Mathematiker Leonardo Fibonacci (1170–1240) benannt. Die Zahlenfolge scheint eine Art Wachstumsmuster in der Natur zu sein und wird ähnlich wie der Goldene Schnitt verwendet, um besonders ausgewogene Proportionen zu finden.

Forstner-Bohrer

Der Forstner-Bohrer, auch Astlochbohrer genannt, eignet sich zum Bohren von exakten Sacklöchern mit ebenem Grund. Neben der Zentrierspitze und zwei Schneidkanten verfügt er über zwei Umfangsschneiden. Der zylindrische Bohrkopf arbeitet wie ein kleiner Hobel, dessen Messer um den kurzen Zentrierstift rotieren. Der sachgemäße Einsatz des Forstner-Bohrers erfordert ein exaktes Vorbohren mit einem Spiralbohrer, der dem Durchmesser des Zentrierstifts entspricht.

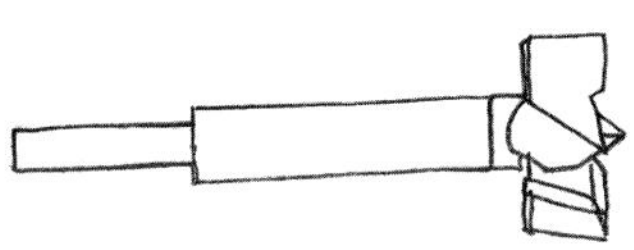

Holzspiralbohrer

Wahrscheinlich der gebräuchlichste Holzbohrer für Bohrungen mit einem Durchmesser von 1–10 mm sowie kleinen und mittleren Bohrtiefen.

Er hat eine Zentrierspitze, zwei Schneidkanten und einen zweigängigen Spannut. Mit der Zentrierspitze setzt man an der jeweiligen Stelle im Werkstück an und die Schneidkanten dringen in den Werkstoff ein. Die Spannuten befördern das zerspante Material aus dem Bohrloch.

Kataba Mini

Japanische Zugsäge mit Trapezverzahnung für Sägeschnitte quer zur Faser.

(www.dictum.com)

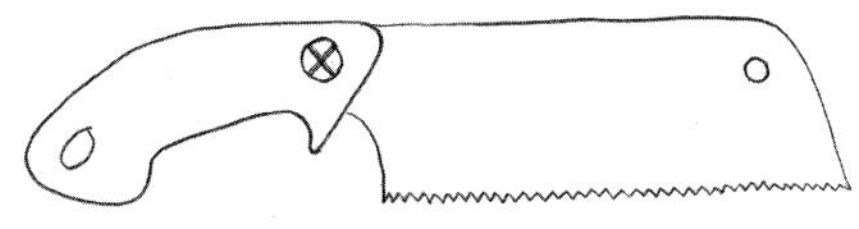

Keilspundbretter

Auch Keilspundprofil-Bretter, haben einen keilförmigen Querschnitt. Überlappend an stehende Flächen wie Hausfassaden oder Schuppenwände genagelt oder geschraubt, kann das Niederschlagswasser sehr gut ablaufen. Für liegende Flächen wie die Sitzfläche einer Bank sind sie eher ungeeignet.

Kettenschraubverbinder (Rapidglied)

Heißt ein Verbindungsstück für Ketten, auch Maillon Rapide oder Mayo genannt.

Knüpfel

Der Knüpfel, auch Klipfel, Klüpfel oder Klöpfel genannt, ist der Hammer, mit dem Bildhauer ihre Eisen treiben. Wegen der glockenähnlichen Form des Hammerkopfes muss der Hammer zum Schlagen nicht in eine bestimmte Richtung gedreht werden.

Kugelschnäpper

Ein Schnappverschluss, mit dem zum Beispiel Schranktüren geschlossen gehalten werden können. Der Riegel dieses Verschlusses rastet ein, indem er zwischen zwei gefedert gelagerte Messingkugeln gedrückt wird und diese dabei in ihr Gehäuse schiebt.

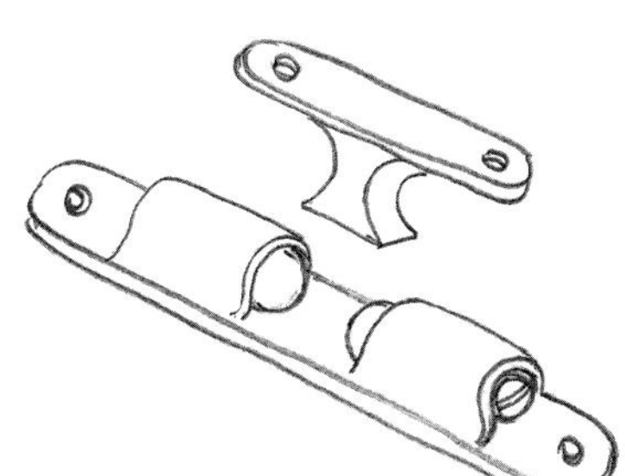

Leimbinder

Auch Brettschichtholz, BS-Holz, BSH, Leimholz oder Leimbalken genannt, sind aus mindestens drei Brettlagen in gleicher Faserrichtung verleimte Hölzer. Wegen hervorragender statischer Eigenschaften werden sie im Ingenieurholzbau dem Vollholz oft vorgezogen.

Logosol®

Firma, die Vorrichtungen anbietet, mit denen eine Kettensäge zu einem mobilen Sägewerk aufgerüstet werden kann.

(www.logosol.de)

Multiplexplatten

Bestehen aus mindestens fünf gleich starken, verleimten Furnierlagen und und haben eine Mindeststärke von 12 mm. Es gibt sie je nach Leimart und verwendetem Sperrholz in unterschiedlichen Qualitätsstufen.

Natürliche Dauerhaftigkeit des Holzes

Die natürliche Dauerhaftigkeit von Kernholz bei Erdkontakt:

über 25 Jahre	Teak, Bongossi, Greenheart
15–25 Jahre	Eiche, Ess-/Edelkastanie, Robinie, Eibe
10–15 Jahre	Lärche, Douglasie
5–10 Jahre	Fichte, Tanne, Kiefer, Ulme, Esche
0–5 Jahre	Buche, Ahorn, Erle, Hainbuche, Linde

Ohne Erdkontakt ist die Dauerhaftigkeit erheblich höher.

(Quelle: Forstbenutzung, Technologie, Verwertung und Verwendung des Holzes von Prof. Dr. Rolf Grammel, Verlag Paul Parey, 1989)

Opferholz

Nennt man ein zusätzliches Stück Holz, um die eigentliche Konstruktion vor Feuchtigkeit oder Insektenfraß zu schützen. Bei Bedarf kann es ausgetauscht werden.

OSB-3-Platten
Biegefeste Grobspanplatten aus kreuzweise in Schichten verleimten, großflächigen Furnierstreifen. OSB ist die englische Abkürzung für *oriented strand board* und bedeutet soviel wie „Platte aus gerichteten Spänen". OSB-Platten gibt es in verschiedenen Klassen. Die Nummer 3 bedeutet, dass es sich um Platten für tragende Zwecke und zur Verwendung im Feuchtbereich handelt.

Plattenmaterial
Im Buch wird das Wort als Sammelbegriff für alle industriell hergestellten Holzplatten verwendet, die zum Beispiel aus verleimten Holzspänen, Holzfasern oder dünnen Holzschichten hergestellt sein können.

Ringschraube
Ringschraube, auch Ösen- oder Augenschraube genannt.

Ringösenplatte
Ankerplatte, mit der eine Ringschraube fest verbunden ist.

Ryoba Seiun 210
Japanische Zugsäge mit einer Dreiecksverzahnung für Schnitte längs zur Faser und einer Trapezverzahnung für Schnitte quer zur Faser. Sie ist somit zwei Sägen in einer.
(www.dictum.com)

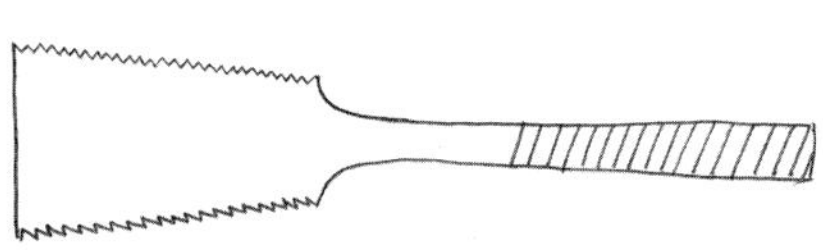

Schellen-Ursli
Der Schellen-Ursli ist der Held eines der bekanntesten Schweizer Bilderbücher. Die Geschichte spielt in Guarda, einem Engadiner Dorf, und erzählt von dem Brauch Chalandamarz, bei dem mit lautem Glockengeläut der Winter ausgetrieben wird.

Schlangenbohrer
Manchmal auch als Balkenbohrer bezeichnet, ist ein Holzbohrer, der besonders für große Bohrtiefen geeignet ist. Anstelle der Zentrierspitze verfügt er meist über ein Einzugsgewinde, das für einen automatischen Vorschub sorgt. Beim Bohren wird dieser Bohrer regelrecht ins Holz gezogen. Die Spannut, die sich wie eine Schlange um den Kernstab wickelt, funktioniert ähnlich wie eine Archimedische Schraube und befördert die Späne aus dem immer tiefer werdenden Bohrloch.

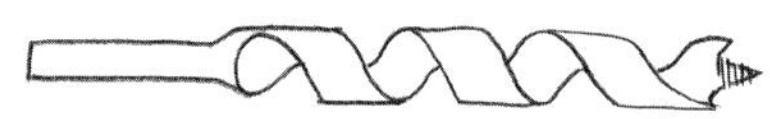

Schwartenbretter
Bretter mit der äußeren, runden Stammaußenseite.

Schweifung
Als Schweifung werden zweidimensionale Rundungen, Biegungen oder Schwünge bezeichnet, die im Möbelbau als Verzierungselemente benutzt werden.

S-Haken
S-förmige Bandeisen, die an einer Längsseite messerartig angeschliffen sind. So können sie mit dem Axtrücken oder einem Hammer in die Stirnseiten von Stämmen oder Holzschwellen geschlagen werden, um das Reißen und Splittern des Holzes zu verhindern.

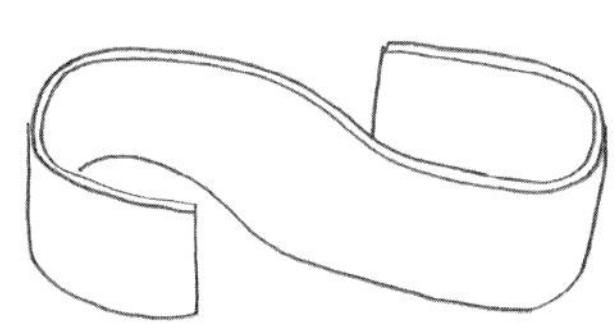

Sparrennägel
Sparrennägel sind Spezialnägel für Holzbauwerke, die hohe Belastungen aushalten sollen. Sie werden beim Dachbau verwendet, um Sparren auf Pfetten zu nageln, und haben daher ihren Namen. Querrillen am unteren Teil des Nagelschaftes, auch Widerhakenprofilierung genannt, sorgen für besonders festen Halt im Holz und erlauben auch eine Beanspruchung der Nagelverbindung in Schaftrichtung. Einige Hersteller versehen den Nagelkopf mit dem Längenmaß der Nägel, um so schnelle Klarheit über die Nagellänge zu bieten.

Sparren-Pfettenanker
Winkelverbinder bei Dachkonstruktionen, der rechtwinklig kreuzweise übereinanderliegende Hölzer verbindet. Es gibt sie sowohl links- und rechtsseitig als auch universal für beide Seiten. Bei der Bank auf Seite 184 werden sie verwendet, um die Beine mit den Querträgern zu verbinden.

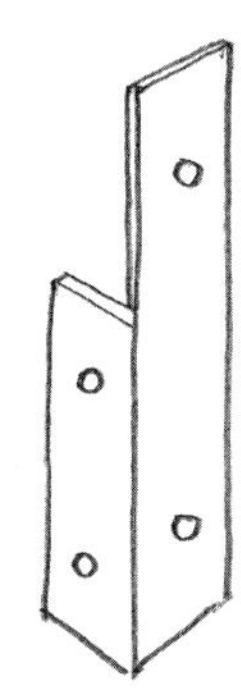

Splintholz
Die junge, äußere, Wasser und Nährsalze leitende Holzschicht eines Baumstammes. Bei Holzarten wie Eiche und Robinie ist das Splintholz deutlich heller als das Kernholz. Im Außeneinsatz sollte das Splintholz nach Möglichkeit entfernt und nur das dauerhaftere Kernholz verwendet werden.

Stangenschlangenbohrer
Der Stangenschlangenbohrer ist meist ein besonders langer Schlangenbohrer. An seinem hinteren Ende ist ein Öhr ausgebildet, durch das ein einfacher Holzgriff geschoben werden kann. Durch die Hebelwirkung können somit tiefe und große Bohrlöcher von Hand gebohrt werden.

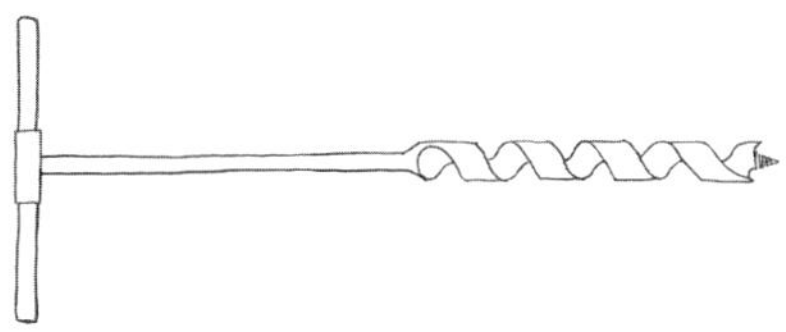

Stirnholz
ist die quer zur Faserrichtung liegende Fläche eines Holzstückes.

Stockschraube
Eine Stockschraube ist eine Befestigungsschraube ohne Schraubenkopf, dafür aber mit zwei verschiedenen Gewinden an beiden Schraubenenden, einem Holz- bzw. Dübelgewinde und einem metrischen Gewinde, auf das eine Mutter gedreht werden kann. Der Sechskant zwischen beiden Gewinden ermöglicht das Eindrehen der Stockschraube mit einem Maulschlüssel.

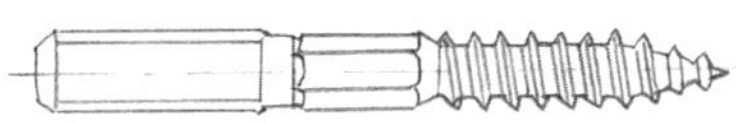

Streichmaß
Ein Werkzeug, mit dem man Maße parallel zu einer Kante anreißen und übertragen kann.

Verbundmuffen
Auch Einschraubmuttern genannt, haben ein scharfes selbstschneidendes Außengewinde für Holz und ein metrisches Innengewinde, in das metrische Schrauben oder Gewindestangen eingedreht werden können. Verbundmuffen müssen zum Einsetzen in das Holz immer vorgebohrt werden. Dabei sollte das Bohrloch so groß sein, wie der Durchmesser der Muffe ohne das Gewinde.

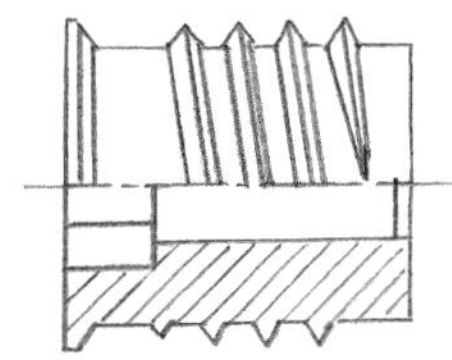

Welleneisen
Auch Wellenbandeisen oder Bauwellenband, sind messerartig angeschliffene wellenförmige Flacheisen. Es gibt sie als einzelne Stücke, Welleneisen, oder als Band von der Rolle, Wellenbandeisen. Sie werden in die Stirnseiten von Bohlen oder Brettern geschlagen, um so das Reißen des Holzes zu verhindern.

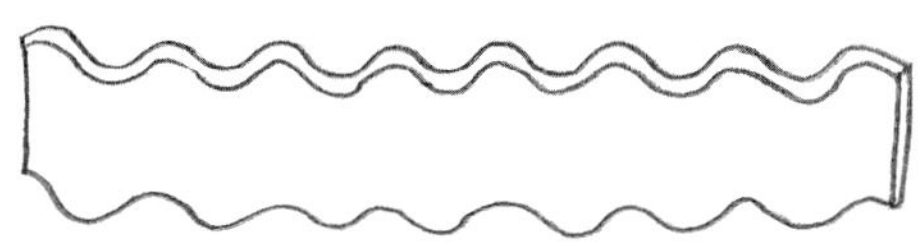

Winkel Ober- und Unterschenkel
Die Theorie besagt, dass man ergonomisch korrekt sitzt, wenn Ober- und Unterschenkel einen 90°-Winkel bilden und die Füße mit ganzer Fläche auf dem Boden aufstehen können.
Die korrekte Sitzhöhe entspricht streng genommen somit der Länge Ihrer Unterschenkel plus der Höhe Ihrer Schuhsohlen.
Sie können aber auch Ihre Körpergröße durch den Faktor 3,72 teilen, um Ihre perfekte Sitzhöhe mathematisch zu errechnen.
(Quelle: www.blitzrechner.de)

Wood-Mizer
Firma, die mobile Sägewerke anbietet und herstellt.
(www.woodmizer.de)

Informationen zu den Galeriebildern und weiteren Fotos

Umschlag
Vorne oben: Amsterdam, Skateboardbank von Marco Grandia. Projektbeschreibung ab Seite 170, Foto Martin Maier.
Vorne unten: Rätselhaft, wie diese Bank ihren Platz gefunden hat. Der Ort heißt Plan Canin. Es ist vermutlich eine Kirchenbank, die vor einer Jagdhütte der Gemeinde Bregaglia am Weg zum Fornogletscher steht. Blick auf den Murettopass, ein alter Schmugglerpfad verbindet das Engadin mit dem Veltlin. Der Alpinist Ettore Castiglioni ist hier in der Gegend 1944 auf der Flucht erfroren. Ein markantes Schild an der Hütte erinnert an die Opfer von Flucht und Vertreibung während des Zweiten Weltkriegs, Foto S. Rittermann.
Hinten oben: Strandbank auf Rügen, gebaut von einem Camper, Projektbeschreibung ab Seite 26, Foto A. Rittermann.

Seite 24/25 Strandbank auf Rügen.
Seite 54/55 von oben links nach unten rechts:
1. Amsterdam, Bank aus einer Robinie (*Stadshout*), die gefällt werden musste, gebaut von Marc van Grinsven, siehe auch S. 118.
2. Savogno (Italien), ein alter Dachbalken dient als Sitzbank an der Kirche.
3. Marisfeld, Thüringen, Bank von Jens W., die sich an den Baumstamm anlehnt.
4. Amsterdam, Bank mit angeschrägten, ausgestellten Beinen.
5. Amsterdam, gezapfte Bank.
6. Amsterdam, übereinander gestapelte Balken.
7. Amsterdam, die Bank steht auf in den Boden eingelassenen Beinen.
8. Guarda (Schweiz), Bank aus Lärchenholz, ca. 70 Jahre alt; das vordere Sitzbrett wurde von Paul B. erneuert.
9. Athen, Vyssis, stabile, Material sparende Konstruktion, entstanden bei einem Verkehrsberuhigungsprojekt 2017. Die Pflanzkübelbänke werden in Patenschaft von den Anwohnern versorgt. www.athenstrigono.org
10. Schellingwoude (Niederlande), durch die ausgestellten Beinen steht die Bank von Peter Vos auch im unebenen Gelände stabil.
11. Berlin, Bank für Kunden von Katherine G.
12. Amsterdam, die Beine bilden einen Rahmen und sind dadurch stabil.

Seite 56/57 Bank am Wanderweg, Rheinsberge bei Plaue/Thüringen, Blick ins Ziegenried.
Seite 92/93 von oben links nach unten rechts:
1. Valchiavenna (Italien), alte Bank mit Schwalbenschwanzverbindung an einer Kirchenmauer, Foto David Rüegg.
2. Amsterdam, Bank aus alten Gerüstbohlen.
3. Berlin, Prenzlauer Berg, Verkaufsinstallation von Michael H.
4. Rügen, ein Camper aus Tschechien hat sich hier verewigt.
5. Bondo (Schweiz), die Bank von Rita M. wurde von ihrem Vater gebau; die Rückenlehne besteht vermutlich aus einem alten Fass.
6. Bondo (Schweiz), Bank an der Plazza d'Zura, Foto David Rüegg.
7. Halle/Saale, Chu van Hien verziert mit Besenstielstücken seine Bank und bringt so asiatisches Flair nach Halle.
8. Berlin, diese Bank stammt aus der Holzwerkstatt von Prenzelkomm, einer sozialen Einrichtung.
9. Färöer, Bank steht oberhalb einer steil abfallenden Klippe mit fantastischem Blick aufs Meer, Foto Maria Huschak.
10. Amsterdam, durch die schräg abgeschnittenen Beine wird die Standfläche clever vergrößert.
11. Berlin, Raumerstraße, die hohe geschwungene Rückenlehne macht die Bank bequem.
12. Berlin, interessant: die Stützen der Rückenlehne sind durch die Sitzfläche gesteckt und mit einem Steg unter der Sitzfläche verschraubt.

Seite 94/95 Berlin, Norwegerstraße, skulpturale Bank, handwerklich aufwendig und anspruchsvoll verarbeitet, gebaut von Michael Schmidt.
Seite 122/123 von oben links nach unten rechts:
1. Amsterdam, der Bau der Bank war ein gegenseitiges Geburtstagsgeschenk der Zwillingsbrüder Jasper und Fabian.
2. Amsterdam, gebaut aus Restholz von Teake für seine Tochter Anita. Teake hat uns leider erst nach Redaktionsschluss erreicht.
3. Amsterdam, Lattenbank.
4. Amsterdam, Bank-Tisch-Stuhl-Element.
5. Amsterdam, Palettenbank.
6. Berlin, für das Yoga-Café hat Danny preiswerte Palettenmöbel gebaut.
7. Amsterdam, diese Sofa-Bank an einer verkehrsreichen Straße soll Wohnlichkeit erzeugen.
8. Amsterdam, hier dient die Bank als Schutzwall zur Straße.
9. Amsterdam, diese Bank vor einem Blumenladen hatte mehrere Besitzer und Standorte, jetzt ist sie etwas wackelig. Ein Graffiti warnt: Sitzen auf eigene Gefahr!
10. Amsterdam, privates Loungen auf dem Bürgersteig.
11. Amsterdam, Kundenlounge am Imbiss.
12. Amsterdam, Amsteldijk, Bank aus Stammholz.

Seite 124/125 Berlin, Sredzkistraße, die Bank steht bei einer Eisdiele und hat einen schönen Klappmechanismus. Man kann sich nur hinsetzen, wenn die Eisdiele geöffnet ist.
Seite 152/153 von oben links nach unten rechts:
1. Amsterdam, als Scharnier dienen hier Garagentorbeschläge.
2. Amsterdam, hier klappt die Sitzfläche, die Bank ist transportabel.
3. Amsterdam, Lattenbank für gelegentliches Sitzen.
4. Amsterdam, Klappbank aus witterungsbeständigen Terrassenbohlen.
5. Amsterdam, Kundenbank, die an die Ladenöffnungszeiten gebunden ist.
6. Stuttgart, Wandverkleidung mit fragiler Klappmechanik; O-Ton der Kellnerin: „Wenn fünf Leute draufspringen, klappt sie zusammen".
7. Amsterdam, kleine Klappbank in Wohngegend.
8. Berlin, die Bank ist ein Überbleibsel der ehemaligen Szenekneipe.
9. Amsterdam, diese Bank dient auch als Fensterschutz.
10. Amsterdam, industrielle Klappmechanik und Nachbarn, die sich gegenseitig inspirieren.
11. Amsterdam, praktische Bank mit integriertem Tisch, die Sitzpolster werden unter der klappbaren Sitzfläche verstaut.
12. Amsterdam, die Bank vor dem Yoga-Studio markiert das Terrain.

Seite 154/155 Unweit des Dorfes Soglio im Bergell (Schweiz) steht die Bank in der Abendsonne. Sie ist bei älteren Menschen sehr beliebt und das Ziel ihrer allabendlichen Runde. Sie treffen sich hier zu einem Schwatz, genießen die Sonne und den Panoramablick auf die Scioragruppe mit Cengalo und Badile. Für kalte Tage liegen unter der Sitzfläche Sitzunterlagen parat, Foto Tobias Eichelberg.
Seite 174/175 von oben links nach unten rechts:
1. Rastenberg/Thüringen, diese Bank aus zwei alten Stühlen steht hier schon ewig, Foto Maria Huschak.
2. Amsterdam, Bank aus Gerüstbauelementen mit Holzauflage.
3. Amsterdam, alte Straßenbahnbank auf Gerüstbauelementen mit Rollen.
4. Bern (Schweiz), Bank aus Absperrungselementen, leider ließ sich der Erbauer nicht ausfindig machen, deshalb kommt sie (nur) in die Galerie, Foto Heidi Müller.
5. Rastenberg/Thüringen, Bank mit Widmung, Foto Maria Huschak.
6. Cugian bei Bondo, Holzbank auf Granitfüßen.
7. Stuttgart, Bauarbeiter haben sich hier mit einer Gerüstbohle eine Vesperbank gebaut.
8. Berlin, hier hat ein Tierarzt für seine Kunden eine Bank gebaut.
9. Amsterdam, ein alter Gitarrengriff dient als Armlehne.
10. Amsterdam, hängende Holzkonstruktion, die Wand dient als Träger.
11. Amsterdam, diese Treppenerweiterung wird zur Bank.
12. Berlin, als Roboter bemalte Betonelemente tragen die Sitzfläche.

Seite 176/177 Halle/Saale, geschickt nutzt die Bar in der Kleinen Ulrichstraße die tiefen Fensternischen für ihre Fensterbänke.
Seite 188/189 von oben links nach unten rechts:
1. Berlin, Hagenauerstraße.
2. Amsterdam, platzsparende Cafébank.
3. Amsterdam, selten: private Fensterbank.
4. Athen, schmales Tisch-und-Sitzelement eines Cafés am Hang in einer Passage, Foto Maria Rüegg.
5. Amsterdam, Kundenbank beim Buchladen.
6. Berlin, Stargarder Straße.
7. Amsterdam, breite Fenstersimse sind selten in Amsterdam.
8. Berlin, ein Brett auf der Türschwelle.
9. Berlin, ein Eckbrett schützt den Rosenbusch und spendet Platz für die Kaffeetasse.
10. Berlin, weil das Fenstersims zu niedrig zum Sitzen ist, wird die Sitzfläche hochgesetzt.
11. Amsterdam, die Bank wurde an den Fensterrahmen montiert.
12. Halle/Saale, Kleine Klausstraße, auf den Fenstersims gelegte Balken erhöhen die Sitzfläche.

Seite 190/191 Amsterdam, hier hat ein Anwohner die Gestaltung einer Baumscheibe übernommen.
Seite 200-201 von oben links nach unten rechts:
1. Amsterdam, Nutzung und Gestaltung einer Baumscheibe durch ein Café.
2. Berlin, Raumerstraße.
3. Amsterdam, Stadshout, der Bordstein wird gleich mitgenutzt.
4. Berlin, Göhrener Straße.
5. Berlin, Winsstraße.
6. Amsterdam, die Feuerwehr funktionierte die Baumscheibe in ihren Picknickplatz um; die Gestaltung hat sich momentan auf den Abfallkorb und die Plakette am Baum ausgeweitet.
7. Berlin, Rhinower Straße.
8. Berlin, Raumerstraße.
9. Berlin, Raumerstraße.
10. Berlin, Dunckerstraße.
11. Berlin, Dunckerstraße.
12. Amsterdam, Markierung mit weißer Farbe und Lampion.

Seite 202/203 Amsterdam, zufällige Begegnung mit der Mitbesitzerin eines Cafés, die gerade neue Terrassenmöbel baut. Weil es schnell gehen soll, hat sie einen Bausatz bestellt, den sie erst streicht und dann zusammenbaut.
Seite 204/205 von links nach rechts:
1. Bondo, Plazza d'Zott, Treffpunkt.
2. Berlin, Mieterfest, Foto Sven Fischer.
3. Amsterdam, Passanten.

Bildnachweis

Antje Rittermann: Seite 7, 11, 12, 13, 14, 15, 18, 19, 20, 24-25, 26, 28, 30, 34, 36, 40, 46, 48, 55, 60, 76, 78, 82, 84, 86, 88, 89, 93, 94-95, 106, 112, 122, 123, 124-125, 126, 128, 130, 150, 152, 153, 158, 160, 164, 166-167, 175, 176-177, 178, 180, 182, 184, 185, 188-189, 194, 196, 198, 200, 201, 205

Susann Rittermann: Seite 8, 9,10, 16, 17, 38, 42, 44, 54-55, 56-57, 62, 63, 66, 80, 92-93, 97, 98, 108, 109, 110, 118, 119, 122, 123, 132, 133, 140, 142, 146, 147, 152, 153, 156, 162, 170, 171, 174. 175, 188, 189, 190-191, 192, 200, 201, 202-203, 204

Martin Maier: Seite 9, 21, 32, 58, ,70, 71, 74, 100, 102, 103, 115, 136, 138, 147
Maria Rüegg: Seite 10, 21, 38, 44, 54,1 89, 204
Maria Huschak: Seite 11, 174
Tobias Eichelberg: Seite 154-155
David Rüegg: Seite 54, 92
Marco Grandia: Seite 171
Diederik Van Bochaute: Seite 50-51
Minne Schlag: Seite 114
Jan de Visser: Seite 96

Heidi Müller: Seite 175
Stadshout: Seite 208
Ingrid von Bahder: Seite 208
Tuete: Seite 86
Sven Fischer: Seite 12, 204

Links

Seite 20 Fahrrad trifft Küchenbank: www.bärlinpedälbättle.de
Seite 16, 17, 92, 156, 204 Einwohner und Sympathisanten, darunter auch die Autorin SR, haben sich in einem Verein organisiert, der für den Erhalt und Schutz des kulturhistorischen Erbes des Dorfes eintritt, www.pro-bondo.ch
Seite 38 Bank im Navarinou-Park, Navarinou Park Bank, Self-managed Parko Navarinou,
E-Mail: parkingparko@espiv.net, https://parkingparko.espivblogs.net
Facebook: Αυτοδιαχειριζόμενο Πάρκο Ναυαρίνου / Navarinou self-managed park, YouTube-Channel: Parko Navarinou, Twitter: @pnavarinou
Seite 32, 42, 58 und 192 Verein Stadshout, jeden letzten Sonntag im Monat kann die Sägerei besichtigt werden. Stadshout, www.stadshout.nu, Büro und Laden, 2e Jan van der Heijdenstraat 71, 1074 XR Amsterdam
Tel.: 0031 (0)20-675 9063, E-Mail: emailpost@stadshout.nu, twitter@stadshout
Seite 44 Achmeds Bank/Café Formaika, Karori Straße 5, 10551 Monastiraki Athen
Tel.: 0030 (0)21 0322 2201, Twitter: @f0rmaika
Seite 46 Wollbank und **Seite 48** – Epalita: Manfred Schmidt, www.schmidt-westsohn.com
Seite 50 Bank für alle, E-Mail von Diederik Van Bochaute: info@stekt.be
https://www.facebook.com/StekT.be/
Seite 54/55 Foto Nr. 9, www.athenstrigono.org
Seite 78 Last Bank Standing von Mirko Jähnel / Sven Fischer, Mieter gegen Gentrifizierung im Prenzlauer Berg, www.kopenhagener.wordpress.com
Seite 82 Jon Walter, Schreinerei Chasa 54, Plazzetta zuos-cha, 7545 Guarda, Schweiz
Tel.: 0041 (81) 862 21 95
Seite 88 www.tischlerei-hillger.de
Seite 96 Kastanienbank Jos Bregman (Crowdfunding-projekt), www.natureaccess.nl.
Gebaut wurde die Bank von Jan de Visser.
Seite 108 Trixis Bank: Diese Bank kann man telefonisch in jeder gewünschten Farbe bei Peter Vos bestellen.
Tel.: 0031 (0)6536 17923
Seite 114, 116 Not Schlegel war vor 60 Jahren Hauptdarsteller im Schellen-Ursli-Film, im aktuellen ist er Alpöhi für alles. https://www.srf.ch/sendungen/input/schellen-ursli-freund-und-feind
Seite 118 Marc van Grinsven, E-Mail: mail@studio.vg
Seite 124/125 Martin Maier Photography BFF www.martinmaier.com
Seite 126 www.bonorand-schreinerei.ch
Seite 132 Auf dem Gartenwerkzeug sitzen, Bürgerinitiative Wurmhotel, gemeinschaftliches kompostieren in der Stadt: http://buurtcompost.nl
Seite 150/151 www.platzhaus-helmholtzplatz.de
Seite 156 Der Maler Varlin lebte und arbeitete bis zu seinem Tode 1977 hier in Bondo. http://www.varlin.ch
Seite 170 www.marcograndia.com
Seite 190–193 In Amsterdam können Anwohner bei der Stadt die Adoption eines *boomspiegels*, wie Baumscheiben hier heißen, beantragen. Gerne werden hier kleine Beete angelegt und manchmal eine Bank gebaut. https://www.amsterdam.nl/wonen-leefomgeving/zelfbeheer/boomtuintje/
Seite 194–199 In Berlin versuchen Anwohner, Stamm und Wurzeln von Straßenbäumen mit Baumscheibenbänken zu schützen. Der NABU in Berlin ruft zum Schutz und zur Pflege der Baumscheiben auf und listet Pflanzen auf, welche sich zur Bepflanzung von Baumscheiben eignen. https://berlin.nabu.de/stadt-und-natur/naturschutz-berlin/baumschutz/baumscheiben/index.html

Dank

Wir danken allen Bankbauern, die so bereitwillig und geduldig unsere Fragen beantwortet und uns ihre Konstruktionsideen zur Verfügung gestellt haben.
Wir danken unseren Freunden, die uns auf die Fährte gebracht und in der Spur gehalten haben:
Minne Schlag aus Stuttgart.
Hella und Kay aus Berlin.
Fuchs, Tuete und Lotte auf Rügen.
Maria Rüegg in Athen.
David Rüegg, Patrizia Guggenheim und Tobias Eichelberg aus Bondo.
Maria Huschak aus Halle und Rastenberg.
Familie Walter aus Marisfeld.
Der Grafikerin Luisa Eichelberg danken wir für frische Impulse und fachlichen Rat.

Für ihre freundliche und hilfreiche Unterstützung danken wir: Rita, Paul Bonorand und seinem Sohn, Jon Walter und Sandra Dias aus Guarda, Not Schlegel aus Bos-cha und Cla Sarott, Margit M. Keller, Susanna Gysi aus Sent, Christel Plattner und Carsten Cieslok aus Stuttgart sowie Natalia Klossa aus Athen.

Dem Fotografen Martin Maier danken wir für seine wunderbaren Fotos und seine Bildbearbeitung.
Wir danken Heidi Müller für ihre Sorgfalt und Geduld und dem Team des Haupt Verlags für sein Vertrauen in dieses Buch.

Unseren Eltern, die uns jeweils eine Zwillingsschwester mit auf die Reise gegeben haben, die ausdauernd ist und am Ende meistens recht hat, danken wir zutiefst.

Zu den Autorinnen

Die beiden Zwillingsschwestern haben eine Passion für das Material Holz und als freischaffende Künstlerinnen einen ausgeprägten Drang zum Selberbauen. Antje als Holzbildhauerin, mit ihrer Erfahrung und Kenntnis der Holzarten und Handwerkstechniken, hat die Konstruktionen der verschiedenen Bänke analysiert und gezeichnet. Während Susann, die Textildesignerin, das Gesamtkonzept entwickelt hat und auf der Suche nach den Geschichten war, die zu den Bänken gehören.

Von den beiden Autorinnen sind zum Thema Werkstoff Holz außerdem bereits zwei Buchtitel im Haupt Verlag erschienen:
Einfach Holz – Möbel und Objekte aus gefundenem Holz (2015)
Werkstatt Holz – Techniken und Projekte für Kinder (2014)

www.antje-rittermann.de
www. susann-rittermann.com

Projekttexte:
Susann Rittermann zu den Bänken in Amsterdam, Athen und Bondo
Antje Rittermann zu den Bänken in Berlin, Halle, Stuttgart, Sent und Guarda
Zeichnungen und Bauanleitungen: Antje Rittermann
Layout und Umschlaggestaltung: Susann Rittermann
Bildbearbeitung: Martin Maier Photography BFF, D-Wahlwies
Lektorat: Anja Fuhrmann, D-Berlin
Satz: Die Werkstatt Medien-Produktion GmbH, D-Göttingen

1. Auflage: 2019

Diese Publikation ist in der Deutschen Nationalbibliografie verzeichnet.
Mehr Informationen dazu finden Sie unter http://dnb.dnb.de

978-3-258-60199-1

Gedruckt in Slowenien

www.haupt.ch

Der Haupt Verlag wird vom Bundesamt für Kultur mit einem Strukturbeitrag für die Jahre 2016–2020 unterstützt.

FSC www.fsc.org MIX Papier aus verantwortungsvollen Quellen FSC® C057358